우리의 미래를 결정할

과학 4.0

인공지능^AI에서
아르테미스 프로젝트까지

35가지 키워드로 보는 과학 이야기

우리의 미래를 결정할

과학 4.0

박재용 지음

인공지능^{AI}에서
아르테미스 프로젝트까지

VR

북루덴스

각 분야에 대한 최신 트렌드를 읽으려는 다양한 책과 정보가 쏟아져 나옵니다만 한 가지 아쉬운 것은 현대사회 변화의 중심에 있는 과학기술에 대한 소개가 부족하다는 점이었습니다. 삼성과 TSMC가 피 터지게 경쟁하는 3나노공정은 과연 무엇이고 어떤 의미를 지니는지, 인공지능은 미래를 어떻게 변화시키고 있는지, 현재의 인공지능이 가고자 하는 지점은 어디인지, 암호화폐와 블록체인의 원리는 무엇이고, 경제활동에서 어떤 미래를 만들어낼 수 있는지, 미국과 중국의 우주 경쟁에는 어떤 의도가 숨어 있는지, 기후위기 시대의 위협과 기회는 어디에 있는지 등 다양한 과학기술 정보가 쏟아지고 있습니다만 뉴스만으로는 전체적인 그림이 그려지지 않고, 또한 내용과 용어가 낯설기만 하다는 하소연을 많이들 합니다.

그런 의미에서 과학기술의 트렌드를 한눈에 살펴보면서도 각각의 의미를 뉴스보다는 좀 더 심도 있게 들여다보는 책이 필요하다고 판단했습니다. 목적이 어떠하든 과학기술의 발전 양상과 현재 고민 지점을 파악하는 것은 현대사회에서 필수적이지만 다양한 영역에 걸쳐 있는 과학기술 관련 정보를 모두 파악하기란 개개인에게 여간 어려운 것이 아닐 줄 압니다. 이 책은 현시점에서 우리 사회에서 가장 중요하다고 판단되는 과학기술에 대한 기본적 이해와 더불어 현재의 진행 지점과 과제를 종합적으로 파악함을 목표로 합니다.

처음 책을 기획할 때는 항상 예상 독자를 생각합니다. 누가 읽을 것인가를 떠올리면 책의 방향이 자연스럽게 정해지기 마련입니다. 이 책은 처음 아이디어를 떠올릴 때부터 정해진 독자가 있습니다. 가장 먼저는 적극적으로 자신의 진로를 개척하고자 하는 분들입니다. 주도적으로 인생을 개척하기 위해 현재의 자신에 만족하지 않고 좀 더 다양한 세계를 바라보려는 이들입니다. 각종 과학기술이 만드는 미래와 기회, 위협에 대해 거칠게라도 살펴보고자 하는 분들입니다. 지금 다니는 직장에서 얻을 수 있는 기회는 무엇인지, 다른 직장으로의 이직을 고민한다면 어느 분야가 유망한지, 투자를 하고자 한다면, 혹은 창업을 계획하고 있다면 과학기술에 대한 폭넓은 이해는 이제 필수적이기 때문입니다. 또한 졸업과 취업을 앞둔 대학생과 대학 진학을 고민하는 고등학생도 이 책을 통해 자신이 가고자 하는 미래를 미리 살펴볼 수 있으리라 여깁니다.

이 책은 몇 가지 핵심 키워드를 중심으로 이루어집니다.

첫 번째 키워드는 모빌리티입니다. 산업혁명 이후 등장한 열차가 모빌리티의 첫 번째 변곡점이었다면 두 번째 변곡점은 내연기관 자동차와 비행기, 선박입니다. 그리고 모빌리티의 세 번째 변곡점은 지금입니다. 전기자동차와 수소연료전지 자동차, 수소선박, 수소비행기 등 연료 체계의 변화와 도심항공 모빌리티 등 새로운 모빌리티의 등장, 그리고 자율주행은 우리의 일상을 완전히 바꿔놓을 것입니다.

두 번째 키워드는 우주와 로봇 그리고 소재입니다. 스페이스X의

출현 이후 우주항공산업은 완전히 달라졌습니다. 발사체 시장과 인공위성 제작 및 운용 시장, 그리고 인공위성 응용 시장의 눈부신 발전과 이를 뒷받침하고 응용하는 새로운 과학기술을 살펴보는 것은 필수적이 되었습니다. 로봇은 스마트 팩토리 구축과 고령화 시대의 만성적인 노동력 부족을 해결하기 위해 필수적인 산업용 로봇, 특히 협동로봇 분야의 성장이 눈부십니다만 그보다 더 빠른 속도로 커지고 있는 서비스 로봇은 전 세계 대기업 모두의 관심사가 되었습니다. 그리고 마지막으로 과학기술 전 분야에서의 성장을 뒷받침할 소재 산업이 있습니다.

세 번째 키워드는 정보통신입니다. 정보통신은 1980년대 이래 그 중요성이 날로 커지고 있는 분야입니다. 이제는 하나의 산업이라고 보기 어려울 정도로 그 영향이 전 산업 분야로 확대되었고, 그 질과 양 또한 커지고 있습니다.

가장 먼저는 정보통신 산업의 가장 기초가 되는 반도체에서 세계 첨단기업의 경쟁이 불꽃 튀고 있습니다. 막대한 자본과 인력이 투여되고 있습니다. 또한 반도체를 둘러싼 세계 각국의 움직임도 숨 가쁩니다. 반도체굴기를 선언하고 밀어붙이는 중국 그리고 한국, 일본, 대만과 칩4동맹을 결성하려는 미국, 뒤처지지 않겠다는 유럽연합의 움직임은 차세대 반도체 기술이 산업 전반과 각국의 경제 전체에 끼치는 영향을 여실히 보여 주고 있습니다.

미래 컴퓨팅 또한 중요한 영역 중 하나입니다. 가장 먼저는 인공지능입니다. 불꽃 튀는 경쟁과 급속한 기술 개발이 일어나고 있지요. 더 높은 성능의 인공지능이 등장하고 이를 전 산업 분야에 응용하는 모습은 괄목상대 자체입니다. 인공지능과 더불어 클라우드 컴퓨팅 또한 전 세계 정보통신 분야의 핵심입니다. 이와 함께 정보통신의 새로운 흐름을 만든 것은 블록체인과 연관된 서비스입니다. 암호화폐, 웹3.0, NFT 등 날마다 새로운 개념과 서비스가 등장하고 수많은 자금이 투입되고 있습니다.

네 번째 키워드는 생명공학입니다. 크리스퍼 혁명으로 표현되는 유전공학의 발전은 이미 코로나19 백신을 통해 우리에게 모습을 드러냈습니다. 이와 더불어 대체육과 배양육으로 표현되는 식량생산의 새로운 모습 또한 서서히 시장에서 자리 잡아가고 있지요. 또한 전자공학, 소재공학, 나노공학과의 융합을 통해 새로운 시장을 개척하는 바이오칩, 유전자 치료, 차세대 항암제 등 새로운 의료기술의 등장 또한 주요한 관심사가 되고 있습니다.

다섯 번째 키워드는 기후위기와 재생에너지입니다. 2023년 현시점에서 바라본 우리나라를 비롯해 전 세계 과학기술의 최전선에는 단연코 기후위기와 이에 대한 대응이 자리 잡고 있습니다. 대부분의 주요 국가는 2050년 탄소제로를 목표로 하는 로드맵을 세우고 이를 실행할 액션플랜을 가동 중이죠. 또한 전 세계 대부분의 대기업 또한 이에 대한 대응이 최우선적인 목표 중 하나입니다. 하지만 기존의 탄소 기반 산업 체계에서 기후위기의 극복은 아주 어려운 도전 과제이기도 합니다. 기후위기의 해결과 관련한 과학기술의 동향을 살펴보는 것이 이 책의 가장 중요한 부분 중 하나인 이유입니다.

하지만 기후위기는 산업 부문에서는 또 하나의 도전이자 기회이기도 합니다. 재생에너지 산업과 수소산업, 그리고 전기차 산업은 전체 경제의 지형을 바꿔놓을 것이고, 이에 어떻게 대응하느냐가 향후 그 기업의 미래를 좌우한다고 해도 지나친 말이 아닐 겁니다.

우리나라의 '4차 산업혁명', 미국의 '스마트 팩토리', 독일의 'Industry 4.0', 일본의 'Society 5.0', 중국의 '중국제조 2025' 등 주요 국가들은 21세기 들어 새로운 과학기술을 성장동력으로 삼기 위해 저마다의 어젠다를 제시하고 실현해 나가고 있습니다. 모쪼록 독자들이 이러한 흐름을 파악하는 데 이 책이 조금이라도 도움이 되었으면 합니다.

2023년 3월
박재용

차례

5장 기후위기와 재생에너지

1장

모빌리티

1800년대가 되기까지 운송수단은 대부분 인간의 발, 말이나 나귀 같은 가축, 돛처럼 자연적인 것에 의존했습니다. 1800년대 초 화석연료를 사용한 증기기관이 상용화되면서 먼저 증기기차가, 그다음으로 증기선이 운송수단을 바꾸어놓았습니다. 역과 항구가 교통의 중심지가 되고, 반대로 역과 항구로부터 도시가 발달합니다. 최소한 1년 이상 걸리던 세계 일주가 80일이면 가능하게 되었지요. 19세기 말이 되자 내연기관 자동차와 선박, 비행기가 등장하면서 다시 한번 운송의 역사는 바뀝니다. 대륙을 횡단하는 도로와 대양을 항해하는 선박, 그리고 하늘을 가로지르는 비행기가 전 지구를 짧게는 하루에서 길어도 며칠이면 도달할 수 있는 곳으로 바꾸었습니다. 이후 100여 년이 지난 지금 세계의 운송은 다시 새로운 변화를 보이고 있습니다.

전기자동차

수송수단(모빌리티)은 21세기 들어 가장 많은 변화가 일어나고 있는 영역입니다. 기후위기에 대한 대응으로 기존 내연기관은 급속도로 축소되면서 전기자동차와 수소자동차, 수소선박, 수소비행기 등이 그 자리를 대체하고 있습니다. 이런 변화는 자동차를 중심으로 전방과 후방 산업에도 커다란 도전과 위협, 그리고 그만큼의 기회를 부여하고 있습니다.

자율주행

자율주행 또한 만만치 않은 성장세를 보이고 있습니다. 5단계 완전 자율주행 자동차는 좀 더 미래의 일이겠지만 그로 가는 과정에서도 변화를 이끌어내는 충분한 힘을 발휘하게 될 것입니다. 벌써 후방 주차나 고속도로 주행 등은 자율주행에 맡기는 일이 드물지 않습니다. 특히나 정해진 노선을 따라 움직이는 화물운송으로부터 자율주행의 파도가 밀어닥칠 것으로 예상됩니다. 또한 자율주행은 스마트 도로 등 주변 전기정보통신 영역의 확장을 필연적으로 요구하고 있다는 점도 주목할 부분입니다.

얼터너티브 모빌리티

여기에 기존 수송수단의 한계를 극복하기 위한 대안 모빌리티 또한 그 모습을 점차 드러내고 있습니다. 가장 주목을 받고 있는 것은 도심항공 모빌리티이지만 이외에 1인용 모빌리티의 다양한 실험이 진행 중입니다.

서비스로서의 모빌리티

서비스로서의 모빌리티(Mobility as a Service)라는 개념 또한 주목받고 있습니다. 공유경제를 넘어서 구독과 교통수단 간의 연결 그리고 자율주행이 정보통신을 통해 구현될 미래로 가는 과정 자체가 흥미로운 여행이 될 것입니다.

탄소제로 모빌리티

자동차 이외의 모빌리티에서도 탄소제로 열풍은 거세지고 있습니다. 수소와 암모니아를 연료로 하는 선박과 비행기 개발에도 속도 경쟁이 일어나고 있습니다. 2030년에서 2040년 사이 모빌리티에서 석유와 석탄은 더 이상 존재하지 않게 될 것입니다.

초고속 모빌리티

목적지에 좀 더 빠르게 도달하고 싶은 인간의 욕망은 인류 역사 이래 언제나 새로운 기술 개발의 동력으로 작용했습니다. 초음속 여객기와 하이퍼루프는 21세기 전 지구를 반나절 생활권으로 만들 초고속 모빌리티의 대표주자입니다.

전기자동차 ①

원래 전기자동차는 20세기 초에도 잠깐 등장했더랬습니다. 하지만 당시 배터리는 겨우 뉴욕시 도심 한 바퀴 도는 것도 힘들 정도로 용량이 작았던 터라 별 주목을 받지 못하고 사라졌습니다. 이후에도 전기로 가는 자동차에 대한 연구는 계속되었지만 항상 배터리 용량이 문제가 되었습니다. 그러나 21세기 들어 배터리 기술이 크게 발전하면서 드디어 전기로 가는 자동차가 현실에 등장하게 되었습니다. 그리고 앞으로 10년 정도 지나면 내연기관 자동차 대신 전기자동차가 대세가 될 전망입니다. 가장 중요한 자동차 시장인 유럽과 미국, 중국 등에서부터 이미 내연기관 자동차는 퇴출 시기를 조절할 정도로 문제가 되었고 전기자동차로의 전환은 '얼마나 빠르게'가 핵심이 되었습니다. 이런 사정은 세계적인 완성차 업체 또한 마찬가지입니다. 우리나라의 현대자동차그룹은 2022년 앞으로 더는 새로운 엔진을 개발하지 않겠다고 선언하고, 연구소의 엔진 부서를 해체했습니다.

폭스바겐, GM, 포드, 토요타 등 세계적인 자동차 기업 또한 전기자동차를 중심으로 재편 중입니다.

가장 큰 이유는 너무나 당연하게 기후위기 때문입니다. 250년 전 산업혁명 이래로 인류는 석탄이나 석유 등의 화석연료를 너무 많이 소비함에 따라 온실가스 농도가 너무 높아져, 지구 표면 평균온도가 1.1도 올라갔습니다. 이에 사람들은 뒤늦게 위기감을 느꼈고, 다들 2050년까지 어떻게든 이산화탄소 배출량을 제로로 만들자고 합니다. 전기자동차도 그 노력 중 하나입니다.

전기자동차의 원리를 살펴보기 전에 기존 자동차의 구조를 먼저 알아보겠습니다. 간단히 말해서 엔진룸에서 휘발유와 공기를 섞어 폭발시킵니다. 그 힘으로 피스톤이 밀려나죠. 피스톤의 직선운동은 크랭크축에 의해 회전운동으로 바뀝니다. 회전운동은 변속장치를 통과해 적절하게 바퀴로 전달되고 바퀴가 지면과 마찰하는 반동으로 차가 움직이게 됩니다. 이때 엔진과 크랭크축 변속기를 동력전달장치라고 합니다. 차의 진행 방향을 바꾸기 위해서는 핸들을 돌려야 합니다. 핸들과 바퀴 사이에서 방향을 바꾸는 장치를 조향장치라고 합니다. 그리고 차를 세울 때는 브레이크 페달을 밟습니다. 브레이크 페달과 바퀴 사이의 장치를 제동장치라고 합니다. 동력전달장치, 조향장치, 제동장치 등이 내연기관 자동차가 달리고, 멈추고 방향을 바꾸는 기본적인 기능을 담당하는 핵심적인 세 부분입니다.

엔진에서 폭발이 일어날 때마다 엄청난 열에너지가 발생하여 엔진을 뜨겁게 달굽니다. 이를 식히기 위해서 냉각수가 엔진 주위를 돕니다. 이는 다시 라디에이터로 이어져 식혀집니다. 이를 냉각장치라고 하죠. 폭발한 배기가스는 대기 중으로 빠져나가는데 이때 오염물질도 같이 배출되니, 이를 거르고 없애 주며 압력도 낮춰 주는 배기장치가 있습니다. 그리고 차의 흔들림으로부터 탑승자를 보호하는 현가장치가 추가됩니다.

현대의 내연기관 자동차는 이렇게 동력전달장치, 조향장치, 제동장치, 냉각장치, 배기장치, 현가장치의 여섯 가지 요소가 기본으로 구성됩니다. 전기자동차는 앞서 살펴봤던 내연기관 자동차의 엔진 대신 배터리에 저장된 에너지로 모터를 돌립니다. 모터가 돌면 그에 연결된 자동차 바퀴가 따라 돌게 됩니다. 모터의 출력을 조절하면 자연스럽게 속도를 바꿀 수 있습니다. 따라서 내연기관 자동차의 엔진과 크랭크축 그리고 변속장치가 필요하지 않습니다. 구조가 간단해집니다. 내연기관의 동력전달장치가 160여 개의 부품으로 이루어진 데 비해 전기자동차의 동력전달장치는 부품 수가 겨우 35개 정도로 4분의 1도 되지 않습니다.

여기에 모터나 배터리는 엔진만큼 온도가 올라가지 않기 때문에 냉각장치도 필요하지 않습니다. 자동차가 움직이는 과정에서 생기는 바람으로 식혀 주면 됩니다. 또 엔진이 없으니 배기가스도 없고 따라서 배기장치도 필요 없습니다. 전기자동차의 또 다른 장점 중 하나는 소음과 진동이 크게 줄어든다는 점입니다. 자동차 소음과 진동의 가장 큰 원인은 엔진에서의 폭발과 배기장치에서 배기가스가 빠져나갈 때 생기는 압력의 변화입니다. 이 둘이 아예 없으니 진동도 소음도 거의 없습니다. 물론 포장 상태가 좋지 않은 도로에서는 소음과 진동이 생기긴 하겠지만 일반적인 도로에서는 보행자를 위해 일부러 소음을 만들 정도입니다. 전기자동차는 내연기관 자동차에 비해 들어가는 부품이 굉장히 적습니다. 동일한 조건이라면 약 3분의 1 정도만 필요합니다.

다시 살펴보면 전기자동차는 배터리와 모터, 바퀴와 제동장치만 있으면 됩니다. 바퀴와 제동장치는 기존 내연기관 자동차와 큰 차이가 없으니 별다른 기술이 그다지 필요하지 않습니다. 모터는 자동차 외에도 다른 영역에서 워낙 많이 사용하다 보니 이미 기술적 성숙도가 높은 편입니다. 즉 전기자동차로의 전환에서 가장 중요한 것은 배터리 기술입니다. 가격도 전체 자동차 생산원가에서 가장 많은 비중을 차지하고요. 전기자동차를 논할 때 배터리 이야기가 빠지지 않는 이유이기도 합니다.

문제는 배터리

배터리의 기본 단위는 셀입니다. 셀을 여러 개 묶어 모듈을 만듭니다. 모듈은 셀을 외부의 충격이나 진동, 열 등으로부터 보호하는 역할을 합니다. 그리고 또 하나 중요한 역할이 있습니다. 셀 하나가 만들어내는 전압은 약 4V 정도밖에 되지 않습니다. 그런데 자동차가 필요한 전압은 약 400V 정도 되지요. 그러니 셀을 직렬로 연결해 전압을 높여야 합니다. 하지만 셀을 직렬로만 연결하면 배터리가 빨리 닳게 됩니다. 그러니 병렬로도 연결해야 합니다. 이렇게 셀들을 직렬과 병렬로 연결하는 것도 모듈의 1차적 역할입니다. 그리고 모듈을 다시 여러 개 묶어 배터리 팩을 만듭니다. 팩도 마찬가지로 모듈을 직렬과 병렬로 연결해 전기자동차가 요구하는 수준의 전압을 만들고 용량도 키우는 거지요. 또 팩에는 배터리 셀들이 균등하게 전기를 내놓을 수 있게 관리하는 전자제어 시스템과 냉각시스템 등도 같이 들어 있습니다.

그러나 현재 자동차에 쓰는 리튬이온 배터리에는 아직 해결해야 할 문제가 산적해 있습니다. 먼저 배터리 용량이 크게 늘어났지만 아직 만족스러운 수준은 아닙니다. 중형 자동차의 경우 배터리를 완전 충전하면 약 400~500km 정도 운행할 수 있습니다. 서울에서 부산 정도는 한 번의 충전으로 갈 수 있지요. 우리나라에서 이 정도라면 충분할 것 같지만 사실 그렇지 않습니다. 운전을 직업으로 하는 사람들은 하루에 그 2배 정도 이상을 다니는 경우도 많습니다. 거기다 짐을 잔뜩 싣고 사람도 꽉 차면 움직일 수 있는 거리는 더 줄어듭니다. 거기다 리튬이온 배터리는 기온의 영향을 많이 받습니다. 겨울철에는 완전 충전을 하더라도 다른 계절에 비해 10~20% 정도 주행거리가 줄어듭니다. 또 배터리는 사용할수록 완전 충전했을 때 용량이 조금씩 줄어들기도 합니다.

그렇다고 배터리를 더 많이 설치할 수도 없습니다. 지금도 전기자동차는 같은 크기의 내연기관 자동차에 비하면 무거운 편인데 추가되는 중량 대부분이 배터리 무게입니다. 내연기관 자동차의 경우 휘발유 탱크 무게가 40kg 정도인데 전기자동차의 배터리 무게는 약 200kg 정도입니다. 대략 두세 사람이 더 올라탄 상태인 것입니다. 배터리 용량을 늘리면 늘린 만큼 더 무거워집니다. 무거운 차량은 가벼운 차량에 비해 배터리 소모량이 늘어납니다. 따라서 배터리를 많이 장착한 만큼의 효과가 그리 크지 않습니다. 거기다 배터리를 더 실으면 그만큼 차량 내부 공간이 줄어드는 문제도 있습니다. 그리고 차량 가격이 비싸집니다. 배터리가 차량 가격에서 차지하는 비중이 높다보니 더 많이 실을수록 차량 가격이 비례해서 올라가는 거지요. 거기다 배터리 충전시간이 내연기관차가 휘발유를 충전하는 시간에 비해 너무 깁니다. 일반적으로 2시간 가까이 걸리고 급속 충전의 경우도 수십 분이 걸립니다. 서울에서 부산까지 4~5시간 정도 잡고 가다가 충전 때문에 2시간을 더 기다려야 한다면 문제가 심각하지 않겠어요?

또 다른 문제는 배터리 폭발 사고입니다. 드물지만 실제로 발생하고 있다는 게 문제의 심각성입니다. 액체 전해질을 사용한다는 특성 때문에 급격한 온도 변화나 외부 충격을 받으면 폭발할 가능성이 있습니다. 더구나 배터리에 불이 붙으면 불화수소산 등 인체에 유해한 물질이 나와서 금속화재[1]로 쉽게 끌 수가 없습니다. 심각한 사고로 이어지는 이유이기도 합니다. 실제 전기자동차 구매를 미루는 이유 중 폭발 사고에 대한 우려가 꽤 큰 비중을 차지하고 있습니다.

마지막으로 배터리 가격이 너무 비싸다는 것도 문제입니다. 현재 전기자동차 제조비용의 40% 가까이를 배터리가 차지합니다. 전기자동차가 동급의 내연기관 자동차보다 비싼 이유입니다. 전기자동차는 내연기관 자동차에 비해 부품 수가 적고, 그에 따라 제조공정도 단순합니다. 배터리 가격만 낮출 수 있다면 지금보다 훨씬 경쟁력이 있을 것입니다. 물론 지난 10년간 배터리 가격은 지속적으로 내려가고 있습니다만 아직 충분하지 않습니다. 정부에서 전기자동차를 살 때 보조금을 지급해서 그 차이를 메우고 있지만 앞으로 계속 보조금을 지급할 수는 없습니다. 기술 향상을 통해 배터리 가격을 지금보다 절반 이하로 낮춰야 보조금을 지급하지 않아도 내연기관 자동차와 비슷한 가격이 될 겁니다.

차세대 배터리

그래서 지금 쓰는 리튬이온 배터리 대신 보다 안전하고 같은 부피에 더 많은 용량을 충전할 수 있는 값싼 배터리가 필요합니다. 먼저 치고 나온 것은 테슬라입니다. 2020년 배터리 데이에 4680배터리를 들고 나왔지요. 새로운 배터리를 통해 배터리 비용을 50% 넘게 낮추겠다고 했습니다. 테슬라는 원통형 배터리셀을 쓰는데 처음 들고나온 것은 1865배터리로 지름 18mm, 높이 65mm짜리였습니다. 이후 지름 21mm, 높이 70mm인 2170배터리로 바꾸면서 에너지 효율을 높였습니다. 이제 다시 지름 46mm, 높이 80mm인 4680배터리로 바꾸면 셀 하나당 5배의 에너지 용량과 6배 높은 출력을 내고 주행거리도 16% 늘어난다는 이야깁니다.[2] 물론 모양만 바꾼다고 되는 것은 아닙니다. 제조공정을 효율화해서 비용을 줄이고 생산량을 늘린다는 거지요.

또 다르게는 셀투팩(Cell-to-Pack, CTP)이 대안으로 제시되고 있습니다. 셀투팩은 배터리 팩 생산에서 모듈을 없애는 방식입니다. 중국 배터리 업체인 CATL이 2022년 6월 최초로 셀투팩을 적용한 배터리를 공개했습니다. 그리고 국내 배터리 업체인 LG에너지솔루션 또한 셀투팩 기술 개발을 거의 완료했고, 2025년 적용할 계획이라고 밝히고 있습니다. 삼성SDI와 SK온 또한 셀투팩 기술 개발에 한창입니다. 모듈이 생략되면 그 공간에 배터리셀을 더 넣을 수 있기 때문에 같은 부피와 무게로 주행거리를 더 길게 할 수 있습니다. 이론적으로는 동일한 조건에서 1,000km까지 주행거리를 늘릴 수 있습니다. 기존 대비 2배 가까이 늘어나는 것이죠. 그리고 제조 과정도 3단계에서 2단계로 줄어드니 제작 단가도 내려갑니다. 여기에 팩 단위도 생략하고 셀을 자동차 섀시에 바로 붙이는 셀투섀시(Cell-to-Chassis, CTC) 기술도 개발 중입니다.[3] 애초에 모듈이 들어간 이유가 배터리를 화재나 폭발, 고온 등으로부터 보호하기 위한 것인데 이를 생략하면서도 기존 배터리와 비슷한 정도의 안전성을 보장하면서 제작하는 것이 핵심적인 기술입니다. 2025년쯤부터 상용화된다고 했을 때 중저가 전기자동차에 적용될 전망입니다. 하지만 4680배터리나 셀투팩 배터리는 기존 리튬이온 배터리의 한계를 어느 정도 극복할 수 있겠지만 주행거리 문제나 안전 문제에서 완전히 자유로울 순 없습니다. 이런 문제를 모두 처리할 수 있는 기술로 지금 가장 유망한 것은 전고체 배터리입니다. 전고체 배터리를 살펴보기 전에 기존 리튬이온 배터리를 먼저 알아봅시다.

리튬이온 배터리는 크게 네 부분으로 나눕니다. 먼저 양극과 음극이 있고, 둘 사이를 충전재로 채웁니다. 그리고 둘 사이에 분리막이 있습니다. 이 중 양극의 리튬이온이 음극으로 이동하는 과정을 통해 충전이 이루어지고, 반대로 음극의 리튬이온이 양극으로 이동하면 방전이 되는 것이 기본 원리입니다. 양극재는 리튬이 들어 있는 곳인데 리튬이 워낙 불안정한 물질이라 산소와 결합한 리튬 산화물 형태로 사용됩니다. 하지만 리튬 산화물만 있는 것이 아니고 니켈이나 코발트, 망간, 알루미늄 등이 같이 있습니다. 이 양극의 소재로 어떤 물질을 얼마나 쓰는가에 따라 배터리의 용량과 전압이 결정됩니다.

음극재는 이온을 안정적으로 저장할 수 있는 흑연이 주로 사용됩니다. 그런데 충전과 방전되는 과정에서 흑연의 구조가 조금씩 변하고, 이에 따라 저장할 수 있는 이온의 양이 줄어듭니다. 이 때문에 배터리 수명이 줄어드는 것입니다. 음극재를 어떤 소재로 어떻게 만드느냐에 따라 배터리의 수명이 결정됩니다.

양극과 음극 사이에서 리튬이온이 이동하는 통로 역할을 하는 것이 충전재인데, 현재는 액체 전해질을 사용하고 있습니다. 마지막으로 분리막은 폴리에틸렌(polyethylene)이나 폴리프로필렌(polypropylene)으로 만드는데 양극과 음극의 직접적인 접촉을 막는 역할을 합니다. 그런데 리튬이온 배터리의 온도가 높아지면 문제가 생깁니다. 음극이나 양극에서 발열반응이 일어나기 시작합니다. 발열반응이 일어나면 온도가 더 빠르게 오르는데, 이를 열폭주 현상이라고 합니다. 이 단계에 들어서면 분리막이 녹아버립니다. 그렇게 되면 음극과 양극이 직접 접촉하게 되고 화재가 발생합니다. 또 온도가 변하는 과정에서 배터리가 팽창하다가 깨지는 경우나 외부 충격에 의해 배터리에 금이 가면 전해질이 빠져나오게 되고 이 또한 사고의 원인이 됩니다. 그래서 나온 대안이 양극과 음극 사이의 충전재를 액체가 아닌 고체로 쓰는 전고체 배터리입니다. 배터리 전체를 고체로만 이룬다는 것입니다. 이렇게 되면 고체 전해질이 분리막 역할까지 대신하게 되고 폭발이나 화재 위험성이 크게 줄어듭니다. 전고체 배터리는 구조적으로 리튬이온 배터리보다 단단하고, 전해질이 훼손될 경우에도 형태를 유지할 수 있어 더욱 안정성을 높일 수 있습니다.

또 하나 전고체 배터리는 같은 부피에 더 높은 에너지 밀도를 가집니다. 폭발이나 화재 위험성이 사라지기 때문에 이와 관련된 부품을 줄이고 그 자리에 배터리 용량을 늘리는 물질을 채울 수 있기 때문입니다. 현재 리튬이온 배터리는 양극과 액체 전해질, 분리막 그리고 음극으로 이루어진 내부 물질을 다시 패키징한 상태로 셀을 만들어야 합니다. 전해질이 액체라 흘러나오게 되니까요.

하지만 전고체 배터리의 경우 한 패키지 안에 양극, 고체 전해질, 음극, 그리고 다시 양극, 고체 전해질, 다시 음극, 이런 순서로 계속 열을 지어도 됩니다. 그러니 훨씬 밀도가 높아집니다. 하지만 말처럼 쉽다면 얼마나 좋겠습니까? 같은 액체라도 점성이 높으면 이동이 어려운데 고체 상태의 물질을 헤집고 리튬이온이 이동할 수 있게 하려면 꽤나 쉽지 않은 기술이 필요합니다. 고체 전해질은 현재 고분자 전해질, 황화물 전해질, 나노입자 필러나 고분자가 섞여 있는 복합계 전해질로 구분할 수 있습니다. 이론적으로는 황화물 전해질이 가장 성능이 뛰어나고 개발하기 쉬운 고분자계 전해질입니다. 우리나라 배터리 업체는 LG에너지솔루션, SK온, 삼성SDI의 3사 체제인데, 다들 고체 전해질 배터리 연구에 집중하고 있고 어느 정도 성과도 내고 있습니다.

2020년경만 하더라도 고체 전해질 상용화 시점을 정확히 예측하지 못했지만 2022년 초가 되니 2024~25년 정도면 상용화를 할 수 있다는 분위기입니다. 제품을 만들기 위한 기술이 갖추어진 다음 상용화까지 2년 이상의 기간이 소요됨을 감안한다면 현재 제품 관련 기술은 어느 정도 갖추어져 있다는 뜻이죠. 하지만 이에 대해 부정적인 견해를 보이는 전문가들도 많습니다. 상용화 단계까지 이르는 것이 그리 쉽지 않다는 말이죠. 실험실 수준에서 성공한 기술이라도 대량생산을 위해서는 넘어야 할 산이 많다는 게 첫 번째 이유고, 배터리도 반도체처럼 수율(yield)이 어느 정도 나와야 하는데 라인을 깔고 운용을 하면서 수율을 올리는 과정도 필요할 것이라는 주장입니다. 또 하나 전고체 배터리 상용화에 성공하더라도 가격이 기존 리튬이온 배터리에 비해 경쟁력을 가지기까지는 시간이 걸릴 것이라는 의견도 있습니다. 그래서 상용화가 되더라도 상당 기간 리튬이온 배터리와 공존하게 될 것이라는 주장입니다. 고급 전기자동차는 전고체 배터리를 쓰고 좀 더 가격이 싼 자동차에는 리튬이온 배터리가 들어가는 식으로 말이죠.

그리고 전고체 배터리 말고도 다양한 종류의 차세대 배터리도 개발 중입니다. 흑연 대신 실리콘을 음극재로 사용하는 방법이라든가, 그래핀을 사용한다거나, 양극재에 니켈 함량을 높이는 하이니켈 배터리 등도 나름대로 장점이 있습니다. 몇 년 뒤 배터리 시장은 다양한 배터리가 라인업을 이룰 수도 있다는 겁니다. 마치 술도 소주, 막걸리, 맥주, 위스키처럼 다양하듯이, 차량의 특성에 맞는 배터리를 쓸 수 있다는 것입니다. 하지만 대량생산 체제에서 이렇게 다양한 배터리를 쓰는 것 자체가 비용을 높일 수 있어 쉽지 않을 것이란 주장도 힘을 얻고 있습니다.

전기자동차의 또 다른 모습

전기자동차의 배터리는 약 500번 정도 충전을 하고 나면 효율이 떨어지기 시작합니다. 한 7년에서 10년 정도 타면 성능이 80% 정도로 떨어집니다. 그러면 배터리를 갈아야 하는데 이 폐배터리의 재활용이 중요한 문제가 되지요. 이에 국내 자동차업계도 배터리 재사용과 재활용에 대해 다양한 시도를 하고 있습니다. 일단은 성능이 괜찮은 경우 전기차용 배터리로 재사용할 수 있습니다. 전기차용으로 사용할 수 없는 경우에는 전기에너지를 저장하는 배터리 에너지 저장 장치(Battery Energy Storage System, BESS)에 재사용할 수 있습니다.

BESS는 배터리 효율이 70~80% 정도 되어도 5~10년 정도 사용할 수 있으니까요. 배터리는 배터리 팩의 형태 그대로 혹은 배터리 모듈 형태로 재활용하게 됩니다. 이외에도 전동 휠체어나 개인용 모빌리티에 사용하기도 합니다. 기존에 납축전지를 이용하던 곳에 대체품으로 이용할 수도 있고요.

물론 이런 방식으로 재사용하지 못하는 부분은 분해하여 필요한 물질을 수거해 재활용하는 것도 필요하죠. 앞으로 폐배터리의 재활용은 대단히 커다란 시장을 형성하게 될 것으로 보입니다. 전기자동차가 자동차의 대세가 되면 매년 수많은 폐배터리가 나오게 될 것입니다. 폐배터리에 들어 있는 희토류 금속의 재활용은 경제적으로도 중요합니다. 리튬과 희토류는 현재도 수요보다 공급이 적어 지속적으로 가격이 올라가고 있죠. 또 희토류를 채굴하고 정제하는 과정에서 발생하는 오염 문제도 계속 지적됩니다. 폐배터리의 재활용은 새 배터리를 만드는 데 필요한 자원의 선순환구조의 핵심이 됩니다.

그리고 배터리 용량을 줄이는 연구도 지속적으로 이루어지고 있습니다. 그중 하나는 차 지붕에 태양광 패널을 설치해서 전기를 공급하는 것입니다. 하지만 현재 기술 수준에서는 하루 종일 햇빛을 쬐어도 약 3km 정도 가는 게 다입니다. 물론 급할 때는 유용하게 쓰이겠지만 배터리 용량을 줄이는 데는 큰 도움이 되지 않습니다. 지금보다 더 효율이 좋은 태양광발전 시스템이 만들어진다면 이야기가 달라지겠지만요.

오히려 주목을 받고 있는 건 무선충전 시스템입니다. 현재도 일부 휴대폰은 무선으로 충전이 가능하지요. 이를 도로로 확장하는 겁니다. 도로를 달리면서 자동으로 충전이 되는 것입니다. 이렇게 되면 자동차가 굳이 지금처럼 대용량의 배터리를 가지고 있을 필요가 없습니다. 만약 배터리 용량을 지금의 3분의 1로만 줄인다고 하더라도 차 가격도 내려가고 내부 공간도 훨씬 여유가 있게 됩니다. 하지만 아직 무선충전 기술은 에너지 효율이 유선충전보다 낮은 문제가 있습니다. 좀 더 효율적인 충전 기술이 개발된다면 무선충전도로를 만드는 데 도움이 되겠지요.

그리고 또 하나 자동차가 최대한 전기를 적게 쓰도록 만드는 기술도 지속적으로 관심을 받고 있습니다. 모터를 지금보다 효율적으로 만드는 것도 방법이고, 차체 디자인을 공기저항을 덜 받도록 만드는 것도 필요하죠. 그리고 요사이 차에 필수적인 에어컨이나 기타 전자제품도 더 적은 전기로 움직일 수 있도록 효율을 높이는 방안도 필요합니다.

2 자율주행

  시작은 구글의 자회사 웨이모입니다. 2016년 구글 사내 프로젝트 팀을 분사해 세웠죠. 물론 구글만 자율주행을 준비한 건 아닙니다. 우버도 처음부터 자율주행에 대한 연구를 시작했고, 네이버도 자율주행 연구가 한창입니다. 테슬라도 자율주행에 진심인 편입니다. 웬만한 테크기업치고 자율주행에 관심이 없는 회사를 찾기가 오히려 힘들 정도입니다. 물론 운전대가 아예 없는 자율주행은 기술뿐 아니라 법적·사회적 문제 때문에라도 빠른 시일 내에 적용하기 힘들 것이라고 예상하는 사람도 많습니다. 하지만 '완전'한 자율주행이 아니더라도 자율주행 기술의 부분적인 적용도 많은 관심을 불러일으키고 있습니다. 대표적인 것이 후방주차죠. 고급 자동차의 경우 주차를 지시하면 자동차가 알아서 후방주차를 합니다. 또 고속도로에서는 일반 도로보다 운전 중에 신경 쓸 것이 많지 않습니다. 자동차만 다니는 도로이다 보니 사람이나 자전거, 오토바이를 신경 쓸 일이 없거든요. 거기다 건널목도 없으니 그냥 앞으로 달리기만 하면 되지요. 그래서 고속도로에서는 한 차선으로 계속 달리는 것을 자동차에 맡기기도 합니다. 사람이 아예 신경을 쓰지 않는 건 아니지만 차가 알아서 차선을 지키고 앞차와의 간격도 일정하게 유지하면서 달리지요.

자율주행은 보통 다섯 단계로 나눕니다. 차선유지 시스템은 레벨 1이에요. 고속도로에서의 주행은 레벨 2이지요. 이 정도는 지금도 사용하고 있는 기술입니다. 레벨 5가 완전 자율주행 단계가 됩니다. 현재 레벨 3과 레벨 4도 어느 정도 기술 개발은 완료되어 부분적으로 적용되고 있고 레벨 5도 일부에서 실증 중인 상황입니다.

레벨 3부터는 특정 시기에 운전자의 개입 없이 차량이 자기 통제권을 가지게 되는데, 이때부터를 자율주행자동차라고 부를 수 있습니다. 그중 레벨 4나 레벨 5의 자율주행이 가능하려면 세 가지 요소가 확보되어야 합니다. 각각 인식 요소, 판단 요소, 제어 요소라고 합니다. 우리가 운전하는 상황으로 생각해 보죠. 내 차선의 앞을 가고

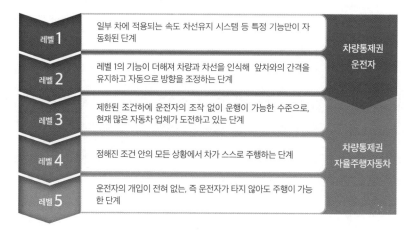

그림 1 자율주행 단계

있는 차, 후방의 자동차, 옆 차선의 자동차, 횡단보도, 신호등, 지금 내 차가 어디쯤 주행하고 있는지도 파악해야 하고, 내가 가고자 하는 곳까지의 경로도 파악해야 합니다. 지금은 운전자가 이런 일을 하지만 자율주행을 하려면 차가 이런 상황을 인식할 수 있어야 합니다. 이를 인식 요소라고 합니다.

우리가 이들 요소 대부분을 시각을 통해서 확보하는 것처럼 자율주행자동차에도 사람의 눈에 해당하는 카메라와 라이다(Light detection and ranging, Lidar)라는 장치를 탑재합니다. 카메라도 한 대가 아니라 앞뒤 양옆 모두를 볼 수 있게 여러 대가 설치되지요. 라이다는 일종의 레이저입니다. 레이저를 순간적으로 쏘아 맞고 돌아오는 시간을 계산해서 물체의 위치를 파악하는 기계죠. 라이다가 빙글빙글 돌면서 사방으로 레이저를 쏘아 주변의 움직이는 물체들이 얼마나 빨리 그리고 어느 방향으로 움직이는지를 파악합니다.

그런데 이 라이다가 문제입니다. 운전을 하다 보면 사방의 물체가 어디 있는지를 파악하는 것도 중요하지만 차량이나 사람 같은 물체들이 어느 방향으로 어떤 속도로 움직이는지를 알아야 합니다. 가만히 서 있는 사람과 차도를 향해 오고 있는 사람은 현재 같은 위치에 있어도 전혀 다른 위험 요소죠. 그런데 카메라로는 이런 점을 잘 파악할 수 없습니다. 그래서 라이다가 필요한 거지요. 그런데 라이다가 상당히 고가입니다. 요사이 많이 저렴해졌다고 하지만 그래도 전체 차량 가격에서 꽤 부담이 되는 것이 사실입니다. 더구나 더 문제가 되는 건 라이다를 운영하려면 고정밀 지도를 사용해야 하는데 이 지도의 유지 보수에 비용이 많이 들고 데이터도 많이 차지한다는 것입니다. 거기다 전력소모가 많다는 단점이 있습니다. 앞서 살펴본 것처럼 전기자동차의 경우 전력소모가 많은 부품을 사용하는 것은 상당히 부담스러운 일입니다. 그래서 요사이 라이다를 쓰지 않는 자율주행자동차를 개발하려는 움직임이 여기저기서 보입니다. 3년 전만해도 라이다를 자율주행의 필수 요소라 여겼던 것에 비하면 상당한 변화죠. 일단 테슬라가 라이다 없는 자율주행 기술을 개발하여 사용 중이고, 현대자동차도 포티투닷이라는 라이다 없는 레벨 4 자율주행 기술을 개발한 회사를 인수해서 개발 중에 있습니다.

카메라와 라이다 외에도 인식 요소는 더 있습니다. 위성항법시스템(Global Positioning System, GPS)의 인공위성과도 정보를 주고받고, 앞으로 더 발전하면 교통관제시스템과도 정보를 주고받아 현재의 교통 상황에서 최선의 경로를 찾아갑니다. 주변의 차들과도 인터넷을 통해 통신(Vehicle to Vehicle, V2V)을 하죠. 앞차가 정지하겠다는 신호를 뒤차로 보내면 뒤차는 이 신호를 받아 동시에 정지하면서 또 자신 주위의 차에게 자신이 정지한다는 신호를 보내는 식이죠. 하지만 이렇게 정보를 빠르게 주고받기 위해 무선통신의 끊김이 없어

그림 2 자율주행차의 사물 인식 시스템

야 하고 또 빨라야 합니다. 5G 무선통신이 바로 이를 위한 것이죠.

또 하나 이토록 많은 정보가 쏟아져 들어오면 이를 파악하고 판단하는 시스템이 중요해집니다. 이를 판단 요소라고 합니다. 그래서 자율주행자동차에는 강력한 성능의 인공지능 컴퓨터를 탑재합니다. 보통의 컴퓨터처럼 크기가 큰 것이 아니라 필수적인 기능을 중심으로 하나의 보드로 만들어 장착하게 됩니다. 수천 분의 1초마다 들어오는 정보를 처리해야 하니까요. 인공지능은 취합된 정보를 가지고 앞으로 벌어질 일을 예측하고 가장 안전한 경로를 생성합니다. 하지만 인공지능이라고 만능은 절대 아닙니다. 다양한 상황에 대한 데이터를 통해서 학습을 해야만 해결 능력이 향상됩니다. 구글의 웨이모나 네이버, 현대차 등이 자율주행자동차를 계속 운행하면서 데이터를 모으는 것이 바로 이를 위한 것이지요. 데이터가 많으면 많을수록 인공지능의 판단이 정확해지는 겁니다.

앞으로 가고, 방향을 틀고, 속도를 조절하며, 멈추는 등의 기능을 제어장치라고 하는데 이 부분은 어느 정도 완성된 단계입니다. 결국 앞으로 자율주행자동차의 성능을 더욱더 향상시키고 안전하게 만들기 위해서는 주변 상황에 대한 인식 능력과 판단 능력을 키우는 것이 핵심적인 요소입니다. 그중에서도 판단 요소인 인공지능이 일어날 수 있는 다양한 상황에서 얼마나 정확한 판단을 하게 만드냐가 가장 중요한 지점이 될 테죠. 실제로 현재 실증 운영 중인 자율주행자동차도 일반 운전자보다 사고 확률이 적기는 하지만 어처구니없는 사고를 내는 경우가 있는데, 이는 바로 판단 능력이 문제인 경우가 대부분입니다. 하지만 현재의 인공지능 발달 속도와 자율주행에 대한 전 세계적인 경쟁을 생각하면 완전자율주행의 미래도 그리 멀지 않았습니다. 이미 레벨 5 자율주행 택시 운행이 미국과 중국의 일부 도시에서 시작되었습니다. 물론 시범 운행이고 여러 가지 넘어야 할 산이 많으나 비관적인 생각처럼 10년 이상 걸릴 것은 아니고 몇 년 안에 일정 구간에서의 전면적 자율주행이 시작될 것으로 전망합니다.

군집자율운행

완전자율주행이 모든 도로에서 이루어지기 전이라도 자율주행은 꽤 많은 일을 할 수 있습니다. 가장 먼저 나타날 형태는 군집주행입니다. 말 그대로 대여섯 대의 차가 열을 지어 이동하는 거지요. V2V 기술을 이용하여, 앞차와 뒤차가 가속, 감속, 정차 등의 차량 제어 정보를 공유하고, 차량에 설치된 센서를 통해 수집된 정보를 실시간으로 공유하면서 이동합니다. 2016년 4월 스웨덴·덴마크·독일·벨기에·네덜란드에서 출발한 트럭이 로테르담 항구까지 군집운행으로 이동했습니다.[4] 선두 차량은 사람이 직접 운전을 했고 뒤차에도 운전자가 탑승하긴 했습니다. 이 정도의 기술은 자율주행 단계 중 레벨 1에 속하는 아주 초보적인 단계입니다. 이후 일본에서 2018년에 군집운행을 실험한 이후, 같은 해 볼보가, 2019년에는 현대자동차가 시범운행에 성공했습니다.

우리나라에서는 카카오모빌리티가 이와 관련한 플랫폼 개발을 진행하고 있습니다.[5] 물론 이때의 군집운행은 각 차량에 기사들이 올라타 직접 운전하는 상황에서의 군집운행입니다. V2x(Vehicle to Everything) 기반 군집주행 서비스 플랫폼을 공개했는데, 주로 기사용 앱을 통해 이용할 수 있도록 되어 있습니다. 신규 군집 형성, 군집 내 역할 설정, 군집 합류 지점까지 경로 안내, 긴급 상황 경고, 선두 차량 시점 주행 영상 같은 정보를 제공할 예정입니다. 또한 플랫폼 서버는 차량 정보, 공통 경로, 합류 예상 시간을 고려해 군집을 매칭하는 방식입니다. 하지만 이는 앞으로 자율주행을 전제로 한 군집운행을 위한 시작이라는 점 또한 분명합니다. 이런 군집주행이 가능하기 위해서는 먼저 종 방향 제어시스템과 횡 방향 제어시스템이 지원되어야 합니다. 종 방향 제어는 군집 내 또는 군집 간 차량 속도를 조절해서 일정한 간격을 유지하는 시스템입니다. 횡 방향 제어는 차선을 유지하는 시스템이지요. 이는 현재 일반 승용차에 채택된 고속도로 자율주행 시스템과 큰 차이가 없습니다. 다시 말해 기술적으로 큰 어려움이 없다는 이야기입니다.

하지만 문제가 하나 있다면 V2X에 해킹이 끼어들 수 있다는 겁니다. 실제로 2016년 커넥트 앱 계정을 이용해서 닛산 리프 차량을 해킹하기도 했고 중국 킨 시큐리티랩은 테슬라를 해킹해서 차량의 브레이크를 조작하는 데 성공했습니다. 군집주행이 가능하기 위해서는 이런 V2X에 대한 침입 방지 시스템, 방화벽 구축, 메시지 암호화와 인증 등의 보안 강화가 필요합니다. 그럼 이런 군집운행이 실제 상용화되는 모습을 상상해 볼까요? 최상의 조건은 바로 출발지점과 도착지점이 항상 일정한 노선을 따라 운행하는 겁니다. 항만 터미널에서 내륙 물류센터까지 컨테이너를 운반하는 트럭 같은 경우가 해당됩니다. 일단 처음에는 모든 차에 운전자가 탑승하게 되겠지요.

이 경우에도 장점이 있습니다. 일단 뒤차의 운전자들은 탑승은 하지만 실제 운전에 참여하는 경우는 아주 드물 터이니 교대로 운전을 하면 피로가 줄어들겠지요. 우리나라의 경우 국토가 그리 넓지 않아 큰 상관은 없지만 미국이나 중국 혹은 유럽 같은 경우 운전자 한 명이 운전을 하게 되면 중간에 쉬고 잠도 자야 해서 하루가 꼬박 걸릴 거리인데 서로 교대로 운전하면 쉬는 시간과 수면 시간이 필요 없으니 전체 운행 시간이 꽤 많이 줄어들 것입니다.

또 앞차 뒤를 따르는 뒤차의 경우 공기저항이 줄어들어 에너지가 덜 소비됩니다. 흔히 자전거 경주에서 앞 자전거 뒤를 여러 대의 자전거가 줄줄이 따라가는 경우와 같은 이유입니다. 거기다 여러 대의 차량이 일정한 간격으로 운전하는 경우 차량 사고도 줄어듭니다. 이 정도라도 군집주행을 할 이유는 충분하겠지요. 그리고 이런 군집주행 과정에서 2~3년 혹은 4~5년 데이터가 쌓이면 다음 단계로 넘어갈 수 있습니다. 앞차만 운전자가 타고 뒤차는 무인으로 다니는 거지요. 물론 안전장치가 있어야 합니다. 뒤차는 무인이긴 하지만 완전 자율운행은 아니고 관제센터에서 원격제어를 할 수 있게 조치를 취하지요. 그리고 상공에서 드론이 군집주행 전체를 살핍니다. 드론의 목적은 주행차량에 대한 감시도 있지만 주변의 다른 차량이 무리하게 군집주행 차량 사이로 끼어들거나 훼방 등을 감시하는 것입니다. 아마 이 정도 단계가 되면 군집차량 사이를 끼어드는 행위를 금지하는 시행령 등이 만들어지겠죠. 더구나 덩치 큰 화물 트럭 사이의 좁은 틈을 끼어들려는 무모한 운전자도 거의 없을 거고요. 거기다 드론이 상공에서 감시한다면 군집차량에 특별한 의도를 가지고 접근하기가 꺼려질 겁니다. 이제 대여섯 대의 차량을 맨 앞의 운전자 둘이 교대로 운전하며 주행할 수 있게 됩니다. 큰 폭으로 인건비를 절감할 수 있을 테고요. 또한 군집주행이 완전 자율로 이루어지면 차량 간격이 매우 좁아지기 때문에 도로 주행 여건도 좋아집니다. 세 번째 단계는 고속도로 위의 트럭들이 알아서 자율주행으로 이합집산을 하는 과정입니다. 어떤 트럭은 부산에서 대전을 가고 어떤 트럭은 대구에서 서울을 가는 일정으로 고속도로를 운행합니다. 이때 대구에서 올라온 트럭이 대전행 트럭과 V2X를 통해 서로의 목적지를 확인하고 한시적 군집운행을 하는 거지요. 이 과정에서 뒤 트럭의 운전자는 휴식을 취할 수 있습니다. 이런 이합집산이 고속도로상에서 자유롭게 이루어질 수 있으면 고속도로 전체의 주행 상황이 개선되고 트럭 운전자들은 꽤 많은 시간을 운전대에서 손을 떼고 쉴 수 있습니다. 마지막 단계는 고속도로의 한 차선이 자율주행자동차에만 개방되는 것입니다. 이제 이 차선에는 V2X 기능을 탑재한 군집자율주행 차량만 다닙니다. 트럭도 있고 고속버스나 시외버스도 있지요.

고속도로 자율주행 전용차선

현재 경부고속도로 등 일부 도로의 경우 중앙선 옆 한 차선은 버스 전용차선입니다. 만약 이 차선을 자율주행 전용차선으로 바꾸면 어떤 일이 일어날까요? 고속버스나 시외버스가 변하게 됩니다. 처음 시범 서비스로 시작한 후 몇 년간의 데이터가 쌓이면 본격적인 시행에 들어가게 되겠지요. 일부 차선을 자율주행차 전용차선으로 바꾸면 현재의 조건에서도 자율주행이 가능합니다. 자율주행 레벨 4에 해당하는 단계이기 때문이지요. 자율주행 차량만 다니게 되면 일단 일반 차량과의 충돌이나 사고에서 자유로워집니다. 또한 교통사고가 훨씬 줄어드니 허용 속도도 일반 도로보다 더 높게 잡을 수 있습니다.

미국에서는 미시간주가 자율주행 전용차로를 구축하는 프로젝트를 시작했습니다.[6] 디트로이트와 인근 앤아버를 잇는 64km의 도로에 자율주행차 전용차로를 건설하겠다는 겁니다. 이 도로에는 와이

파이 등 통신 인프라와 라이다, 카메라 등 자율주행에 필요한 시설이 설치됩니다. 그리고 중앙관제센터의 컴퓨터와 자율주행차가 무선통신 시스템으로 연결되어 정체 없이 자율주행차를 운영할 수 있게끔 하는 계획입니다. 중국의 경우 베이징 남서쪽 신도시인 슝안신구(雄安新區)와 베이징을 잇는 100km의 고속도로 가운데 2개 차로를 자율주행 전용차로로 배정했습니다. 최고 속도는 120km이며, 무선통신망으로 운행 데이터와 도로정보를 수집하는 지능형 교통 인프라 시스템이 설치되어 있습니다.[7] 또 2020년 4월에 착공한 항사오융 스마트고속도로(杭紹甬智慧高速公路)에도 화물차를 위한 자율주행차 전용차로를 설치한다고 합니다.

우리나라의 경우에는 아직 전용차로 계획이 구체적으로 세워져 있지는 않지만 2025년 실제 도로에 레벨 4 자율주행차를 투입하는 실증 단계에 돌입할 계획은 있습니다. 그리고 2027년 완전자율주행차 상용화에 대비한다는 방침도 세우고 있지요. 이런 계획이 현실화되면 어떤 상황이 나타날까요? 서울고속버스터미널에서 출발한 부산행 고속버스가 톨게이트에 닿자 운전자가 내립니다. 여기에서부터는 자율주행으로 고속버스가 자율적으로 운행합니다. 그리고 부산 톨게이트에 도착하면 이제 버스기사가 다시 기다렸다가 탑승해서 시내구간은 직접 운전해서 부산고속버스터미널까지 주행합니다. 그럼 서울 톨게이트에서 내린 기사는 어떻게 될까요? 지방에서 서울을 향해 자율주행으로 온 버스를 기다렸다 탑니다. 시내구간을 직접 운행해서 서울고속버스터미널로 이동하지요. 원래 서울에서 부산으로 가는 경우 하루에 왕복 한 번 하는 게 최선이지요. 하지만 이제 이 버스기사는 하루 8시간 일을 하는 동안 톨게이트와 터미널 사이를 몇 번씩

오갈 수 있습니다. 버스 회사 입장에서는 인건비가 획기적으로 줄어들 수 있지요. 물론 이런 차량은 기존 차량에 비해 훨씬 비싸겠습니다만 어차피 리스나 할부를 이용할 테니 이와 관련한 금융비용이 인건비보다 저렴하다면 충분히 가능한 일입니다. 그리고 버스가 고속도로를 주행하는 동안 원격제어 장치를 가동한다면 승객들의 불안감도 어느 정도는 덜어줄 수 있을 겁니다. 마치 지금 경전철 일부가 운전자 없이 원격제어를 통해 무인운행하는 것처럼 말이지요. 이렇게 자율주행이 가능해지면 보다 다양한 노선의 고속버스나 시외버스를 운영하는 것이 쉬워질 테니 대중교통 확대에도 도움이 될 겁니다. 자율주행 전용도로는 화물차 운행도 바꿔놓을 겁니다. 전용차로 진입 때까지만 사람이 운전을 하면 되는 것은 고속버스나 마찬가지니까요. 현재의 지입차주(持入車主) 중심으로는 커다란 효과가 없겠지요. 반대로 물류회사가 자체적으로 트럭을 구비하고 운전기사를 직접 고용하는 형태가 되면 자율주행 전용차로를 이용하는 것이 커다란 장점을 지니게 될 것입니다.

자율주차

현재도 후방주차는 차량이 알아서 하는 경우가 많습니다. 레벨 2 자율주행 단계에 해당합니다. 이를 좀 더 확대한다면 어떤 일이 일어날까요? 운전자는 차량이 V2X를 통해 얻은 정보를 통해 미리 근처에서 가장 가까운 주차장을 확인하고 예약합니다. 해당 주차장 앞까지만 운전하고 운전자는 내립니다. 주차장과 차량이 V2X로 서로 정보를 주고받습니다. 차량은 알아서 주차장이 정한 곳으로 이동해 주차를 합니다. 운전자 입장에서 이만큼 좋은 일이 또 있을까요? 시내를 다니는 차량의 경우 주차장을 찾아 헤매는데 전체 운전시간의 20% 이상을 허비한다는 통계가 있습니다. 또 마트에서 구불구불한 주차장을 위아래로 훑으면서 주차할 자리를 찾아다니지 않고 마트 주차장 입구에서 내리면 됩니다. 탈 때도 주차장 입구로 카트를 끌고 가면 차가 알아서 나옵니다. 음식점에서도 주차장 입구에서 발레파킹비를 따로 지불하지 않아도 됩니다. 당연히 자동차 열쇠를 주차요원에게 맡길 필요도 없지요.

주차장을 관리하는 입장에서도 자율주차 시스템이 도입되면 꽤 많은 도움이 될 겁니다. 몇 층짜리 주차 빌딩을 운영하는 경우 아예 몇 개 층은 자율주차 차량 전용으로 배치할 수 있을 겁니다. 주변에 일이 있어 나온 차량 운전자의 경우 이런 자율주차 전용 주차장이 아주 편리하겠지요. 대형 주차장이 필요한 터미널, 공항, 경기장, 주요 관공서가 우선 도입하겠지요. 물론 주차할 곳이 널찍한 곳에서야 굳이 필요하지 않을 테지만요. 그럼 언제쯤 자율주차가 가능해질까요? 사실 기술은 이미 개발되었습니다. 2020년 12월 LG유플러스는 한양대학교 자동차전자제어연구실, 자율주행 솔루션 기업 컨트롤웍스와 함께 5G 기반의 자율주차 시연에 성공했습니다.[8] 운전자가 스마트폰 앱으로 근처 주차장을 검색하고 빈자리를 찾아 클릭하는 방식이었습니다. 자동차는 스스로 800m를 5분가량 이동해 지정된 주차 공간에 들어갔고, 바로 운전자에게 주차를 마쳤다는 알림이 앱으로 전달되었습니다. 하지만 상용화를 위해서는 몇 가지 선결과제가 있습니다. 자율주차를 위해서는 센티미터급의 정밀지도 데이터를 자율주행 자동차에 전달하는 플랫폼을 갖춰야 합니다. 그리고 V2X의 통신기술 표준이 마련되어야 합니다. 현재 업계에서는 2025~27년쯤 자율주차가 상용화될 수 있을 것으로 예상합니다.

　이런 방식으로 자율주행은 레벨 5가 되지 않더라도 조금씩 우리 생활 속에 들어올 겁니다. 그러면서 서서히 그 자리를 넓혀 나가겠지요. 고속도로에 전용차선이 생기고 다음에는 자동차 전용도로와 국도에 전용차선이 생길 겁니다. 정부 입장에서도 이를 확대해 나가는 건 여러 가지로 장점이 많습니다. 일단 자율주행 전용차선에서는 교통사고가 획기적으로 줄어듭니다. 시뮬레이션에 따르면, 교통사고가 거의 100분의 1로 줄어듭니다. 또 자율주행 전용차선에서는 차량정체가 많이 줄어듭니다. 차량 간격이 좁아지는 것도 이유이긴 하지만 이보다는 정차했다가 다시 출발할 때 V2X를 통해 실시간으로 전달되는 정보를 바탕으로 지연시간이 줄어들기 때문이지요. 앞차의 출발을 운전자가 보고 다시 액셀러레이터를 밟을 때보다 훨씬 반응 속도가 빠릅니다. 그리고 기업 입장에서도 물류 수송에 드는 시간이 단축되고, 인건비 비중도 줄어드니 새로운 기회가 될 수 있습니다. 운전자 입장에서는 자율주차가 확대되면 운전에 따른 스트레스가 확 줄어들겠지요.

도심항공 모빌리티 ③

　최근 들어 도심항공 모빌리티(Urban Air Mobility, UAM)가 뜨고 있습니다. 서울 여의도의 베리포트에서 뜬 에어택시는 인천국제공항에 30~40분이면 도착한다는군요. 외국 출장이 잦고 시간이 촉박한 사람들이 이용하기에는 안성맞춤이겠지요. 좀 더 확장되면 서울의 대기업 본사와 경기도 공장을 잇는 노선도 가능하다는 이야기입니다. 서울 강북에서 판교나 용인 등을 갈 때도 시간이 절반으로 줄어들고요. 도심에서 시위나 집회가 있어 교통체증이 극심할 경우도 대안이 될 수 있겠네요.

　하늘을 나는 에어택시는 영화에나 나옴 직한 아주 먼 미래의 일일 줄 알았는데 어느새 우리 곁에 다가와 있습니다. 정부는 '한국형 도심항공교통실증사업'을 본격화하고 있습니다. 2025년 상용화를 목표로 벌이는 대규모 실증사업입니다. 우리나라 유수의 대기업이 참여 의사를 밝혔습니다. 현대자동차는 KT, 현대건설, 인천공항공사

등과, 한화시스템은 SK텔레콤, 한국공항공사, 한국기상산업기술원, 한국국토정보공사와, LG유플러스는 파블로항공, 카카오모빌리티, 제주항공, GS칼텍스, GS건설 등과 컨소시엄을 구성했습니다. 이외에도 롯데렌탈, 켄코아에어로스페이스, 아스트로엑스 등이 참여 의사를 밝히고 있습니다.[9] 도심항공 모빌리티가 경제성과 성장 가능성을 보여 주기 때문이 아닐까 생각합니다.

우리나라 도심항공교통 로드맵에 따르면, 2020~24년까지 실증사업을 하고 2025년에 상용화를 시작합니다. 이때부터 2029년까지를 사업 초기 단계로 잡고 도심 내외에 거점을 만들고 연계 교통체계를 구축하겠다는 계획입니다. 그리고 2030~35년경에는 사업이 흑자 전환을 하고 비행노선이 확대되면서 활성화가 될 것으로 판단하고 있습니다. 2035년 이후에는 이용이 보편화되면서 도시 간 이동도 확대되고 자율비행이 실현될 것으로 보고 있습니다.

도심항공 모빌리티는 몇 가지 전제조건이 있습니다. 먼저 인구밀집도가 높을수록 수요가 크니 유리합니다. 우리나라 수도권은 이 부분에서 전 세계 5위권에 해당된다고 하더군요. 그리고 아무래도 일반 교통비보다 비쌀 터이니 소득 수준이 높아야 하는데 이 점에서도 우리나라 수도권은 4위 정도로 높은 편입니다.[10] 이외에도 에어택시가 뜨고 내릴 이착륙 포트가 있어야 하고, 관련한 인프라가 잘 구축되어 있어야겠지요. 특히 중요한 것이 무선 네트워크인데 우리나라는 전 세계에서 가장 먼저 5G가 구축되어 있고, 특히 수도권은 네트워크 구축도도 높으니 유리합니다. 여러모로 도심항공 모빌리티를 선제적으로 구축하는 테스트베드 역할에는 꽤 적합한 편입니다.

외국에서도 도심항공 모빌리티는 커다란 주목을 받고 있습니다.

물론 우버처럼 야심만만하게 사업에 뛰어들었다가 자회사를 매각해 버린 경우도 있지만 각국 정부와 드론 기업, 자동차회사 등이 경쟁적으로 뛰어들고 있습니다. 대략 우리나라와 비슷한 시기에 상용화를 시작할 것으로 보입니다.

도심항공 모빌리티의 핵심은 아무래도 항공기겠지요. 이전에는 헬리콥터나 1인용 비행기 등이 주로 거론되었지만 요사이는 전기수직이착륙기(Electric Vertical Take-Off Landing, eVTOL)가 대세입니다. 수직으로 이착륙을 하니 활주로가 필요 없습니다. 여유 공간이 부족한 도시에 적합한 형태지요.

또 전기 배터리로 모터를 돌리니 소음도 적습니다. 최대 63dB(데시벨)로 헬기 대비 20%에 불과한데, 이는 두 사람이 서로 이야기를 나누는 정도의 수준입니다. 거기다 배기가스도 당연히 없지요. 기본 구조는 드론과 비슷합니다. 네 개 혹은 여섯 개의 프로펠러로 움직입니다. 이륙이나 착륙을 할 때는 프로펠러가 수평으로 배치되고 이동할 때에는 수직 방향으로 움직여 추진력을 만드는 방식입니다. 전기차가 내연기관 자동차보다 구조가 단순하듯이 eVTOL도 헬리콥터보다 구조가 훨씬 단순합니다. 정비하기도 쉽고 제작비도 헬리콥터 대비 4분의 1 정도밖에 되지 않습니다. 앞으로 도심항공 모빌리티가 활성화되어 대량생산이 가능해지면 제작비는 더 싸지겠지요.

가장 중요한 장점은 헬리콥터보다 안전하다는 점입니다. 이는 분산전기추진(Distributed Electric Propulsion, DEP) 방식을 사용하기 때문입니다. 이는 모터와 프로펠러, 팬 등 여러 개의 추진체가 독립적으로 구동하는 기술입니다. 간단히 말해서 프로펠러 네 개로 나는 eVTOL의 경우 각각이 독립적으로 구동되기 때문에 그중 하나가 멈춰도 나머지는 계속 움직여 추락하지 않는 것입니다. 물론 전체 하중을 고려하면 탑재할 수 있는 배터리에 한계가 있겠지만 현재 서울에서 대전 정도를 무리 없이 운항할 수준은 됩니다. 앞으로 배터리 성능의 향상을 고려하면 서울에서 부산 정도를 운항하는 것도 2035년경에는 가능할 것으로 보입니다. 이 경우 국내선에서는 기존 저비용항공사(LCC)가 도심항공 모빌리티와의 경쟁에서 이기기 힘들 수도 있습니다.

eVTOL 개발에서 가장 중요한 것은 감항 인증을 받는 겁니다. 사람이 타는 항공기이니 안전이 가장 중요하겠죠. 설계·제조·운용에서 항공 안전 전문 관청인 감항 당국으로부터 인증을 받기가 생각만큼 쉽지는 않습니다. 우리나라에서는 국토교통부가 인증해 줍니다. 미국은 FAA, 유럽은 EASA가 도심항공 모빌리티 안정성 인증 기준과 절차를 준비 중입니다.

한편 도심항공 모빌리티는 기존 항공기와 같은 고도를 날지 않습니다. 300~600m의 비교적 낮은 고도를 운항하게 됩니다. 그렇다 하더라도 자기 마음대로 항로를 정하게 할 수는 없습니다. 도심항공 모빌리티를 위한 운항·관제 시스템이 구비되어야겠지요. 특히 도심항공 모빌리티는 기존 항공기와 달리 무인자율주행을 목표로 하고 있습니다.

우리나라의 로드맵에서도 2035년경 자율주행을 시작하는 것으로 목표를 제시하고 있고요. 이를 위해 5G 이동통신 서비스를 기반으로 교통관리 시스템을 마련해야 합니다. 또한 장애물 등 지형정보, 소음, 날씨, 전파 품질 등 각종 정보를 도심항공 모빌리티에 제공하는 통합 운항 지원정보 시스템도 구축해야 합니다. 우리나라 3대 이동통신사가 모두 도심항공 모빌리티사업에 뛰어든 이유입니다. 또한 탑승 예약, 신분 확인 등의 수속절차나 육상교통과의 연계 등도 이들이 탐내는 사업 영역입니다.

4 서비스로서의 모빌리티

1980년대 서울에서 부산 큰아버지댁에 갈 때의 일입니다. 만약 추석이나 여름 휴가철처럼 매진이 예상되는 경우 미리 서울역에 가서 기차표를 예매했더랬습니다. 그 기차표를 잃어버리지 않게 잘 가지고 있다가 당일 아침 집에서 출발해 버스를 탑니다. 버스 요금은 토큰으로 냈지요. 종로에서 내려 다시 서울역으로 가는 버스를 갈아탈 때 환승이 되면 좋으련만 그때는 요금을 또 내야 했습니다. 몇 정거장 가지 않는데 또 요금을 내자니 아까워 서울역까지 걸었습니다. 시간에 맞춰 기차에 올라타 좌석에 앉으면 승무원이 표 검사를 하러 옵니다. 부산역에 도착하면 다시 버스를 타야 했는데, 토큰은 서울 버스에서만 통용되니 부산에서는 돈으로 차비를 냅니다. 서면에서 내려 다시 부민동행 버스를 타고 차비도 또 냈습니다.

2022년에는 상황이 달라졌습니다. 예매를 해야 하지만 굳이 서울역까지 갈 필요는 없습니다. 스마트폰의 KTX 앱으로 예매가 가능하지요. 버스를 탈 때는 신용카드를 단말기에 대면 됩니다. 갈아탈 경우도 환승인지라 추가 요금이 얼마 되지 않습니다. 기차에 올라타도 승무원이 일일이 표 검사를 하지 않습니다. 부산에 내려도 마찬가지로 신용카드만 단말기에 대면 됩니다. 목적지가 한 군데가 아닌 경우도 마찬가지입니다. 서울에서 목포까지 KTX를 예매하고, 다시 목포에서 순천까지, 순천에서 광주까지 서로 다른 날의 시외버스, 다시 광주에서 서울까지의 KTX를 예매하는 건 모두 스마트폰이나 PC에서 간편하게 해결됩니다. 전국 어디를 가든 신용카드만 있으면 시내버스와 지하철을 이용하는 데 전혀 문제가 없습니다. 교통수단에 현금을 사용할 일도 없습니다. 렌터카를 미리 예약하는 것도 마찬가지고요.

또 여행 계획을 세울 때, 어떤 교통수단을 어떤 순서로 이용하는 것이 좋은지, 각 교통수단마다 시간은 얼마나 걸리는지도 미리 파악할 수 있습니다. 카카오맵이나 네이버지도에서 모두 확인할 수 있지요. 물론 아직까지는 하나의 앱에서 이를 다 처리하지는 못합니다. 시외버스나 고속버스는 해당 앱에서 예약을 해야 하고, KTX도 마찬가지입니다. 항공권도 따로 예매를 해야 하고요. 또 교통수단별 비교를 위해서는 지도 앱을 켜야 합니다. 어쨌든 이제 여행 계획을 세울 때 스마트폰 하나면 많은 시간을 소비하지 않아도 됩니다. 이 모든 서비스가 하나의 앱에서 가능해지는 것도 몇 년 걸릴 것 같진 않고요. 이것이 흔히 화제가 되고 있는 서비스로서의 모빌리티(Mobility as a Service, MaaS)의 한 측면입니다. 이 부분에 있어서는 우리나라가 다른 어느 나라에도 크게 뒤지지 않지요.

서비스로서의 모빌리티가 앞으로 확장될 한 부분은 각종 교통수단이 추가되고 모든 서비스를 유기적으로 연결하는 부분입니다. 아직까지는 온라인 예매가 잘 되지 않는 각종 연안 여객선, 공유차량, 전동킥보드나 전기자전거, 도심항공 모빌리티 등 다양한 교통수단이 포함되고, 이들의 이용이 하나의 앱에서 유기적으로 이루어지는 것이지요. 여기에 이들 교통수단에 대한 비용 지불도 플랫폼 안에서 자연스럽게 이루어집니다. 또한 주차나 보험 등 이동수단과 관련된 부가 서비스 또한 포함됩니다. 어떠한 형태의 이동이든 하나의 플랫폼에서 모두 처리가 되는 미래입니다. 하지만 MaaS의 또 다른 부분이 있습니다. 바로 '소유에서 이용'으로의 변화입니다. 현재 우리나라에서는 렌터카가 대표적인 형태이고, 외국의 경우 우버나 리프트 등의 차량공유 서비스가 이에 해당합니다. 그러나 앞으로 '소유에서 이용'으로의 변화는 자율주행자동차의 전면적 등장으로 전혀 다른 방향으로 이루어지게 됩니다.

매일 출퇴근을 해야 하는 경우를 생각해 보죠. 매일 자차로 이동하는 경우, 매일 대중교통을 이용하는 경우, 둘을 섞어 쓰는 경우 등 세 가지 유형으로 나뉩니다. 매일 대중교통을 이용하는 경우가 아니면 자차를 소유하는 것이 현재로서는 필수입니다. 차를 렌트하는 것이 생각보다 번거롭고 경제적 효율이 크지 않으니까요. 하지만 자율주행자동차가 상용화되면 상황이 크게 바뀌게 되겠지요.

이제 굳이 차를 소유할 필요가 없어집니다. 매일 아침 내가 정한 시간에 정한 장소에 차가 대기하고 있습니다. 차에 승차하면 미리 입력한 장소로 알아서 갑니다. 그곳에 내리면 끝입니다. 차는 다시 자기가 알아서 다음 행선지로 가게 되지요. 일단 주차문제가 완전히 해결됩니다. 여기에 더해 차를 소유하기 위해 필요한 다양한 잡일, 즉 주유나 수리, 보험, 세차 등을 할 필요가 없어집니다. 하루 2시간 남짓 출퇴근 시간을 제외하곤 주차해 있던 차는 이제 다른 사람이 다른 용도로 사용하게 되니 실제 사용 시간에 맞춘 금액만 지불하면 됩니다. 일종의 차량구독 서비스인 셈이지요. 차를 사는 경우에 비하면 비용도 줄어듭니다. 주말에 다른 용도로 차를 이용할 때도 그에 맞는 차를 선택하면 됩니다. 주말 캠핑을 위해 연비도 좋지 않은 대형 SUV를 사놓곤 평일에 혼자 타고 출퇴근할 일도 없습니다. 출장이나 여행을 갈 때도 그에 걸맞은 차종을 해당 시간만큼 대여하면 끝입니다. 렌터카처럼 차를 수령하고 반납하러 가고 올 필요가 없어지니 아주 편리하겠지요.

이런 변화는 완성차 업체도 준비하고 있습니다. 소유에서 이용으로 바뀌면 아무래도 차량 이용은 증가하겠지만 차 판매는 줄어들 수밖에 없습니다. 따라서 완성차 업체의 비즈니스모델도 차량 판매에서 차량구독 서비스로 이동할 수밖에 없습니다. 현대자동차가 실시하는 차량구독 서비스 '현대 셀렉션'은 이런 변화를 위한 준비라고 볼 수 있습니다. 해외 완성차 업체도 마찬가지여서 GM이나 볼보, 테슬라 등도 이미 구독 서비스를 제공하고 있거나 제공할 예정입니다. 만약 이런 구독 서비스가 확대되어 30% 정도가 구독 서비스를 채택하면 신차 판매보다 더 많은 매출을 올리게 됩니다. 완성차 업체로서는 이쪽 방향을 어떻게든 선점하는 방향으로 나갈 수밖에 없겠죠.

5 탄소제로 모빌리티

    운송 분야의 탈탄소 흐름은 자동차에 그치지 않습니다. 물론 운송에서 온실가스 발생량이 가장 많은 것은 자동차입니다. 운송 분야 전체의 약 70%를 차지하고 있으니까요. 하지만 나머지 부문의 경우도 만만치는 않습니다. 자동차 다음으로 온실가스를 많이 배출하는 분야가 선박입니다. 전 세계 수출입 물량 대부분이 선박으로 이송됩니다. 21세기 각 대륙과 나라를 잇는 거대한 물류 수송 체계의 핵심이 선박이죠. 다양한 제품이 컨테이너에 담겨 운반되는데 2020년 한 해 선박으로 옮긴 컨테이너의 양은 2억 개가 넘을 정도입니다. 여기에 석유나 LNG, 석탄, 곡물 등도 선박을 통해 운반됩니다.

    우선 사용 비중이 높은 석유가 연료로 이용되는 상황을 살펴보죠. 석유는 탄소와 수소가 주성분이고 그다음이 산소입니다. 다만 황이나 질소 등 여러 성분이 미량 포함되어 있는 탄화수소 화합물인데 한 종류가 아니라 여러 종류가 섞여 있는 혼합물입니다. 탄화수소는 탄

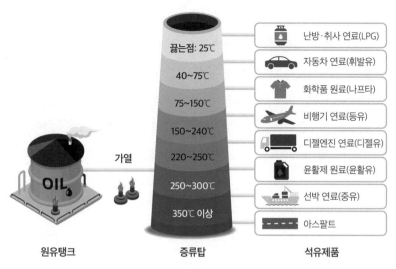

끓는점: 25℃	난방·취사 연료(LPG)
40~75℃	자동차 연료(휘발유)
75~150℃	화학품 원료(나프타)
150~240℃	비행기 연료(등유)
220~250℃	디젤엔진 연료(디젤유)
250~300℃	윤활제 원료(윤활유)
350℃ 이상	선박 연료(중유)
	아스팔트

원유탱크　　　가열　　　증류탑　　　　　　석유제품

그림 3 각 운송수단의 주요 연료

소의 개수에 따라 밀도와 성질, 끓는점 등이 달라지지요. 이를 분리해서 각각의 용도에 맞게 공급하는 것이 정유회사가 하는 일입니다. [그림 3]에서 위쪽의 성분은 가볍고 아래로 내려갈수록 무거운 물질입니다. 즉 LPG와 부탄 등 석유 가스가 가장 가볍고 중유가 연료 중에서는 가장 무겁습니다. 중유보다 밀도가 높은 건 연료로 쓰지 않습니다.

　가장 가벼운 석유 가스는 난방이나 취사용 연료로 사용합니다. 그다음 휘발유는 자동차 연료로 쓰이고 일부는 석유화학제품의 원료로 씁니다. 그보다 무거운 등유는 석유난로와 비행기 연료로 쓰고, 경유는 흔히 말하는 디젤유로 대형 트럭 등에 사용합니다. 그리고 중유는 선박과 공장에서 사용하죠. 그런데 [그림 3]에서 아래로 내려갈수록 탄화수소의 탄소 수가 늘어나는데 이런 경우 불순물도 많고 불완전 연소 비율도 높아 오염물질이 많이 배출됩니다. 이산화탄소 발생량도 늘어나지요. 선박이 쓰는 벙커C유도 중유의 일종이라 당연히 오염물질을 많이 내뿜습니다. 벙커C유에 함유된 주요한 오염물질인 황산화물은 휘발유에 비해 동일 질량당 1,000배에서 최대 3,000배 많기 때문에 선박이 자동차 수보다 훨씬 적은 데도 배출하는 황산화물은 130배나 많습니다. 그런데도 벙커C유가 가장 싼 연료이기 때문에 쓸 수밖에 없는 것이죠. 육상에서는 이런 연료를 사용할 엄두도 내지 못하지만요.

그래서 예전부터 선박에 의한 환경오염은 환경단체가 지적해 왔습니다. 하지만 대부분의 선박이 거대 기업에 소속되어 있는 상황인 데다, 일반 시민이 직접 느끼기는 어려운 먼 해양에서의 일이라 개선이 잘 되지 않았습니다. 하지만 기후위기는 먼 바다의 일마저 더는 놔두지 않게끔 만들었죠. 유엔 산하기구로 해상에서의 안전, 보안과 해양오염 방지를 책임지고 있는 국제해사기구(International Maritime Organization, IMO)가 친환경 선박연료 사용을 장려하기 위해 21세기 초 규제하기 시작했습니다. 2020년부터 선박연료의 황산화물(SOx) 함유량의 상한선을 현행 3.5%에서 0.5%로 줄이기로 한 것이 주요 내용입니다. 이렇게 되면 벙커C유는 연료로 사용하기 힘듭니다. 이에 대안으로 떠오른 것이 천연가스(LNG)입니다. 천연가스는 연소할 때 황산화물이 거의 나오지 않습니다. 하지만 문제는 이산화탄소입니다. 현재 선박에서 나오는 온실가스는 지구 전체 배출량의 2.5%로, 결코 적은 양이 아닙니다. 천연가스도 벙커C유보다 약 30% 적긴 하지만 이산화탄소를 배출하지 않는 건 아닙니다. 그래서 국제해사기구는 '현존선박에너지효율지수(Energy Efficiency Existing Ship Index, EEXI)'와 '탄소집약도지수(CII) 등급제'를 2023년부터 도입하

기로 했습니다.[11]

현존선박에너지효율지수는 선박들이 이산화탄소 배출량을 지금보다 20% 정도 줄여야 한다는 뜻입니다. 이는 새로 만들어지는 선박에 대한 규제가 아니라 이미 만들어져 운항하고 있는 선박도 어떤 방법으로든지 이산화탄소 배출량을 줄이라는 겁니다. 이 규정을 어기면 운항이 금지됩니다. 탄소집약도지수 등급제란 선박의 탄소 배출량을 매년 측정해서 A부터 E까지 등급을 매기는 겁니다. D등급을 세 번 연속해서 받거나 E등급을 한 번이라도 받으면 연비개선계획을 제출해야 하고 개선하지 못하면 역시 운항이 금지됩니다. 그리고 이 규제는 앞으로 점점 더 강화될 것입니다. 앞으로는 천연가스도 연료로 사용하기 힘들어진다는 것입니다. 그래서 천연가스 대신 대안으로 떠오르는 것이 수소연료전지[12] 추진선과 암모니아 추진선입니다. 수소연료전지 자동차가 가지는 문제점이 충전시설이 부족하다는 것과 수소연료전지 자체의 비싼 비용, 그리고 장비가 크다는 것이었습니다. 하지만 항상 항구가 출발지인 선박의 경우 항구에만 시설을 갖추면 되니 일단 충전시설은 문제가 되지 않습니다. 연료전지 비용이 비싸다고는 하지만 선박 제조비 중에서 차지하는 비율이 얼마 되지 않습니다. 그러니 수소연료전지 비용 또한 문제가 되지 않습니다. 그리고 그 큰 선박에 수소연료전지 부피 또한 그리 부담이 되지 않습니다. 다시 말해 수소연료전지의 단점이 선박에서는 전혀 단점이 되지 않는다는 말이죠.

하지만 선박에서 수소연료전지를 사용하는 데는 좀 더 고려할 사항이 있습니다. 먼저 바다는 육상과 달리 진동이 심합니다. 파도나 너울바람 등에 의해 배가 앞뒤로, 좌우로 계속 흔들립니다. 액체 상태의 수소를 이런 상황에서도 안전하게 저장할 수 있어야 합니다. 또 바닷물에는 소금이 녹아 있습니다. 따라서 수소저장장치도 이 점을 감안해야 합니다. 여기에 더해 태풍이 불거나 폭풍이 치는 등의 상황도 생각해야 합니다. 즉 자동차에 비해 훨씬 가혹한 환경에 놓이게 되는데, 특히 안정성이 유지되어야 합니다. 하지만 사실 이런 정도는 기존 LNG 운반선을 통해서 확보한 기술로 충분히 극복 가능하다는 것이 전문가들의 판단입니다. 다만 아직 실제로 만들고 운항한 적이 없으니 실증은 필요하겠지요.

또 다른 대안으로 떠오르는 암모니아 추진선은 암모니아를 석유나 천연가스 대신 연소시켜 추진력을 얻는 선박입니다. 암모니아를 태우면 산소와 결합하여 물과 질소만 내놓고 이산화탄소는 발생하지 않습니다.[13] 암모니아는 수소에 비해 액체로 만들기가 쉽습니다. 수소는 영하 259도 아래로 내려가야 액화가 되지만 암모니아는 영하 77도에서도 액체가 됩니다. 여기에 압력을 조금 높이면 액화 온도를 더 높여도 됩니다. 물론 이는 수소도 마찬가지이지만 수소의 경우 압력을 높여도 여전히 꽤 낮은 온도를 유지해야 하는데 암모니아의 경우 압력을 조금만 높이면 냉장고의 냉동실 정도 온도에서 액체 상태를 유지할 수 있으니 비용이 훨씬 싸지고 설비 구축 과정도 아주 쉽습니다. 암모니아는 수소와 질소를 섞어 촉매 아래에서 반응을 진행하면 만들어지는데 화학비료를 만드는 원료이기도 해서 합성 기술 또한 충분히 확보되어 있습니다.[14] 하지만 암모니아는 일단 수소를 만든 다음 이를 다시 암모니아로 합성해야 해서 그 과정에서 추가 비용이 드니 연료비 면에서는 수소보다 비쌀 수밖에 없습니다.

또 수소연료전지든 암모니아든 전제조건이 있습니다. 결국 모두 수소를 이용하는 것인데 그 수소를 어떤 방식으로 생산하느냐는 것이죠. 수소를 만드는 방법은 천연가스를 개질하는 그레이수소(gray hydrogen)부터 재생에너지를 이용한 물의 전기분해로 만드는 그린수소(green hydrogen)까지 다양합니다만 이산화탄소를 배출하지 않는 건 그린수소뿐이니 이를 이용해야 한다는 단서가 붙습니다. 그린수소는 '5장 기후위기와 재생에너지'에서 좀 더 자세히 살펴보겠습니다.

비행기도 탄소제로

유럽환경청 자료에 따르면, 기차 승객 1명이 1km 이동할 때 발생하는 이산화탄소는 14g에 불과합니다. 하지만 비행기를 이용하면 이산화탄소가 285g이나 발생합니다. 기차에 비해 20배가 넘습니다. 비행기는 현존하는 대중교통 수단 중 단위 거리를 이동하는 데 가장 많은 온실가스를 배출하는 수단입니다. 물론 비행기의 운항 횟수나 대수가 자동차나 기차에 비해 훨씬 적으니 이산화탄소 배출량이 이 비율을 따르지는 않습니다만 그래도 비행기에 의한 배출량이 전체 이산화탄소 배출량의 2.5% 정도로 추산됩니다. 비행기보다 훨씬 많은 수가 운항하는 선박과 비슷합니다. 결코 무시할 수 없는 양입니다. 더구나 비행기는 다른 운송수단에 비해 운항 횟수가 빠르게 증가하고 있습니다. 그래서 스웨덴의 청년 환경운동가 그레타 툰베리(Greta Thunberg)는 스웨덴에서 뉴욕으로 갈 때 비행기 대신 요트를 타고 대서양을 건너기도 했습니다.

자동차가 휘발유 대신 전기를 쓰듯 비행기도 이제 연료를 바꾸어야 합니다. 대안은 세 가지입니다. 배터리를 이용해 전기로 나는 전기 비행기, 수소를 이용한 연료전지 비행기, 그리고 수소를 연소시키는 수소엔진 비행기입니다. 개발이 가장 앞선 건 전기 비행기입니다. 1990년대부터 시작되었지요. 21세기 들어서 알프스산맥을 넘기도 하고, 48시간 연속 비행을 하는 등 다양한 실증 시험이 이어져 현재 3~4명 정도 타는 소형 전기 항공기는 이미 상용화되었습니다. 하지만 실제 필요한 것은 수십 명 이상의 승객을 태우거나 큰 화물을 싣는 중대형 비행기인데 현재의 리튬이온 배터리로는 한계가 있습니다. 전기자동차에서 본 바와 같이 가장 큰 문제는 배터리의 엄청난 무게입니다. 배터리가 무거운 만큼 태울 수 있는 승객과 화물이 같은 크기의 기존 비행기에 비해 적습니다. 경제성이 떨어진다는 의미입니다. 그래서 기술적으로 배터리의 에너지 밀도를 높이기 전에는 기존 비행기를 대체하기 어렵습니다. 다만 몇 명 타지 않는 경비행기는 전기 비행기로 점차 바뀌게 될 전망입니다.

대형 비행기의 경우 수소연료전지가 유력한 대안입니다. 리튬이온 배터리보다 출력도 크고 무게가 덜 나갑니다. 하지만 여전히 기존 비행기 출력계통보다는 무겁습니다. 전기자동차나 수소연료전지 자동차가 가지는 단점을 비행기도 여전히 가지고 있는 거지요.

물론 전기 비행기나 수소엔진 비행기가 장점이 없는 건 아닙니다. 이산화탄소 발생량이 상당량 줄어든다는 점 외에도 엔진이 없어서 기존 항공기보다 훨씬 조용합니다. 부품이 줄어드니 유지비도 적게 들겠죠. 거기에 기름 대신 전기나 수소를 충전하는 데 드는 비용도 훨씬 저렴합니다. 그래서 경제성만 따지면 대량생산이 가능할 경우 기존 비행기와 경쟁이 아예 되지 않는 건 아닙니다. 더 큰 문제는 비행기는 안전 문제에 대해 자동차나 선박보다 훨씬 민감하다는 점입니다. 한 번 사고가 나면 치명적이기 때문이죠. 그래서 전기 비행기나 수소연료전지 비행기처럼 엔진을 쓰지 않는 완전히 새로운 개념의 비행기를 개발하려면 안전성에 대해 여러 측면에서 실증을 거쳐야 합니다. 결국 시간이 오래 걸린다는 말이지요.

수소를 연료로 쓰는 수소엔진 비행기는 이런 점에서 유리합니다. 기존 등유 대신 수소를 쓴다는 점만 다르고 나머지는 모두 동일한 방식이니까요. 즉 터빈만 수소용으로 개조하면 됩니다. 물론 수소가 등유에 비하면 연료비가 더 드는 문제는 있습니다만 이는 앞으로 충분히 개선될 여지는 있으니까요. 또 중간 단계로 친환경 연료를 쓰는 방법도 개발 중입니다. 기존의 등유 대신 바이오 연료를 사용하면 이산화탄소 발생량을 줄일 수 있어요. 물론 엔진에서 태울 때는 같은 이산화탄소가 발생하지만 바이오 연료는 재료인 식물이 자랄 때 광합성을 하면서 이산화탄소를 흡수하기 때문에 이산화탄소 발생량이 제로라는 거지요. 이 경우 기존의 비행기 구조를 크게 바꿀 필요가 없기 때문에 안전성 검증이 수월합니다.

6 초고속 모빌리티

연봉이 1억이 넘는다고 하면 '우와' 하던 것이 이제 웬만한 대기업 부장이면 1억 정도는 받는 시대가 되었습니다. 1억 연봉을 우습게 보는 사람들 또한 꽤 많이 늘었죠. 우리나라도 대기업 CEO급에 해당하는 사람은 연봉 100억은 가볍게 넘는 경우가 많죠. 미국은 말할 나위도 없고요. 이런 경우 시급으로 따지면 그야말로 시간이 금이라는 게 실감이 나죠. 그래서 이런 사람들을 주 대상으로 하는 기존 운송수단과 차원이 다른 속도의 모빌리티가 현실화되는 분위기입니다.

먼저 초음속 여객기입니다. 군사 부문에서 초음속 항공기는 이미 익숙합니다. 제2차 세계대전 이후 본격적으로 개발된 제트엔진을 장착한 전투기는 대부분 음속을 돌파하는 속력을 낼 수 있습니다. 우리나라에서 자체적으로 제작한 최초 전투기인 F-50의 경우도 마하 1.5 정도의 속도를 낼 수 있습니다. 민간 초음속 여객기의 경우도 20세기 중후반에 이미 모습을 보였습니다. 콩코드 여객기가 그것이죠. 영국과 프랑스의 합작으로 만들어진 여객기로 1976년부터 운행했습니다. 당시 파리에서 뉴욕까지 대서양을 횡단할 때 이전에는 7시간 걸리던 길을 마하 2.0이 넘는 속도로 날아 3시간 20분 만에 갈 수 있었습니다. 약 30년 정도 운항하던 콩코드기가 비행을 중단한 것은 첫째 2000년 추락사고의 영향이 컸습니다. 에어 프랑스 소속 콩코드가 이륙하던 중 엔진에서 불이 나 파리 근교의 호텔과 충돌해 폭발했습니다. 승객과 승무원 모두 사망했지요. 하지만 항공 사고만으로 퇴역한 건 아니었습니다. 초음속 여객기라는 특성으로 인해 유지보수비가 상당했는데 당시 9·11 테러 등으로 항공 수요가 감소한 것이 결정적이었죠. 더구나 초음속으로 날게 되면 소닉붐(sonic boom)이 일어나는데 이 때문에 초음속 비행은 바다 위에서만 가능했습니다. 거기다 탑승요금도 비싸서 콩코드가 다닐 수 있는 노선 자체가 별로 많지 않았지요. 그러니 많은 대수를 생산할 수 없었던 영향도 큽니다.

여기서 소닉붐이란 비행기가 음속을 넘어서는 순간 일어나는 커다란 소리를 말합니다. 소리의 속도는 대략 1초당 340m 정도 됩니다. 비행기가 날 때는 앞과 뒤의 공기들이 압력파(음파)를 만들게 됩니다. 공항 주변에서 흔히 듣는 비행기 소리를 말하죠. 그런데 비행기가 초음속으로 날면 이들 압력파가 압축되면서 하나의 충격파로 합쳐져 더 커집니다. 그래서 폭발음처럼 들리는 것입니다. 벼락이 칠때 들리는 천둥소리가 일종의 소닉붐입니다. 여객기가 계속 초음속으로 날면 바로 옆에서 벼락 치는 듯한 천둥소리가 들리게 되니 당연히 사람들이 살고 있는 거주지 상공에서는 초음속 비행을 하지 못했던 것입니다.

그런데 2023년 하반기에 미국에서 시속 1,500km로 비행하는 초음속 여객기를 시험운행합니다. 서울에서 뉴욕까지 7시간 20분이면 갈 수 있는 어마어마한 속도죠. 미 항공우주국이 제작 중인 초음속 여객기 X-59퀘스트입니다.[15] 더구나 이 여객기는 육지 위를 날 때도 초음속을 유지할 계획입니다. 이전의 콩코드와 가장 큰 차이가 바로 이것이죠. 소닉붐을 최소화한 것입니다. X-59퀘스트는 앞코를 길고 뾰족하게 설계하여 충격파 생성을 최소화했고, 날개 앞에 작은 날개를 달아 기체 주변의 압축 공기를 분산하도록 설계했습니다. 현재 실험에서는 75dB 수준의 소음을 내는데, 이는 문을 여닫을 때 나는 소리 정도입니다. 캐나다 항공기 제조회사 봉바르디에도 글로벌 8000이라는 여객기의 시험비행을 마쳤습니다. 2025년부터 상용화할 예정입니다. 이외에도 스타트업 붐 슈퍼소닉이 오버추어라는 초음속 여객기를 제작하고 있습니다. 미국의 유나이티드항공이 이 회사의 여객기를 선구매하여 화제가 되었습니다. 그 밖에도 영국의 버진 갤럭틱이 마하 3의 초음속 제트기를 개발하겠다고 나섰습니다.

이렇듯 초음속 여객기는 20년의 간극을 두고 새롭게 지구의 하늘을 날아다닐 것으로 보입니다. 여기에는 20년 전에 비해 초음속 여객기의 수요가 더 늘어날 것이라는 희망 섞인 예상이 전제되어 있습니다. 한국과 중국, 인도 등 아시아의 경제성장으로 대서양 횡단 이외의 수요를 만들 수 있다고 생각하는 거지요. 하지만 실제 초음속 여객기가 취항에 나설 때 이런 예측이 맞아떨어질지에 대해서 많은 사람이 의문을 품고 있는 것도 사실입니다. 여기에 초음속 여객기의 무지막지한 연비도 문제점으로 지적되고 있습니다. 기존 여객기 대비 승객 1인당 서너 배 이상이 될 이산화탄소 등 온실가스 배출은 '부자들을 위한 이산화탄소 배출기'라는 지적에서 자유로울 수 없을 듯합니다. 초음속 여객기와 함께 미래 초고속 모빌리티의 한 축을 구성할 후보는 하이퍼루프(Hyperloop)입니다. 최고 시속 1,200km로 주행하는 하이퍼루프는 서울에서 부산까지 20분이면 주파가 가능합니다. 하이퍼루프가 처음 대중적 관심을 받은 건 2013년 테슬라 창업자 일론 머스크(Elon Musk)가 하이퍼루프의 스케치를 공개했을 때였습니다.

하이퍼루프의 기본 원리는 진공에 가까운 상태의 기다란 관 안에서 자기부상 방식의 열차가 주행하는 것입니다. 자기부상열차는 말 그대로 자석의 같은 극이 서로 밀어내는 원리를 이용해 열차를 공중에 띄운 상태로 운행하는 방식입니다. 물론 이를 위해서는 엄청난 자기력이 필요하겠죠. 초전도체 자석이 이를 담당합니다. 하지만 일반적인 자기부상열차는 공기와의 마찰 때문에 아주 높은 속도를 내는데는 한계가 있습니다. 그래서 나온 개념이 튜브 트레인(Tube Train)입니다. 튜브를 진공상태로 만들고 그 안에서 자기부상열차를 달리게 하면 공기저항이 없으니 아주 빠르게 달릴 수 있습니다. 하지만 튜브 트레인을 진공으로 만들려면 초기 건설비도 천문학적으로 들어가고 유지보수비도 만만치 않습니다. 그래서 나온 개념이 하이퍼루프인 것이죠. 완전 진공이 아니라 진공에 가까운 상태를 만드는 건 건설비와 유지비 측면에서 상당한 절감 효과가 있습니다. 물론 공기압력이 아주 낮으면 저항에 의한 에너지 손실도 많이 줄어들고요. 튜브 트레인의 현실적 타협물인 셈입니다.

하이퍼루프 개발에는 여러 나라의 기업이 뛰어들고 있습니다. 머스크의 보링컴퍼니, '하이퍼루프 트랜스포테이션 테크놀로지(HTT)', '버진 하이퍼루프', 스위스의 '스위스포드', 네덜란드의 '하

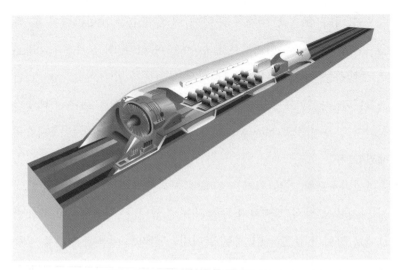

그림 4 하이퍼루프 콘셉트 디자인(출처: Wikipedia)

르트' 등이 나서고 있지요.[16] 우리나라에서는 한국철도기술연구원과 한국건설기술연구원이 관련 연구를 추진하고 있습니다. 상용화 시기는 대략 2030~40년이 될 것으로 보입니다. 하지만 하이퍼루프가 실제 상용화되기에는 몇 가지 난관이 있습니다. 우선 튜브 트레인보다는 싸겠지만 그래도 엄청난 비용이 들어간다는 점입니다. 기존 열차 시스템과는 완전히 다르기 때문에 모든 기반 시설을 처음부터 다시 새로 지어야 합니다. 천문학적 규모로 부지 비용을 부담하긴 불가능할 테니 대부분의 구간을 지하에 건설해야 합니다. 이에 건설비가 엄청나게 늘어날 수밖에 없겠죠. 더구나 진공에 가까운 낮은 기압을 유지하기 위해 전 구간을 튜브로 덮어야 하는데, 이 비용을 감당할 수 있을까 하는 의문점도 있습니다.

여기에는 수요 문제도 있습니다. 특히 가까운 곳으로의 이동에는 앞서 살펴본 도심항공 모빌리티와의 경쟁에서 우위를 점할 가능성이 별로 없습니다. 도심항공 모빌리티의 경우 초기 투자비용이 하이퍼루프에 비해 훨씬 적고 또 노선을 다양하게 구성할 수 있다는 측면에서도 강점이 있기 때문이지요. 장거리 노선의 경우도 경제성을 확보하기가 쉽지 않을 겁니다. 예를 들어 서울에서 부산까지 20분 만에 간다는 건 꽤 매력적이지만 KTX의 몇 배에 해당하는 비용을 지불할 의사와 수요가 얼마나 있겠는가 하는 점입니다. 물론 하이퍼루프 비용이 KTX와 비슷하다면 얘기가 달라지겠지만 초기 건설비를 따져 보면 그리될 일은 만무하니까요.

물론 미국의 경우, 국토가 워낙 넓으니 거리가 먼 곳 사이의 수요가 있을 수 있고 또 부지 보상 문제도 한국처럼 인구가 밀집된 경우보다는 덜 하겠지요. 또 미국의 철도 시스템이 노후화되어 있고 교통망이 주로 자동차와 비행기를 중심으로 이루어져 있다는 점 또한 하이퍼루프의 경쟁력을 더해 줍니다. 예를 들어 미국 LA에서 샌프란시스코를 갈 때 자동차로는 6~7시간, 비행기로는 1시간 30분이 걸립니다. 그런데 하이퍼루프로는 35분이면 충분합니다. 이리되면 충분한 경쟁력이 생깁니다. 중국이나 유럽 같은 경우도 이런 의미에서 하이퍼루프가 꽤 괜찮은 대안일 수 있습니다. 그런데도 또 하나 상용화의 걸림돌은 안전 문제입니다. 예를 들어 사고가 생겼을 때 기존 열차에서는 일단 내려서 대피하는 것이 그리 어려운 문제가 아닙니다. 하지만 하이퍼루프에서는 진공에 가까운 상태이니 사고가 발생하면 질식의 위험이 있고, 쉽게 대피하기가 어렵습니다. 또한 폐쇄적인 튜브 환경과 빠른 속도도 일단 사고가 발생하면 대형 참사로 이어질 가능성이 높습니다.

현재는 500m 정도 되는 루프에서 실증 연구를 하는 수준입니다만 곧 10km 정도의 루프를 건설해서 실증이 시작됩니다. 이 정도면 실제 일어날 문제를 다양하게 테스트할 수 있을 겁니다. 과연 경제적 문제와 안전 문제를 해결하고 상용화가 이루어질지에 관심이 모아집니다.

1장 되돌아보기

전기자동차   전 세계 주요 완성차 업체는 향후 10년 이내 대부분 전기자동차만 생산하게 될 것이다. 전고체 배터리는 앞으로 5년 이내 상용화될 것이며, 리튬이온 배터리와 전고체 배터리가 향후 배터리 시장을 양분할 것이다. 대형 트럭과 버스를 중심으로 수소연료전지 자동차도 작지만 자기 영역을 넓혀 갈 것이다.

자율주행   레벨 3과 레벨 4 자율주행자동차가 고급 승용차를 중심으로 저변을 넓혀 갈 것이다. 레벨 5는 자율주행 전용차선이 구축되면서 향후 5년 이내 본격적으로 도입될 것이다. 자율주행 군집주행이 화물 자동차를 중심으로 확대된다.

도심항공 모빌리티   여의도에서 인천국제공항까지 30분 만에 이동하는 서비스가 몇년 뒤에 시작된다. 기술적 문제는 그다지 없다. 제도적 문제만 정비되면 고소득층과 기업을 중심으로 도심항공 모빌리티 시장이 열릴 것이다. 서울 대기업 본사에서 평택, 용인, 청주까지, 부산에서 울산, 창원, 포항까지, 제주시에서 서귀포까지, 서울에서 강릉까지 도심항공 모빌리티가 새로운 시장을 열게 된다.

서비스로서의 모빌리티   모든 형태의 이동과 이에 관련한 부가 서비스가 하나의 플랫폼으로 처리 가능한 시대가 열렸다. 예를 들면 여행할 때 기차표 예매를 비롯해 버스 환승, 교통수단의 이용과 소요 시간까지 알 수 있게 되었는데, 이를 모두 하나의 스마트폰 앱을 통해 처리가 가능해 또 하나 '소유에서 이용'으로의 변화도 주목할 부분이다. 대표적으로 렌터카의 차량공유 서비스가 있다.

탄소제로 모빌리티   비행기도 선박도 더 이상 이산화탄소 배출을 할 수 없다. 수소연료전지와 수소터빈, 태양광발전을 통해 탄소제로 모빌리티에 도전한다. 2030년 디젤유와 등유는 더 이상 연료로 사용되지 않을 것이다.

초고속 모빌리티   머잖아 최상류층을 고객을 대상으로 뉴욕과 파리, 런던을 잇는, LA와 워싱턴을 잇는, 베이징과 LA를 잇는 초음속 비행기가 운항한다. LA와 워싱턴, 뉴욕 구간은 하이퍼루프와 초음속 비행기가 경쟁하는 노선이 될 것이다.

2장

우주와 로봇
그리고 소재

20세기 내내 우주는 각국 정부의 독점적 영역이었습니다. 그리고 나름 비중을 가진 나라는 미국, 러시아, 유럽, 중국, 인도, 일본 등 극히 제한적이었습니다. 하지만 21세기가 되면서 우주는 그야말로 산업이 되었습니다. 20세기에 우주라는 단어와 함께 떠오르는 첫 번째 단어는 미 항공우주국이었지만 이제는 스페이스X가 되었습니다.

발사체

2017년 스페이스X가 이전에 사용한 발사체를 재사용하면서 우주산업의 지형이 완전히 뒤바뀌었습니다. 이에 따라 이전보다 훨씬 많은 인공위성과 행성 간 우주선, 우주정거장 등이 제안·개발·운영되고 있습니다. 그리고 그 대부분은 민간 기업의 발사체에 의해 이루어지고 있지요. 발사체 자체도 다양해지고 있는데 화성이나 달의 기지 건설을 위한 초거대 발사체와 소규모 인공위성 발사를 위한 소형 발사체가 기존 발사체와 함께 경쟁하고 있습니다. 또한 스페이스X를 비롯해 수많은 발사체 기업이 발사체의 재활용을 기본으로 삼아 발사 비용이 획기적으로 감소하고 있는 것 또한 눈여겨볼 일입니다.

인공위성

인공위성 또한 활용도가 전방위로 넓어지면서 그 수가 기하급수적으로 증가하고 있습니다. 특히 군사용 인공위성이나 국가가 관리하는 인공위성에 비해 민간이 주도하는 인공위성 시장의 급성장이 눈에 띕니다. 위성인터넷을 필두로 다양한 영역에서 인공위성을 운영·관리·활용하는 기업 또한 꾸준히 늘어나고 있습니다. 우리나라의 경우 우주산업 전체 매출액에서 인공위성을 활용한 위성방송과 위성항법 분야가 전체의 3분의 2를 차지하고 있을 정도죠.

아르테미스 프로젝트

하지만 인공위성의 발사와 운영 이외 보다 거시적이고 장기적인 우주탐사는 아직까지도 정부의 역할이 절대적입니다. 특히 달과 화성, 우주정거장에 대한 미국과 유럽, 중국, 러시아의 경쟁은 각국 정부의 자존심뿐 아니라 우주 자원의 선취와 우주 군사 패권 장악을 위한 실제적 필요에 의한 측면이 큽니다. 그중 미국을 중심으로 이루어지고 있는 아르테미스 프로젝트는 달을 인간의 활동 영역에 포함하는 본격적인 시도입니다.

로봇

로봇산업은 인터넷 그리고 인공지능과의 결합에 의해 그 가능성의 확장이 눈부십니다. 20세기 로봇이 대부분 산업 현장에서의 단순한 인력 대체용에 불과했다면 21세기 로봇은 스마트 팩토리의 핵심으로, 서비스 영역으로의 확대로 새로운 전기를 맞이하고 있습니다. 또한 군수산업에서도 로봇의 존재는 더욱 중요해지고 있습니다.

생분해성 플라스틱

플라스틱 공해는 아주 오래전부터 제기된 환경문제입니다만 갈수록 악화되기만 합니다. 플라스틱의 여러 문제 중 핵심은 분해도 되지 않으면서 재활용도 어렵다는 점입니다. 생분해성 플라스틱이 이를 해결할 대안이 될 수 있을지 살펴봅니다.

상온 초전도체

상온 초전도체는 과학기술계에선 오래된 미래입니다. 발전산업, 송배전, 모빌리티 영역 등에서 게임 체인저가 될 수 있다는 상온 초전도체는, 그러나 아주 먼 미래이기도 합니다.

발사체 ①

2022년 우리나라는 독자적인 발사체로 인공위성을 발사하는 데 성공했습니다. 발사체를 자력으로 발사할 수 있는 나라는 우리나라를 포함해 총 10개국 정도 되고, 그중에서도 1톤 이상의 실용급 인공위성을 쏘아올릴 수 있는 발사체 기술을 보유한 나라는 우리나라를 포함해 총 7개국에 불과합니다. 발사체 기술의 기본은 로켓기술입니다. 로켓은 연료를 연소시키는 과정에서 만들어지는 배출가스를 빠르게 뒤로 뿜어내면서 그 반작용으로 날아오르는 기체를 말합니다. 로켓이 다른 제트엔진에 비해 유리한 것은 속도가 빠르다는 점이죠. 반대로 단점은 연료 소모가 극심해 다른 수단에 비해 비용이 많이 든다는 겁니다. 그래서 저속의 경우에는 로켓을 쓰는 경우가 별로 없죠. 거의 미사일이나 우주선에서만 사용됩니다. 보통 마하 10 이상의 속도에서는 로켓이 다른 방법보다 유리하고 지구를 벗어나 우주로 가는 경우에는 마하 25 이상의 속도를 내야 하는데 현실적으로 로켓

그림 5 스페이스X의 세 번째 무인 착륙선(출처: 나무위키)

이 거의 유일한 방법입니다. 거기에 로켓의 경우 산소 없이도 작동이 가능하다는 장점까지 더해져 현재 우주 발사체로는 로켓이 유일합니다.

로켓은 연료 종류에 따라 액체연료 로켓과 고체연료 로켓으로 나뉩니다. 고체연료는 연료와 산화제를 혼합하여 응고시킨 것으로 비교적 구조가 간단합니다. 미사일 등에 주로 쓰이지요. 하지만 일단 불이 붙으면 중단이 불가능하고 제어가 쉽지 않습니다. 거기다 연료가 연소할 때 약 2,500도에서 3,000도의 아주 높은 온도와 40~50기압의 높은 압력이 형성되기 때문에 로켓 자체를 견고하게 제작해야 하므로 무게가 많이 나갑니다.

액체연료는 연료와 산화제를 분리해서 각기 다른 탱크에 넣고 연료실에서 둘을 혼합해 연소하는 방식입니다. 구조가 복잡하지만 제어가 쉽고 추진력 조정도 가능하지요. 그래서 발사 전에 미리 연소 실험을 반복적으로 하여 성공률을 높일 수 있습니다. 현재 우주선에 쓰이는 로켓은 대부분 액체연료를 사용합니다. 연료로는 액체수소나 등유의 일종인 케로신(kerosine)을 주로 씁니다. 그 외 히드라진(hydrazine)도 일부 사용되었지만 독성이 강한 물질인 데다가 연소 과정에서 대기오염 물질인 질소산화물을 내놓기 때문에 현재는 대륙간 탄도미사일 등에만 사용합니다. 요사이에는 천연가스에서 추출할 수 있는 액화 메탄을 연료로 사용하려는 움직임도 있습니다. 산화제로는 액화 산소를 사용합니다. 일반적인 운송수단이 연료를 연소시키는 과정에서 필요한 산화제는 공기 중에 있는 산소를 사용하는 데 반해 우주 발사체가 액체산소를 사용하는 것은 우주에 공기가 없기 때문만은 아닙니다. 1단 로켓이나 2단 로켓이 연소하는 시기에는 아직 고도가 낮아 공기가 있습니다. 정확한 이유는 연소를 보다 빠르게 진행하기 위해서입니다. 일반적으로 공기는 산소가 약 4분의 1 정도를 차지하는데 순수 산소만 사용하면 연소 속도가 훨씬 빨라져 속도를 높이는 데 보다 효과적이기 때문입니다. 물론 3단 로켓이 점화할 정도면 워낙 고도가 높아 공기가 희박한 것도 한 이유이긴 합니다.

발사체는 보통 3단으로 이루어집니다. 1단 로켓이 먼저 일정 높이까지 우주선을 올리면 1단 로켓을 분리하고 2단 로켓이 나머지 기체를 쏘아올립니다. 그리고 2단 로켓의 연소가 끝나면 다시 2단 로켓을 분리하고 3단 로켓이 나머지 기체를 목적지까지 올리게 됩니다. 우주로 향하기 위해서는 지구의 중력과 공기의 저항을 이겨내야 하는데 지상에 가까울수록 중력과 저항이 큽니다. 또 속도도 아주 빨라야 합니다. 따라서 처음 지상에서 출발할 때는 대용량 로켓으로 충분한 추진력을 얻어 속도를 높이고, 일정 높이에 도달하면 연료를 다 쓴 무거운 1단 로켓을 떼어낸 후 출력이 작은 2단 로켓으로 다시 추력을 얻습니다. 2단 로켓의 연료를 다 소모하면 역시 떼어내고 마지막 3단 로켓으로 목적지를 향합니다.

액체연료 로켓을 쓰는 우주 발사체는 오랜 시간 동안 나사나 유럽연합, 러시아 등 우주 선진국의 국가기관이나 국영기업체가 독점해 왔습니다. 대부분 한 번 사용하면 버려지는 일회용이었지요. 그러나 2010년 민간 기업인 스페이스X가 팰컨9 발사에 성공하고 2012년 민간 기업으로는 최초로 우주정거장에 우주선을 보내죠. 그리고 2017년 세계 최초로 발사체 재활용에 성공합니다. 발사체의 재활용은 우주로 뭔가를 보낼 때 드는 비용을 아주 저렴하게 만들었습니다. 처음 인공위성을 쏘았던 1960년대에서 1970년대 초에는 1kg당 2만 3,750달러가 들었습니다. 이후 조금씩 비용이 싸지긴 했지만 2013년부터 현재까지 운영 중인 안타레스 발사체 또한 1kg당 1만 750달러가 듭니다. 하지만 스페이스X의 팰컨 헤비는 이제 1kg에 불과 1,200달러가 소요될 뿐입니다. 1960년대에 비해서는 20분의 1, 안타레스에 비해서는 9분의 1 정도로 줄어든 것이죠.[1]

이렇게 비용이 줄어들자 발사체 수요가 덩달아 늘어납니다. 2001년에 쏜 인공위성은 87개에 불과했습니다. 하지만 2019년에는 그 4배가 넘는 390기의 인공위성이 우주로 나가더니 2020년에는 무려 1,230기의 인공위성이 발사되었습니다. 하나의 발사체로 적게는 5~6기에서, 많게는 50~60기의 인공위성을 쏘아올린다고 봤을 때 2000년대 초만 하더라도 한 달에 한 번 발사할까 말까 했지만 이제 거의 매일 어디선가 인공위성을 쏘아올리게 되었습니다. 대표적인 것이 스페이스X의 인터넷 인공위성 프로젝트인 스타링크입니다. 2018년부터 시작된 이 프로젝트로 불과 4년 조금 지난 2022년 5월까지 총 2,494기의 스타링크 위성이 발사되었고 그중 2,249기의 위성이 궤도를 돌고 있습니다. 스페이스X는 궁극적으로 3만 개 이상의 위성을 궤도에 올릴 예정입니다. 만약 발사 비용이 이전과 같았다면 엄두도 내지 못할 프로젝트지요. 이외에도 아마존의 프로젝트 카이퍼는 소형 위성 3,236기, 원웹과 에어버스는 소형 위성 648~2,000기, 텔레셋은 292~512기의 위성을 쏘아올릴 예정입니다. 모두 초고속 인터넷망을 구축하겠다는 거지요. 그 외 플래닛랩스는 초소형 위성 150기를 2021년까지 모두 띄워 현재 지구 전 지역을 매일 촬영하고 있습니다.

발사체 시장에 민간 기업이 스페이스X만 있는 건 아닙니다. 1톤 이상 나가던 인공위성이 대부분이던 20세기에 비해 21세기는 1톤 미만의 소형 위성과 그보다도 훨씬 가벼운 초소형 인공위성도 많아졌습니다. 우주 시장 조사기관 유로컨설트는 소형 위성 발사 시장 규모가 2030년이면 약 24조 원에 달할 것으로 전망하고 있습니다. 이런 소형 위성을 위한 소형 로켓 발사체로 우주 시장을 노리는 기업도 있습니다. 미국의 벤처기업인 로켓랩이 대표적이고 이외에도 미국의 버진오빗, 아스트라, 파이어플라이, 렐러티비티스페이스, 중국의 아이스페이스, 갤럭틱에너지, 우리나라의 이노스페이스 등 100여 개의 스타트업이 소형 위성 시장에 뛰어들었습니다. 이 중 상업 발사를 시작한 기업은 5곳 정도에 불과하지만 2~3년 안에 나머지 기업도 상업 발사를 개시할 예정입니다.

2 인공위성

뭐니 뭐니 해도 우주산업의 핵심은 인공위성입니다. 뉴스에는 화성탐사선, 우주정거장, 제임스 웹 망원경 등이 자주 등장하지만 발사체에 실려 우주로 가는 건 90% 이상 인공위성이죠. (물론 우주망원경이나 우주정거장도 크게 보면 모두 인공위성입니다.) 인공위성의 구조는 크게 위성본체(Bus)와 탑재체(Payload)로 나눕니다. 통신·탐사·관측 등 원래 목적을 수행하는 것이 탑재체입니다. 아리랑 3A호 같은 광학위성의 경우 광학 카메라가 탑재체가 되고 다목적 실측위성인 아리랑 5호의 경우 합성개구레이더(Synthetic Aperture Radar, SAR)가 탑재체가 되는 식이지요. 위성 본체는 다시 위성의 뼈대에 해당하는 구조계, 전력 공급을 담당하는 전력계, 자세와 궤도를 제어하는 자세제어계, 연료와 추력기의 추진계, 지상국과 정보를 주고받는 원격 측정 및 명령계, 위성의 온도를 제어하는 열제어계 등이 있습니다.

인공위성은 크게 목적에 따라 군사위성과 민간위성으로 나눕니다. 군사위성은 다시 다른 나라의 군사적 상황을 관찰하는 정찰위성, 지상에서의 위치를 확인하기 위해 사용하는 항법위성, 군용통신에 특화된 통신위성 등으로 나눕니다. 하지만 군사용으로만 정찰위성을 사용하는 건 거의 미국과 러시아뿐이고 군용으로만 통신위성을 사용하는 나라도 거의 드문 상황입니다. 거기다 GPS라고 흔히 부르는 항법위성은 군사용으로도 사용되지만, 민간 부문에서도 그 사용이 활발하지요. 따라서 군사용으로만 사용하는 위성을 대규모로 운영하는 건 결국 미국과 러시아 그리고 일부 유럽 국가에 국한되고 우리나라를 비롯한 대부분의 나라에서는 민군 겸용으로 사용하고 있습니다. 민간위성은 다시 카메라를 싣고 지표면의 사진을 찍는 지구관측위성, 기상관측을 주목적으로 하는 기상위성, 일종의 전파중계소 역할을 하는 통신위성, 과학적 목적의 과학위성으로 나눕니다. 이 중 가장 많은 비중을 차지하는 것이 통신위성으로 위성항법과 위성통신 서비스를 제공하고 있습니다.

위성항법의 경우 군사용으로 개발되었으나 1983년 대한항공 007편 격추사건 이후 민간에게도 개방되었습니다. 선박이나 항공기 등의 위치 파악에 우선적으로 사용되었으며 스마트폰의 보급과 함께 그 활용범위가 엄청나게 넓어졌지요. 군사적 중요성과 이런 상업적 이용의 확대에 맞춰 중국은 베이더우, 러시아는 글로나스, 유럽연합은 갈릴레오라는 위성항법시스템을 구축했습니다. 이와 함께 우리나라나 인도 등 수많은 나라가 자국에서 사용할 수 있는 국지적 위성항법시스템을 구축하는 중입니다. 위성항법시스템 위성에서 방출하는 정보는 두 가지입니다. 위성의 위치 정보와 신호를 발신할 때의 시간입니다. 이 둘을 이용하면 위성과 자신 사이의 거리를 알 수 있습니다. 물론 하나의 위성으로는 정확한 위치를 알 수 없지만 이런 위성 서너 개의 정보를 합하면 자신의 위치를 아주 정확하게 알 수 있습니다. 미국의 GPS는 30여 개의 위성을 통해서 운용되고 있습니다. 통신위성의 경우 20세기에는 주로 음성통신과 방송위성이 많이 사용되었죠. 영화에 자주 등장하는 위성전화가 음성통신의 결과물이었습니다. 지금은 휴대폰의 사용으로 음성통신은 많이 줄어들었지만 보안을 요하는 군사용으로 사용되고 있습니다. 또 해저케이블이 제공되지 않는 고립된 섬 지역이나 남극과 남미나 아프리카, 캐나다 등 유선 전화망이 드문 곳에서 아직까지 사용하고 있습니다. 하지만 20세기 후반 이후 광케이블을 이용한 해저케이블이 발전하면서 전반적으로 감소 추세에 있습니다. 20세기 후반에 외국에서 벌어지는 우리나라 국가대표의 축구경기를 실시간으로 볼 수 있었던 것은 방송위성 덕분이었습니다. 21세기 들어서도 방송용 위성 시장은 지속적으로 커지고 있습니다. 우리나라에서도 접시 형태의 안테나를 갖춘 위성TV가 등장했지요.

하지만 21세기 들어서는 기존 음성통신과 방송위성의 성장세는 주춤해지고 대신 위성인터넷 접속 서비스가 커지고 있습니다. 우리나라의 경우 광통신망이 전국적으로 잘 깔려 있어 인터넷 수요의 대부분을 차지하지만 세계로 눈을 돌리면 그렇지 않습니다. 당장 중국과 인도, 중동과 아프리카 등 인구대국 대부분이 인터넷 케이블망이 깔려 있는 곳보다 그렇지 않은 곳이 더 많습니다. 유엔 산하 국제전기통신연합(International Telecommunication Union, ITU)은 2021년 기준 인터넷 사용 인구를 49억 명 정도로 추산하고 있습니다. 아직 전 세계 인구의 37%인 29억 명은 인터넷을 사용해 본 적도 없는 것이죠. 거기다 이용할 수 있는 사람 중에서도 수억 명은 아주 느린 회선을 이용해야 하고 특정한 공유장치를 통해야만 인터넷을 이용할 수 있습니다. 1990년쯤 우리나라도 비슷한 상황이었습니다. 동영상은 꿈도 꾸지 못하고 사진 하나 뜨는 데도 몇 분씩 걸리던 시절이었죠.

가난한 나라의 경우 인터넷 인프라는 주요 대도시에 집중되어 있고 나머지 지역에서는 불가능한 경우가 대부분입니다. 하지만 이 또한 굉장히 빠른 속도로 증가한 것입니다. 2006년 조사에 따르면 인터넷 이용 인구는 전 세계적으로 7억 명이 조금 못 되었습니다. 약 15년 동안 인터넷 사용 인구가 7배나 증가한 것이죠. 하지만 이러한 성장에는 한계가 있을 수밖에 없습니다. 가난한 나라의 경우 정부가 나서서 인터넷 인프라를 전국적으로 구축하기 쉽지 않기 때문이지요. 이런 부분을 앞으로 위성인터넷 서비스가 보완할 수 있을 것으로 보고 있습니다. 위성 발사 비용이 획기적으로 줄어들면서 유선 인터넷과 비교해도 가격 경쟁력을 가지게 될 것으로 보이고요.

2021년 기준 세계 우주산업은 약 484조 원 규모인데 인공위성 기반 서비스가 전체 시장의 76%를 차지합니다.[2] 그런데 이 시장은 크게 세 가지 영역으로 나눕니다. 먼저 발사체 시장이 있고 그다음으로는 위성 제작 및 운용 시장이 있습니다. 마지막으로 위성을 이용한 서비스 시장이 있지요. 앞의 발사체 시장이 규모로는 가장 작습니다. 그다음이 위성 제작 및 운용이죠. 실제로는 위성을 이용한 서비스 시장이 전체의 3분의 2 정도를 차지합니다. 그리고 이 중 80%가량이 위성TV 서비스 시장입니다. 하지만 앞으로 위성인터넷 서비스 시장

이 폭발적으로 성장하면 앞으로 20년쯤 뒤에는 위성인터넷 시장이
위성TV와 비슷한 규모를 가지게 될 것으로 예상하고 있습니다.

아르테미스 프로젝트 ③

21세기 들어 우주산업의 주도권이 기업 쪽으로 무게중심을 옮기고는 있지만 여전히 정부의 역할이 중요합니다. 특히 경제성을 따지기 힘든 순수 학문 영역이나 군사 분야 그리고 심우주탐사의 경우 정부의 역할이 결정적이지요. 이런 정부 주도의 프로젝트 중 가장 규모가 큰 것이 아르테미스 프로젝트입니다.[3] 아르테미스는 2017년 시작된 미국의 달 탐사 계획으로, 2025년까지 달에 우주인을 보내는 것을 목표로 합니다. 미 우주항공국이 주도하고 있지만 우리나라를 비롯한 세계 주요 정부와 민간 기업까지 연계된 거대 프로젝트입니다. 인간이 달에 간 것은 1960년대 아폴로 프로젝트 때였으니 60년 만에 달 착륙 계획이 새로 수립된 것이죠. 하지만 이번 아르테미스 프로젝트는 그때와는 비교할 수 없습니다. 일단 여섯 차례의 우주선 발사가 계획되어 있습니다. 첫 번째 로켓은 2022년 11월 16일 오전 1시 48분에 발사되었는데 사람이 타지 않는 무인 우주선으로 달 궤도를 돌

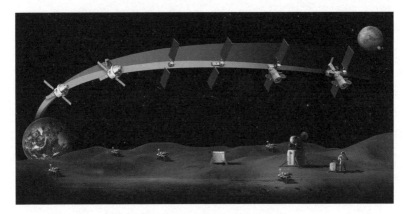

그림 6 아르테미스 프로젝트 개요(출처: NASA)

고 2022년 12월 11일에 귀환했습니다. 이후 2024년에 네 명의 우주
비행사를 태우고 달 궤도를 돌고 올 예정이며 2025년 세 번째 우주
선이 처음으로 달에 착륙합니다. 이후 세 차례 더 달에 착륙할 계획
이죠. 계획대로 된다면 이제 달을 정기적으로 오가게 될 겁니다.

이 계획의 또 다른 중요한 부분은 루나 게이트웨이입니다. 루나 게
이트웨이는 달 주변을 도는 우주정거장으로, 2022년 6월 시범적으로
개발한 캡스톤에 탑재되어 검증작업 중입니다. 이후 2024년 말부터
2027년까지 루나 게이트웨이를 구성할 엔진 동력 및 추진체, 정주
및 운송 지원 시설 등 각종 모듈을 네 차례 발사하여 완성할 예정입
니다. 총 네 명이 상주할 예정이며, 주요 임무는 달 탐사 및 유인 화
성우주선 건설 지원입니다.

결국 아르테미스 프로젝트는 길게 보면 화성 등의 심우주로 나갈
전초기지 역할을 할, 달 표면에 유인 우주기지를 건설하는 것입니다.
달에 기지를 세우는 것은 여러 목적을 위해서입니다. 가장 먼저 달에

있는 풍부한 자원입니다. 헬륨-3은 핵융합발전의 주요 연료로 쓰이는데, 지구에서는 희귀한 물질이지만 달 표면에는 아주 풍부합니다. 더구나 달에 헬륨-3이 존재하는 이유가 태양에서 날아온 것이 쌓여 있기 때문이라 앞으로도 계속 축적될 수 있습니다. 헬륨-3 이외에도 희토류 금속도 엄청나게 매장되어 있습니다. 사실 달에 희귀자원이 아무리 많이 있다 해도 운송비를 생각하면 채산성이 맞지 않지만 21세기 들어 특히 요 몇 년 사이 발사체로 물건을 보내는 비용이 현격히 줄어들어 점점 채산성이 맞아들어가고 있습니다. 나사의 계획에 따르면 2028년경에는 달 기지를 건설할 것으로 보입니다. 채굴에 필요한 기술 자체는 별 어려움이 없을 것입니다. 물론 사람이 직접 채굴하는 것은 아니고 로봇이 할 일입니다. 달 기지에 있는 사람은 이들에 대한 관리 정도만 담당하게 되겠지요. 여기에 우주 태양광발전이 가능해지면 달 기지에서 사용할 전력을 안정적으로 공급할 수 있고, 루나 게이트웨이는 달에서 채굴한 물질을 지구로 보내는 중간 물류 기지 역할을 할 것입니다.

여기에 달은 어느 나라의 영토도 아니라는 장점이 있습니다. 결국 먼저 도착해서 채굴하면 그만인 겁니다. 마치 대항해시대에 유럽의 열강이 경쟁적으로 배를 보내 상륙하여 여기는 우리 땅이라고 선언하면서 식민지를 개척한 것과 비슷합니다. 물론 채굴만 할 수 있을 뿐 영토로 인정되는 건 아니고요. 최근 미국 정부는 자국 기업이 달을 비롯한 우주 자원을 자유롭게 채굴하는 것을 돕겠다고 행정명령을 내리기도 했습니다. 물론 달을 비롯한 우주의 자원을 일개 기업이 아무런 대가 없이 사용하는 것이 공정하고 타당한가에 대해서는 논란의 여지가 있습니다.

그런데 달에다 기지를 지으려면 어떻게 해야 할까요? 무인기지와 달리 사람이 상주하려면 일단 우주 방사선이 문제가 됩니다. 또 밤과 낮의 극심한 온도차도 버텨야 합니다. 그러니 방사선을 차폐하고 단열 기능이 제대로 작동하려면 벽이 굉장히 두꺼워야 합니다. 지구처럼 지으려면 수천 톤의 시멘트와 철근이 필요한데 우주선을 1,000번 정도는 발사해야 다 가져갈 수 있으니 일단은 불가능합니다. 현재 연구하는 방법은 대략 세 가지입니다. 가장 쉽게는 달의 동굴에 기지를 세운다는 것입니다. 동굴 앞쪽만 막으면 되니 비용이 적게 들겠죠. 그렇다 하더라도 일단 기지를 세우기에 적합한 장소에 적당한 동굴이 있는지를 먼저 알아야 하니 아직 가능성은 멀어 보입니다.

두 번째로는 달 표면의 월면토를 재료로 사용해서 3D프린터로 짓는 방법입니다. 풍선이나 가벼운 탄소강화 소재 등으로 대략적인 벽면을 세우고 그 바깥을 달 표면의 흙으로 두릅니다. 일종의 흙집입니다. 이 분야에서는 우리나라의 한국건설기술연구원이 상당한 기술을 축적하고 있습니다. 또 유럽 우주국은 달 표면의 먼지인 레골리스(regolith)로 벽돌을 만드는 연구를 시작했습니다. 하지만 지구에서는 벽돌을 만들 때 진흙과 물을 이용합니다만 달에서는 물을 이용하기가 곤란하지요. 그래서 빛에 반응하는 바인딩 에이전트(binding agent)라는 결합제와 섞어 3D프린터로 형태를 만든 뒤 빛에 노출해 굳힙니다. 이런 방식으로 기지에 필요한 다양한 부품도 제작이 가능합니다.

세 번째로는 곰팡이를 이용합니다. 가장 바깥층에는 달의 얼음을 채워 넣습니다. 얼음은 방사능으로부터 내부를 보호합니다. 안쪽의 물이 녹으면 가운데 층의 시아노박테리아(cyanobacteria)가 물과 빛을 가지고 광합성을 합니다. 이 과정에서 산소와 영양분이 만들어집니다. 산소는 기지 내부에 공급되고요. 그리고 영양분으로 제일 안쪽 층의 곰팡이가 자랍니다. 곰팡이는 균사라는 실과 같은 물질을 만드는데 이 균사가 서로 얽히면서 기지를 지탱하게 됩니다. 또 균사체는 기지 내부에서 만들어지는 오폐수를 정화하는 역할도 할 수 있습니다. 정화된 물은 기지 내부의 사람들이 생활하는 데 사용됩니다. 현재 미국 주도의 아르테미스 프로젝트와 루나 게이트웨이 계획의 핵심은 미국·일본·캐나다 등으로, 유럽·한국 등 20여 개국이 참여하고 있습니다. 중국과 러시아도 독자적인 달 기지 건설을 계획하고 있는데 이 또한 2030년 부근을 목표로 하고 있습니다. 2030년경에는 달에서 채굴한 지하자원을 이용할 수도 있어 보입니다.

4 로봇

2020년 현대자동차그룹이 로봇기술로는 세계 최고를 자랑하는 보스턴 다이내믹스를 인수하면서 큰 화제가 되었습니다. 하지만 로봇에 관심을 가진 회사는 현대뿐이 아닙니다. LG그룹도 새로운 미래사업 중 하나로 로봇을 점찍고 지속적인 투자를 하고 있고, 삼성도 마찬가지입니다. 두산·한화 등의 기업도 마찬가지지요. 최근 로봇 시장의 성장세를 보면 이는 당연하다고 할 수 있습니다. 세계 로봇 시장 규모는 2020년 약 32조 원에서 2026년 약 87조 원으로 매년 17% 이상 성장할 것으로 내다보고 있습니다.[4] 특히 눈에 띄는 건 산업용 로봇[5] 이외의 시장이 급성장하고 있다는 것입니다. 물론 산업용 로봇 시장도 꾸준히 커지고 있습니다. 그러나 여타 부분의 성장은 더 눈부십니다. 물류 로봇은 2027년까지 매년 거의 20% 성장할 것으로 예측됩니다. 또한 코로나19를 계기로 의료산업에서 로봇 수요도 폭발적으로 커지고 있습니다. 물론 절대량에서는 여타 부분에 비해 아직 작습니다.

미국의 2020년 로봇 로드맵에 따르면, 앞으로 로봇산업의 주요 시장은 7곳입니다. 산업 분야, 물류 및 전자 상거래 분야, 교통 분야, 삶의 질 분야, 임상·의료 분야, 농업 분야, 안보·구조 분야입니다.

물론 아직 세계 로봇 시장의 절반 이상은 산업용 로봇입니다. 전체의 약 55% 정도를 차지하지요. 세계 산업용 로봇 시장은 2021년 141억 1,600만 달러(18조 4,439억 원)였다고 합니다. 5년 뒤인 2026년에는 288억 6,500만 달러(37조 7,150억 원)로 5년 사이 약 2배 정도 증가할 것으로 예상됩니다. 좀 더 길게 봐도 전망은 밝습니다. 2015년 노동자 1만 명당 로봇 사용 대수—로봇 밀도라고 합니다—는 66대였는데 2020년에는 126대로 2배 증가했습니다. 우리나라는 이 분야에서도 단연 우월합니다. 1만 명당 로봇 사용 대수가 932대로 압도적인 1위입니다. 2위인 싱가포르는 605대로 우리나라의 3분의 2 수준이고 3위 일본은 390대로 3분의 1밖에 되지 않습니다. 다른 나라들이 현재의 우리나라만큼이라도 로봇을 갖추려면 엄청나게 많은 산업용 로봇이 필요한 거지요. 그런데 이렇게 로봇 밀도가 높은 우리나라도 산업용 로봇 시장은 계속 커지고 있고요.

그리고 현재 제조업에서 가장 뜨거운 관심을 받는 것 중 하나가 스마트 팩토리인데 이 또한 산업용 로봇 없이는 불가능한 영역입니다. 산업용 로봇의 사용이 공장의 풍경을 바꿔놓고 있습니다. LS일렉트릭 청주공장이 대표적인데, 10년 전에는 라인 하나당 15명의 노동자가 일을 했는데 현재는 10분의 1, 단 1.5명이 일을 하고 있습니다. 삼성전자의 경우도 무인공장 도입 태스크포스를 구성했는데, 2030년 주요 글로벌 생산기지에 무인공장을 세우겠다는 목표입니다. 물론 완전 무인일 수는 없지만 생산공정 자체는 100% 로봇 등 자동화 기계로 가동하겠다는 거지요. 지방의 농공단지에서조차도 현지에서 생산한 과일 등을 선별하고, 포장하는 작업을 대부분 산업용 로봇이 담당하고 있습니다.

산업용 로봇 시장에서 현재 가장 각광받고 있는 것은 협동 로봇(collaborative robot, cobot)입니다. 로봇끼리 협동한다는 뜻이 아니고 사람과 같이 일한다는 말입니다. 21세기 이전까지만 하더라도 산업용 로봇이 일하는 공간은 펜스 등으로 격리되어 있었습니다. 로봇이 일하는 동안 사람이 그 행동반경 안에 들어가면 다칠 위험이 있기도 했고 로봇이 오작동할 수도 있기 때문이었죠. 또 로봇과 인간이 뭔가를 같이 할 수도 없었고요. 그런데 산업 현장에 투입되는 로봇이 늘어나고, 큰 사업장이 아니라 조그만 곳에서도 로봇을 도입하려는 흐름이 생기자 사정이 달라졌습니다. 또 로봇의 발전도 한몫했지요. 중요하게는 센서입니다. 다양한 종류의 센서로 로봇이 주변 환경을 인식하는 기능이 아주 높아졌습니다. 여기에 컴퓨팅 능력이 향상되면서 사람과 같이 일을 할 때 공간 사용과 업무환경이 좀 더 효율적일 수 있다는 인식이 늘면서 협동 로봇을 2010년 정도부터 본격적으로 도입하기 시작했습니다. 그리고 이렇게 산업용 로봇에서 인간과의 협업 혹은 같은 공간에서의 공존이 가능하도록 개발된 기술은 서비스 로봇 등 인간과의 접촉이 중요하고 많아지는 영역에서 로봇의 활용성을 높이는 데 큰 도움이 되고 있습니다.

서비스 로봇

국제로봇연맹(International Federation of Robotics, IFR)의 보고서

에 따르면, 산업용 로봇 다음으로 큰 시장은 서비스 로봇 시장입니다.[6] 2020년 세계 서비스 로봇 시장 규모는 111억 달러, 약 13조 원으로 전체 로봇 시장의 43.5%를 차지하고 있습니다. 즉 현시점 로봇 시장은 대부분 산업용 로봇과 서비스 로봇이 차지하고 있다는 얘기죠. 그런데 산업용 로봇 시장의 성장 속도는 10% 후반대인 데 반해 서비스 로봇 시장은 매년 20%대 초반의 성장세를 유지하고 있습니다. 조만간 서비스 로봇 시장이 산업용을 추월한다는 뜻이죠. 그래서 삼성이나 LG, 현대 같은 경우 서비스 로봇에 집중하는 모습을 보이고 있지요.

사실 20세기에도 서비스 로봇이 없지는 않았습니다. 그러나 대량 생산은 아니었죠. 기술적 한계가 무엇보다 분명해서 활용도가 떨어졌기 때문에 그저 이 정도의 로봇도 만들 수 있다는 전시용이었습니다. 그러나 21세기 들어 상황이 달라졌습니다. 가장 중요한 건 인공지능의 도입이지요. 이를 통해 다양한 상황에 적절하게 대응할 수 있는 능력이 생기면서 큰 진전이 이루어집니다. 기존 로봇이 단순한 명령만 이행했던 데 비해 인공지능을 장착한 로봇은 목표 이행을 위한 다양한 행동을 채택할 수 있게 되었습니다. 물론 로봇 자체의 움직임을 제어하는 기능도 훌륭해졌고요.[7] 이 제어 또한 공학적 발전과 함께 인공지능을 통한 데이터 분석이 중요한 영향을 끼쳤습니다.

서비스 로봇은 크게 일반 서비스 로봇과 전문 서비스 로봇으로 나눌 수 있습니다. 일반 서비스 로봇으로는 가정용 청소로봇, 교육로봇, 돌봄로봇 등이 있고, 전문 서비스 로봇으로는 물류로봇, 의료로봇, 외골격로봇, 건설로봇, 국방로봇 등이 있습니다. 사실 서비스 로봇 시장이 커진 데는 청소로봇이 큰 역할을 했습니다. 불과 10년 전과 비교해 보더라도 우리 주변에 청소로봇을 사용하는 가정이 꽤 많이 늘었지요. 소비자용 서비스 로봇 시장의 3분의 2가 청소로봇입니다. 청소로봇의 가격이 상대적으로 저렴한 것을 생각하면, 대수에서는 청소로봇의 사용을 따라올 수 없을 테지요. 물론 청소로봇도 더 증가하겠지만 서비스 로봇 시장은 앞으로 확장될 영역이 무궁무진하다는 점 또한 매력적입니다. 간단히 꼽아 봐도 안내로봇, 방역로봇, 순찰로봇, 물류로봇, 배송로봇, 건물청소로봇 등이 있습니다. 이들 서비스 로봇에서 현재 가장 중요하게 여기는 기술적 발전은 클라우드, 5G, 구독형 서비스(Robot as a Service, RaaS) 그리고 모바일입니다. 클라우드와 5G는 로봇이 개별적 존재가 아니라 네트워크로 연결됨을 의미합니다. 예를 들어 청소로봇이 청소를 하는 과정에서 축적한 데이터는 클라우드에 저장되고 이를 학습함으로써 더 뛰어난 인공지능이 가능해집니다. 이는 다시 청소로봇의 청소에 적용되지요. 마치 컴퓨터의 OS가 주기적으로 업그레이드되는 것처럼 로봇도 소프트 업그레이드가 지속적으로 이루어지게 됩니다.

또 하나 구독형 서비스는 현재 청소로봇을 제외한 다른 서비스 로봇의 비싼 가격이라는 장벽을 허물 수 있는 좋은 도구가 됩니다. 현실에서 볼 수 있는 대표적인 사례가 조금 성격은 다르지만 키오스크입니다. 처음에는 일본식 라멘 가게에서나 볼 수 있던 키오스크가 이제는 대부분의 패스트푸드 프랜차이즈를 비롯해 광범위하게 퍼져 있습니다. 여기에 핵심적인 것이 바로 임대가 가능하다는 점이지요. 계산대에서 주문을 받고 계산하는 노동자에게 한 달에 들어가는 돈이 적어도 150만 원가량 든다고 하면 키오스크의 경우 임대료가 그 10분의 1 가격인 15만 원 정도면 충분합니다. 키오스크를 2~3대 설치해도 한 명의 인건비가 되지 않습니다. 제품에 따라 다르긴 하지만 수백만 원을 들여 구입하는 것에 비하면 키오스크의 임대는 소규모 가게로서는 꽤나 매력적입니다.

마찬가지로 배송로봇이나 물류로봇, 안내로봇, 방역로봇 등도 구독 서비스를 속속 보이고 있지요. 물론 구독형 서비스가 가능해지려면 제조사나 판매사 입장에서는 일정한 자금력을 확보해야 하지만, 실제로 대부분의 서비스 로봇에서 구독형 서비스가 나타나고 있고 앞으로 대세가 될 것으로 전망됩니다.

기존 로봇은 우리의 상상과는 달리 대부분 특정한 장소에 고정된 형태였습니다. 로봇이 일단 이동하기 시작하면 기술적·법적으로 꽤 골치 아픈 문제들이 많았으니까요. 지금부터 10여 년 전만 해도 전시회나 과학관에 설치된 로봇은 인사를 하고, 빛을 내긴 하지만 주변을 돌아다니지는 않았습니다. 하지만 이제 서비스 로봇의 새로운, 그리고 주된 트렌드는 모바일입니다. 기술적으로는 먼저 첨단 융합센서가 중요한 역할을 합니다. 인간이 시각과 청각, 촉각 등 다양한 감각을 통해 얻은 정보를 종합해서 판단하듯이, 로봇도 다양한 종류의 센서를 통해 여러 정보를 얻고—멀티모달(Multimodal)이라 합니다— 이를 프로세서가 종합해서 판단하는 것이 가능해진 것이죠. 그래서 새로 생긴 개념이 자율주행로봇(Autonomous Mobile Robot, AMR)입니다. 이전에는 대부분 고정된 로봇이었고 움직이는 로봇이라 하더라도 바닥에 색 테이프나 자석 등을 부착하고 로봇이 이동하는 경로를 미리 세팅해야 했습니다만 이제는 로봇이 마음대로 움직일 수 있지요. AMR은 첫째 작업자의 직접 감독을 받지 않고, 둘째 사전에 정의된 고정 경로에 제한받지 않고, 셋째 환경을 이해하고 움직이는 로봇을 말합니다. 이렇게 AMR이 현실화되고 실용 가능해지면서 새로운 종류의 상업용 로봇이 나타나고 있습니다. AMR에 어떤 장치를 탑재하느냐에 따라 아주 다양한 쓰임새가 있지요. 배송로봇도 물류로봇도, 안내로봇이나 방역로봇이 모두 AMR을 기본으로 합니다.

참고로 자동운송차량에 대해서도 살펴보고 넘어가겠습니다. 서비스 로봇 중 물류로봇은 현재 아마존 등 많은 물류 서비스 업체에서 도입하고 있고, 앞으로도 성장 가능성이 아주 큰 분야입니다. 뉴스나 동영상 등을 통해 아마존의 키바(KIVA)라는 물류로봇을 본 적이 있을 겁니다. 납작한 몸 위에 물건이 400kg까지 올라가고 시속 4.8km의 속도로 움직이지요. 사람이 걷는 속도와 비슷합니다. 하지만 키바는 자율 모바일 로봇은 아닙니다. 키바의 경우 무인 운송차량(Automated Guided Vehicle, AGV)이라 부릅니다. 자율 대신 자동이란 말을 쓰는 이유는 자기테이프나 QR 코드 등으로 로봇이 움직이는 전용 경로를 미리 설정해 놓았다는 차이 때문입니다. 경로가 정해져 있기 때문에 빠르게 이동할 수 있고, 생산 가격이 훨씬 저렴합니다. 즉 화물을 대량으로 그리고 자주 운송하는 경우에는 유용합니다. 하지만 미리 지정한 경로로만 이동할 수 있고, 공정이나 로봇 수량이 변경되면 그에 맞춰 프로그래밍을 수정하거나 경로 매핑을 다시 해줘야 합니다. 따라서 물류센터나 공장 등 특수한 조건에서 사용할 수 있는 로봇입니다.

그다음으로 살펴볼 것은 전문 서비스 로봇 분야에서 가장 두각을 나타내고 있는 의료로봇입니다. 의료로봇은 값이 비싸다 보니 판매 대수는 적지만 매출액에서는 압도적인 비율을 차지합니다. 2019년 전문 서비스 로봇 시장에서 의료로봇이 차지하는 비중은 47%에 이를 정도죠. 그리고 매년 50% 이상의 성장률을 보이고 있습니다. 특히 코로나19는 의료로봇 시장이 확대하는 데 불을 지폈습니다. 우선 전 세계적으로 의료 종사자가 항상 부족한 상태라는 것이 기본이긴 합니다. 여기에 코로나19로 인한 의료 노동 요구에 대한 필요가 증폭하면서 일부라도 이를 대체할 수 있는 의료로봇의 수요가 폭증한 것이지요.

의료로봇은 크게 수술로봇, 수술 보조로봇, 수술 시뮬레이터, 재활로봇, 기타 의료로봇으로 나눌 수 있습니다. 수술로봇은 의사의 수술을 보조하는 로봇으로 대표적인 것이 다빈치 로봇 수술기입니다. 전립선암 수술 등 의사가 시술하기 어려운 부위의 복잡한 수술 등에 쓰입니다. 로보닥은 뼈의 절삭을 위해 사용되는 로봇이고 이솝은 복강경 시술 시 이용되고 있습니다. 의대생이 실습에 이용하는 시뮬레이터 로봇도 맹활약 중입니다. 기타 의료로봇으로는 배변처리를 자동으로 해주는 케어비데, 자폐 아동의 친구 역할을 하는 블라섬 등이 있습니다.

재활로봇은 질병이나 사고에 의한 팔다리 마비 등을 원상태로의 회복을 목적으로 사용하는 로봇입니다. 현재 의료 분야에서 가장 많이 활용되는 로봇기술 중 하나입니다. 크게 어깨나 손목 팔꿈치의 재활을 돕는 상반신 로봇과 보행치료를 돕는 하반신 로봇이 있습니다. 보조로봇은 신체능력 강화를 목적으로 사용하는 로봇입니다. 노동자들이 작업 현장에서 무거운 물체를 들고 옮길 때 보다 쉽고 안전하게 일을 할 수 있도록 한다든가, 장애인이나 노년층의 약화된 근력을 보조하는 역할을 합니다. 아직은 임상실험 단계입니다.

이외에 앞으로 큰 시장을 형성할 것으로 예상되는 분야는 돌봄

로봇입니다. 중증장애인이나 노인, 경증 치매환자처럼 돌봄이 필요한 이들의 일상생활을 보조하는 역할을 합니다. 자세 전환, 배설, 식사, 이동 등 일상에서 반드시 필요한 활동이지만 혼자 할 수 없는 동작을 보조하고, 일상적으로 건강상태를 확인하고, 정서적 안정을 돕는 역할을 하는 다양한 로봇이 있고 또 개발 중입니다. 우리보다 앞서 고령화 사회로 접어든 일본이 연구개발 및 적용에 가장 앞서는 분야이기도 합니다. 대표적인 것이 로봇 파로(PARO)입니다. 아기 물범 모양의 로봇으로, 입원 환자를 비롯해 요양시설 입소자나 간병인 등의 스트레스를 해소해 줄 목적으로 개발되었습니다. 미국식품의약국(FDA)에서 신경치료용 의료기기로 승인을 받은 최초의 로봇이기도 합니다. 이외에도 인공지능 돌봄로봇은 약 먹을 시간을 알려 주기도 하고, 사람의 움직임이 일정 시간 이상 감지되지 않거나 '도와줘, 살려줘' 등의 음성이 인식되면 보호자나 관제센터에 통보하는 기능도 있습니다. 또 배변을 도와주는 로봇, 식사를 도와주는 로봇도 요양시설이나 병원 등에서 일부 사용하고 있습니다.

로봇 시장은 산업로봇과 서비스 로봇으로 크게 양분되어 있지만, 농업용 로봇과 보안 및 구조로봇도 새로운 영역을 개척하고 있습니다. 다만 아직 시장이 제대로 형성되었다기보다는 시범 서비스 단계로 보입니다. 그러나 보안로봇의 경우 경제성과 상관없이 군수용으로 연구개발이 활발하며 군에서의 일정한 역할이 검증되면 경찰이나 사설 보안 등 다양한 분야로 진출이 가능할 것으로 보입니다.

군사로봇

마지막으로 로봇에 주목하고 있는 분야가 방위산업체와 군대입니다. 보스턴 다이내믹스의 로봇개 스팟미니가 있습니다. 애초에 보스턴 다이내믹스가 로봇개 개발을 시작한 것이 군사용 짐꾼 로봇에서 시작된 것이니 어찌 보면 당연하다고 볼 수 있습니다. 로봇개의 사족보행은 이족보행에 비해 균형을 잡기가 쉽습니다. 그리고 도로가 아닌 산악 지형이나 계단 등을 오르내릴 수도 있지요. 여기에 카메라나 센서, 팔 등을 추가하면 다양한 역할을 수행할 수 있습니다.

이와 비슷한 로봇개는 여러 회사에서 개발되었는데, 그중 일부가 군사용으로 소개되고 있습니다. 2022년 러시아 무기박람회에서 등에 대전차 로켓 'RPG-26'을 올리고 움직이는 M81이라는 로봇개가 등장했습니다.[8] 또 온라인 미디어 마더보드에는 기관단총을 탑재한 러시아의 로봇개 스카이넷이 사격 연습을 하는 장면이 나옵니다. 미국에서도 고스트로보틱스가 2021년에 원격조종 소총을 등에 장착한 로봇개를 선보이기도 했습니다.

물론 개발한 사람들은 로봇개는 단지 거치수단일 뿐이고 실제 사격은 사람이 원격조종을 한다고 이야기합니다. 즉 킬러로봇은 아니라는 거지요. 이는 드론 공격에서도 항상 나오는 이야기입니다. 미국은 중동에서 드론을 이용해 적의 주요 요인을 암살하는 시도를 여러 차례 했고, 실제 성공한 사례도 많습니다. 이 경우도 드론을 일종의 비행로봇이라고 볼 수 있습니다. 미군 측은 드론은 요인을 확인하고 무기를 운반한 것에 불과하고, 실제 사격 명령은 원격으로 사람이 내렸다고 이야기합니다.

로봇개와 드론에 그치지 않습니다. 이미 미국과 중국을 비롯해 다수의 국가가 무인 잠수정과 무인 함선, 무인 항공기를 개발하고 있습니다. 물론 당연히 사람이 원격조정하는 것을 기본으로 합니다. 킬러

로봇은 세계적으로 금기시되고 있으니까요. 킬러로봇이란 인공지능 등을 통해 스스로 적군에 대한 무기 발사를 판단하는 로봇을 말합니다. 이런 로봇은 절대 개발하면 안 된다는 것이 세계적인 협약사항입니다.

하지만 이미 전장에 로봇개와 드론, 그리고 무인 잠수정과 무인 항공기, 무인 선박에 등장했는데, 이를 킬러로봇으로 만드는 건 그리 어렵지 않습니다. 물론 군인과 민간인의 구분, 적군과 아군의 구별, 상황에 따른 대처 등을 인공지능이 학습하는 과정이 쉽다는 이야기는 아닙니다. 하지만 무차별 테러와 같이 목적에 따라서는 정교한 학습이 필요하지 않은 상황도 있습니다. 물론 상상하기도 싫지만 기존 택배나 물류를 담당하는 로봇에 특정 위치에서 폭탄을 터트리도록 세팅을 하거나 드론에 간단한 인공지능을 탑재해서 공격을 시도하는 행위는 그리 어렵지 않다고 전문가들은 이야기하고 있습니다.

생분해성 플라스틱 ⑤

플라스틱 제품의 문제는 언론과 온라인 캠페인 등을 통해 익히 알려져 있습니다. 플라스틱을 생산하고 폐기하는 과정에서 이산화탄소가 다수 발생한다는 것이 첫 번째 이유고 플라스틱이 분해되지 않아 환경에 악영향을 끼친다는 것이 두 번째 이유입니다. 하지만 플라스틱이 없는 세상은 상상하기가 힘듭니다. 우리의 일상을 말 그대로 지배하고 있는 소재죠. 잠시 책에서 눈을 떼고 주위를 둘러보면 어디에서나 플라스틱을 볼 수 있습니다. 종류도 다양합니다. 폴리에틸렌, 나일론, 폴리프로필렌, 폴리스타이렌, 폴리에스터, 폴리염화비닐, 폴리우레탄, 폴리카보네이트 등이 모두 플라스틱이죠. 플라스틱은 종류에 따라 다양한 성질을 가지고 있고 이름 그대로 다양한 모양으로 만들기도 쉽습니다. 재료를 구하기도 쉽고 무엇보다 가격이 저렴합니다. 플라스틱 이전에 우리가 사용한 섬유, 나무, 금속, 종이 등의 소재를 대체하면서 20세기를 플라스틱의 세기로 만들었습니다.

그런데 플라스틱의 원료는 모두 석유입니다. 탄소와 수소가 주를 이루는 혼합물인 석유를 정제하는 과정에서 석유화학제품의 원료인 나프타(naphtha)가 만들어집니다. 석유화학공장에서 나프타를 가지고 각종 플라스틱의 원료 물질을 만듭니다. 마지막으로 플라스틱 회사에서 이 원료로 플라스틱 제품을 만들죠. 크게 세 가지 과정을 거쳐 플라스틱이 만들어집니다. 그런데 모든 공정이 고온에서 이루어집니다. 그리고 그 과정에서 원료의 일부가 분리되어 이산화탄소나 일산화탄소, 메탄 등이 배출됩니다. 이런 과정을 통해 배출되는 온실가스가 플라스틱에 의해 생기는 온실가스의 60%를 차지합니다.

사용이 끝난 플라스틱 제품은 재활용하거나 아니면 묻거나(매립) 태우게(소각) 됩니다. 가장 바람직한 방법은 재활용하는 것이죠. 그런데 재활용은 무한정할 수 없습니다. 종류에 따라서는 아예 재활용이 불가능한 플라스틱도 있고, 재활용이 가능하더라도 한두 차례에 그칠 뿐입니다. 결국 재활용 플라스틱도 다 사용하고 나면 묻거나 태

| 플라스틱 뚜껑 | 플라스틱 포장용기 | 플라스틱 컵 |
| 미세 플라스틱 | 플라스틱 빨대 | 플라스틱 물병 |

그림 7 다양한 종류의 플라스틱

워야 합니다. 그런데 플라스틱 안에 탄소가 있으니 태우면 이산화탄소가 발생합니다. 그리고 플라스틱을 구성하는 다른 원소도 연소 과정에서 다양한 화학반응을 하는데, 이때 다이옥신 등의 유해물질도 같이 배출됩니다.

게다가 플라스틱은 분해가 되지 않습니다. 수백 년이 지나도 그 상태를 유지하지요. 매립할 땅은 한정되어 있는데 버려야 할 플라스틱은 넘쳐납니다. 우리가 버린 플라스틱의 일부는 또 강을 따라 바다로 유입되는데 분해가 되지 않으니 바다에도 온통 플라스틱이 가득합니다. 이 플라스틱 중 일부는 잘게 쪼개져 미세 플라스틱이 되고, 바다 생물의 몸 안에 쌓이다가 먹이연쇄를 따라 결국 우리 몸에 쌓이게 됩니다.

여기서 플라스틱은 왜 분해가 되지 않는지를 먼저 살펴봅시다. 플라스틱이 분해되지 않는 것은 지구에 처음 선보이는 물질이기 때문입니다. 생태계에서 죽은 생물의 분해를 맡아서 하는 세균과 원생동물, 곰팡이, 버섯 등을 분해자라 합니다. 이들은 단백질, 지방, 탄수화물 등 탄소가 중심인 유기물을 분해합니다. 썩히고 발효시키는 등의 방법으로 결국은 다 분해해 버리는 것이죠. 그 과정에서 영양분을 섭취하게끔 진화가 되었으니까요.

이들 분해자는 혼자 모든 유기물을 분해하는 것이 아닙니다. 각자 분해하는 물질이 따로 있습니다. 어떤 세균은 단백질만 분해하고, 또 다른 곰팡이는 식물성 탄수화물만 분해하는 식으로 역할이 나누어져 있습니다. 그런데 플라스틱은 이들 분해자에게는 완전히 생소한 물질입니다. 지구 역사 45억 년 동안 전혀 보지 못했던 물질이 불과 100년 전에 처음 나온 겁니다. 처음 보는 물질이니 이를 분해할 분해자가 없습니다. 결국 플라스틱은 자연 상태에서 분해가 거의 되지 않습니다.

그래서 20세기 후반부터 기존 플라스틱 대신 분해가 가능한 새로운 제품을 연구 개발했습니다. 이들 제품에는 크게 생붕괴성 플라스틱, 광분해성 플라스틱, 그리고 생분해성 플라스틱(Poly-Butylene Adipate Terephthalate, PBAT)의 세 가지가 있습니다. 그중 생붕괴성 플라스틱은 기존 플라스틱 재료에 전분 같은 생분해성 물질을 일부 포함하여 만든 것을 말합니다. 이 경우 전분이 분해되면서 커다란 플라스틱 제품이 잘게 쪼개집니다. 하지만 쪼개진 플라스틱은 여전히 분해되지 않습니다. 결국 문제를 완전히 해결하지 못합니다. 다음으로 광분해성 플라스틱이 있습니다. 햇빛 중 자외선을 이용해 고분자 고리를 끊는 방식입니다. 플라스틱 재료에 광분해 촉진제와 자외선 안정제를 섞어서 만듭니다. 자외선 안정제가 있어서 일정한 기간 동안, 즉 우리가 사용하는 동안은 분해되지 않습니다. 하지만 그사이에도 자외선과 계속 만나면서 자외선 안정제는 조금씩 줄어듭니다. 안정제가 거의 사라지면 이제 광분해 촉진제가 자외선과 반응해서 플라스틱을 분해합니다. 그런데 광분해 촉진제에 중금속 성분이 들어있어 토양 오염이 일어납니다. 거기다 땅에 묻으면 햇빛이 닿지 않아 분해가 되지 않는 문제도 있습니다. 그래서 바람직한 대안이라 볼 수는 없습니다.

남은 건 생분해성 플라스틱뿐이죠. 생분해성이란 생태계에 존재하는 분해자, 즉 세균이나 다른 미생물에 의해 분해된다는 뜻입니다. 생분해성 플라스틱은 다시 재생 가능한 원료, 즉 식물이나 유기성 폐자원으로 만들어지는 바이오 플라스틱과 석유를 기반으로 만들어지는 플라스틱이 있습니다. 하지만 석유 기반 플라스틱은 만들어지는 과정 중에 또 이산화탄소가 발생할 수 있으니 되도록 식물을 원료로 만드는 바이오 플라스틱이 환경에는 훨씬 바람직합니다. 또 매년 새로 식물을 재배하면 재료를 항상 구할 수 있고, 또 재배 과정에서 식물이 이산화탄소를 흡수하기도 하니 지속가능하다는 측면에서도 한정된 자원을 쓰는 석유보다 낫습니다.

현재 상용화된 바이오 생분해성 플라스틱은 옥수수나 사탕수수로부터 만들어지는 젖산중합체 플라스틱(Poly Lactic Acid, PLA)과 미생물이 만드는 폴리하이드록시알카노에이트(Poly Hydroxy Alkanoate, PHA) 등이 있습니다. PLA는 옥수수가 주원료입니다. 옥수수의 전분을 포도당으로 분해한 뒤 이를 발효해 젖산을 만듭니다. 이 젖산을 중합[9]하면 기존 플라스틱인 폴리에스테르나 폴리아미드와 비슷한 PLA가 만들어집니다. 그 외에 석유를 원료로 만드는

그림 8 PLA로 만든 다양한 제품

PBAT와 PBC(Poly Butylene Carbonate)가 있습니다.

PHA는 폴리에틸렌이나 폴리프로필렌과 비슷한 특성을 가지는 생분해성 플라스틱인데 세균을 이용해서 만듭니다. 산소와 질소가 별로 없는 혐기성 조건에서 포도당 등 탄소화합물을 공급하면 세균에 의한 발효 과정을 통해 생산됩니다. 이때 세균의 종류에 따라 서로 다른 종류의 PHA가 나옵니다. 하지만 세균 배양과 발효 과정이 까다로워 가격이 비싸고 대규모 생산이 쉽지 않습니다.

생분해성 플라스틱은 그 외에도 여러 가지 단점이 있습니다. 현재 가장 많이 사용되는 PLA의 경우 가격도 저렴하고 환경호르몬이나 중금속 등의 유해물질이 나오지 않는 장점이 있지만 분해 조건이 까다롭습니다. 수분이 70% 이상 되는 조건에서 섭씨 58도 이상의 온도가 되어야 생분해가 가능합니다. 하지만 일상적인 상황에서 이 조건을 맞추기란 쉽지 않습니다. PHA는 조건에 관계없이 분해되는 장점이 있습니다만 가격이 많이 비싸죠. 석유에서 만들어지는 PBAT와 PBC는 조건에 관계없이 생분해가 되지만 PLA보다 비싸고 석유를 원료로 만들다 보니 제조 과정에서 이산화탄소가 발생한다는 치명적 단점이 있습니다.

그리고 이들 생분해성 플라스틱이 기존의 플라스틱 모두를 대체할 수는 없습니다. 플라스틱의 종류가 워낙 많고 다양해서 고작 서너 가지 생분해성 플라스틱으로 모두를 대신할 수는 없지요. 물론 현재의 생분해성 플라스틱이 애초에 가장 많이 사용되는 플라스틱을 대체하기 위해 개발된 것이기에 앞으로 좀 더 개선된다면 그 성과가 없진 않겠지만 그래도 갈 길이 멀어 보입니다. 2020년 전 세계 플라스틱 생산량은 3억 6,700만 톤인데 생분해성 플라스틱 생산량은 100

만 톤이 조금 넘는 정도로 약 0.3% 정도를 차지할 뿐입니다. 더구나 생분해성 플라스틱 생산량에 비해 전체 플라스틱 생산량과 소비량이 빠르게 증가하고 있습니다. 물론 앞으로 생분해성 플라스틱 사용량이 점차 전체 플라스틱에서 비중을 높여 나가긴 하겠지만 그렇더라도 전체 플라스틱 사용량 자체를 줄이는 노력 또한 더욱 강화되어야 합니다.

6 상온 초전도체

 현대사회가 지금과 같은 모습을 갖추는 데 가장 큰 공헌을 한 기술 다섯 가지를 꼽으라면, 전기는 반드시 들어가야 합니다. 증기기관의 이용과 다양한 기계의 생산이 산업혁명을 통해 근대사회를 도래케 했다면 전기의 탄생은 대량생산과 대량소비, 그리고 다양한 전기·전자 제품, 네트워크와 인터넷 등 현대 문명의 다양한 발전을 가능케 한 기반이 되었습니다. 기후위기는 전기의 역할을 더욱 확장시킵니다. 전기와 더불어 인간에게 필요한 에너지를 직접 열에너지 형태로 제공하던 화석연료 대부분이 퇴출되고 그 자리를 전기가 차지할 것이기 때문입니다.

 전기는 발전소에서 생산되어 송배전망을 통해 소비처로 전송됩니다. 그런데 송전 과정에서 약 3.5% 정도의 전기가 손실됩니다. 금액으로는 한 해 약 1조 6,000억 원 정도 됩니다. 적은 양이 아니죠. 이는 저항 때문입니다. 전기를 공급하는 전선은 주로 구리나 알루미늄을 쓰는데 이런 금속도 작지만 저항을 가지고 있습니다. 중학교 과학시간에 배운 것처럼 저항이 있는 곳을 전기가 통과하면 전기에너지의 일부가 열에너지로 바뀌어 주변으로 퍼져나갑니다. 구리나 알루미늄을 전선으로 쓰는 건 다른 물질에 비해 저항이 작기 때문인데 그래도 송배전망이 워낙 길다 보니 손실되는 전력이 만만치 않습니다. 손실되는 전력만 문제는 아닙니다. 저항을 어떻게든 줄이려면 굵은 전선을 쓰는 것이 좋습니다. 하지만 전선이 굵어지면 무게가 많이 나가죠. 그래서 고압송전선은 구리보다 밀도가 작은 알루미늄을 씁니다만 송전설비 전체 건설비도 만만치 않습니다. 더구나 전선을 무한정 굵게 할 수는 없고 또 손실된 전력이 열에너지가 되면 전선 온도가 올라가니 송전선을 통해 보낼 수 있는 전력에 한계가 있습니다. 그래서 많은 양의 전력을 공급하려면 더 많은 송전선을 배치할 수밖에 없지요.

송배전망에서 나타나는 문제를 해결할 수 있는 소재가 바로 초전도체입니다. 20세기 초 과학자들은 저항이 0인 물질을 발견합니다. 저항이 커서 전기가 통하지 않는 물질은 부도체(不導體), 저항이 작아서 전기가 통하는 물체는 전도체(傳導體)라고 합니다. 그런데 저항이 작은 것도 아니고 아예 0인 물질이 실재하는데 이를 초전도체(超傳導體, super conductor)라고 합니다.

20세기 초 처음 발견된 초전도 현상은 영하 270도 아래에서 나타났습니다. 이 정도 온도를 만들려면 액체헬륨을 사용해야 합니다. 헬륨은 지구상에 별로 없는 데다, 이것을 냉각시켜 액체로 만들려면 장비도 어마어마하고 비용도 많이 듭니다. 더구나 초전도 현상이 계속 일어나려면 이렇게 낮은 온도를 계속 유지해야 하죠. 그러니 발견 자체는 대단히 획기적이었지만 일상생활에 적용하긴 힘들었습니다. 처음 초전도 현상이 발견되었을 때 과학자들이 제시한 이론으로는 영하 240도보다 높은 온도에서 초전도 현상이 나타날 수 없습니다. 그런데 그 뒤 계속된 시도를 통해 20세기 말이 되자 영하 120도에서 초전도 현상을 보이는 물질을 만듭니다. 영하 120도도 굉장히 낮은 온도이긴 하지만 영하 270도에 비하면 150도나 높은 온도죠. 더구나 이론적 한계를 깨트리기도 했고요. 그래서 과학자들은 이 정도 온도에서 초전도 현상을 보이는 물질을 이전에 비해 온도가 높다고 '고온 초전도체'라 부릅니다.

고온 초전도체는 액체헬륨 대신 액체질소를 이용해서 온도를 유지할 수 있습니다. 질소는 공기의 3분의 2를 차지하는 만큼 아주 풍부하고 또 끓는점이 영하 195.8도로 끓는점이 영하 268.9도인 헬륨보다 높아서 액체로 만들기도 상대적으로 쉽고, 가격도 아주 쌉니다. 하지만 고온 초전도체도 실생활에 다양하게 쓰이기에는 여전히 제작 비용도 비쌀뿐더러 낮은 온도를 계속 유지하는 비용도 만만치 않습니다. 그래도 이전 초전도체에 비하면 제작비와 유지비가 저렴하니 특수한 용도로 사용하기 시작합니다. 아주 강력한 자기장이 필요한 곳에서는 이 고온 초전도체를 사용합니다. 중학교 과학시간에 배운 솔레노이드(solenoid)를 떠올리면 됩니다. 원형으로 둘둘 말린 전선에 전류를 흘려주면 주변에 자기장이 생깁니다. 이때 전류가 크면 클수록 자기장도 강해집니다. 그런데 일반적인 전선에서는 전류가 크면 클수록 저항에 의한 전력소모도 커지고 그에 따라 발생하는 열에너지도 많아집니다. 온도가 올라가 전선이 녹는 것입니다. 따라서 어느 정도 이상의 자기장을 만들기가 쉽지 않습니다. 이런 자기장을 만드는 다른 방법으로 일반적인 자석을 이용합니다. 원하는 정도의 자기장을 내려면 그 크기가 엄청나야 해서 사실 불가능에 가깝습니다. 이런 곳에 초전도체를 씁니다. 전선으로 초전도체를 쓰면 저항이 0이니 아무리 전류를 키워도 전력소모가 일어나지 않고 열도 발생하지 않습니다. 이렇게 강력한 자기장이 필요한 것이 병원의 자기공명영상장치(Magnetic Resonance Imaging, MRI)와 입자가속기입니다. 그렇다고 이 초전도체를 쓰기 위해 질소를 이용하는 것은 아닙니다. 질소를 사용할 수도 있지만 보다 안정적으로 운용하기 위해 실제로는 액체헬륨을 이용합니다.

그리고 드디어 송배전망에도 일부 초전도 전선 도입이 눈앞에 있습니다. 우리나라의 LS전선이 2021년 세계에서 최초로 초전도 케이블을 상용화한 것이죠. 초전도 케이블은 기존 케이블보다 송전 용량이 5배 이상 늘어나면서도 손실 전기는 10분의 1 이하로 줄어듭니다.[10] 이 초전도 케이블은 전류를 많이 흘려보낼 수 있으니 같은 전력을 보낼 때 전압을 낮출 수 있습니다.—P(전력)=V(전압)×I(전류)입니다. 전류가 커지면 전압이 낮아도 같은 전력을 보낼 수 있습니다—이렇게 되면 송전망에서 고압으로 전력을 보내고 다시 배전망에서 전압을 낮출 필요가 없습니다. 즉 변전소가 필요 없어지는 것입니다. 송전 과정에서 일어나는 전력 손실이 한 해 1조 6,000억 원 정도이니 이를 10분의 1로만 줄여도 약 1,600억 원 정도를 절약할 수 있습니다. 또 우리나라 전력소모량이 매년 3% 정도씩 증가하는 추세를 감안하면 줄일 수 있는 손실 전력은 더 많아집니다. 또 송배전 케이블이 줄어드니 송전탑도 줄어들 수 있습니다. 거기다 전력소모량이 늘어나는 데 대비해서 새로 발전소를 건설하는 비용과 그에 따른 추가 송배전망 건설비 등도 절약할 수 있습니다. 또 필요 없어진 변전소 부지를 활용하면서 발생할 이익을 생각하면 초전도 케이블이 아무리 비싸도 경제성은 있습니다.

물론 아직은 시작 단계입니다. LS전선과 한국전력이 처음에는 500m 구간에 대한 실증 실험을 했고, 다시 용인 흥덕과 신갈 사이 1km 구간에 상용 구축한 것이 다니까요. 하지만 우리나라를 비롯해 미국·일본·프랑스만이 보유하고 있는 초전도 케이블 기술이고, 상용화에 가장 먼저 성공했으니 세계 시장에서의 선점 효과도 무시할 수는 없습니다.

그럼 초전도 케이블의 구조를 잠깐 살펴보겠습니다. 초전도 케이블의 구조는 동심원 형태로 이루어져 있습니다. 한가운데 포머라고 하는 고장전류가 통과하는 케이블 형태를 유지하는 부분이 있습니다. 그 주변에 초전도 도체층이 자리 잡습니다. 전류가 통과하는 부분이죠. 그 바깥으로는 전기가 통하지 않는 절연층이 있습니다. 다시 그 바깥으로는 초전도 차폐층이 있습니다. 전류가 흐르게 되면 자기장이 생기는데 그 자기장이 바깥으로 나가는 걸 막는 층이죠. 그리고 그 바깥으로 액체질소가 통과하는 유로관이 있습니다. 이를 통해 내부 초전도체가 초전도 성질을 유지하도록 막아주는 것입니다. 그 바깥에는 진공유지관이 있습니다. 액체질소의 온도가 올라가는 걸 막아주는 것입니다. 간단하게 말하면 안쪽에 전류가 흐르는 초전도층이 있고 그 바

그림 9 LS전선의 초전도 케이블
(출처: https://www.lscns.co.kr)

깥에는 자기장이 밖으로 나가는 것은 막는 초전도층이 있고, 다시 그 바깥에는 아주 낮은 온도로 유지해 주는 액체질소층, 다시 그 바깥에 액체질소의 온도를 유지해 주는 진공층으로 구성되어 있습니다.

상온 상압 초전도체

하지만 이런 복잡한 구조가 아닌 좀 더 단순한 구조의 초전도 케이블은 경제성도 훨씬 나아질 겁니다. 이렇게 복잡한 구조를 가지게 된 것은 초전도 성질을 띠는 온도가 아직도 많이 낮기 때문입니다. 그래서 다음 연구 과제는 우리가 접하는 일상적인 온도에서 초전도 현상을 보이는 상온 초전도체입니다. 2020년 미국에서 15도에서 초전도 현상을 보이는 물질을 발견했습니다.[11] 이 정도면 약간 쌀쌀한 날씨 수준이지요. 하지만 무려 260만 기압이라는 아주 높은 압력을 유지해야 하는 조건이 붙습니다. 21세기 들어 새로 만들어낸 비슷한 온도의 다른 초전도체도 다들 높은 압력이 필요합니다. 이 정도면 차라리 고온 초전도체를 사용하는 게 경제적으로는 훨씬 나을 겁니다. 그래서 단순히 상온 초전도체가 아니라 상온 상압 초전도체가 앞으로의 과제입니다.

만약 상온 상압 초전도체가 개발된다면 어떤 측면에서 쓸모가 있을까요? 우선 지금 상용화되기 시작한 송배전망에 사용되겠지요. 경제성을 따져봐야겠지만 말이지요.

또 하나 지하철이나 열차를 자기부상 방식으로 바꿀 수 있습니다. 자기부상열차는 초전도체를 이용해 열차를 선로에서 2~3cm 정도 띄워 올려 공중에서 달립니다. 이렇게 되면 바닥과의 마찰이 없으니 에너지 소모량이 아주 작습니다. 마찰이 없으니 아주 쉽게 KTX 정도의 속도를 낼 수 있고, 진동과 소음도 아주 작아집니다.

지금도 자기부상열차의 기본 원리나 기술은 모두 확보되어 있습니다. 중국에서는 운행도 하고 있습니다. 다만 현재는 아주 낮은 온도에서만 초전도 현상이 일어나니 선로 전체에 깔릴 초전도체를 낮은 온도로 유지하는 비용이 너무 많이 듭니다. 그래서 초전도체가 아닌 일반 전자석을 이용하고 있어 시범 서비스로만 운용 중이죠. 만약 상온 상압 초전도체가 개발되면, 그리고 너무 비싸지만 않다면 기존 열차와 지하철을 모두 자기부상 방식으로 바꿀 수 있습니다.

전선으로 코일을 만들어 끝을 이어주면 그 안에 전기에너지를 가둬둘 수 있습니다. 이를 이용하면 일종의 전기 저장장치를 만들 수 있습니다. 하지만 기존 전선은 저항이 있어 전류가 돌면서 전기에너지는 감소하고 대신 열에너지가 밖으로 빠져나갑니다. 이 전선을 초전도체로 만들면 저항이 0이니 이론적으로는 전기를 영구히 저장할 수 있습니다. 현재도 초전도 에너지 저장장치는 연구개발 중입니다. 초전도 코일에 전류를 흘려 자기에너지 형태로 저장하는 '초전도 자기에너지 저장장치(Superconducting Magnetic Energy Storage, SMES)'가 하나이고, 또 다르게는 초전도체를 이용해 원통을 공중에 띄워 전기에너지로 회전시키는 '초전도 플라이휠 에너지 저장장치(Superconducting Flywheel Energy Storage, SFES)'가 있습니다. 이 경우에도 초전도체가 상온 상압에서 기능한다면 훨씬 쉽게 상용화할 수 있습니다. 하지만 상온 상압 초전도체가 개발되고 실생활에 쓰이게 되기까지는 아직 꽤 오랜 시간이 걸릴 것으로 보입니다. 일종의 미래 기술이라 볼 수 있습니다.

2장 되돌아보기

발사체 스페이스X의 발사체 재활용은 게임 체인저였다. 이제 다시는 이전으로 돌아가지 못한다. 우주 발사체 산업의 주도권은 정부에서 기업으로 옮아가고 있다. 저렴한 항공운송비용으로 우주에 물건을 보낼 수 있게 된다. 운송비용 문제로 할 수 없었던, 우주에서 하고 싶었던 수많은 일이 가능해진다.

인공위성 수만 개의 인공위성이 지구를 뒤덮을 것이다. 그중 대부분은 인터넷, 무선통신용 위성과 항법위성이 될 것이다. 대다수의 나라가 자신만의 항법위성을 가지게 된다. 이와 함께 국가 주도의 인공위성 서비스가 이미 많은 측면에서 기업 위주로 바뀌고 있다. 향후 10년 뒤에는 대부분의 대기업 집단이 자체 인공위성을 가질 것이다.

아르테미스 프로젝트 10년 뒤쯤, 달에는 인간이 거주하는 기지가 생기고 달에서 캐낸 자원을 정기적으로 나르는 우주왕복선이 취항한다. 지구에서 보면 달도 경제적 자원인 것이다. 달은 또한 화성을 비롯한 소행성과 목성의 위성 등으로 향하는 심우주탐사의 핵심 기지가 된다. 현재로는 미국을 중심으로 한 아르테미스 프로젝트가 가장 앞서고 있으나 중국과 러시아도 만만치 않다.

로봇 서비스 로봇의 약진이 눈부시다. 산업로봇이 로봇 1세대를 이끌었다면 서비스 로봇이 2세대를 이끌 것이다. 공장에서나 볼 수 있던 로봇이 우리 생활 안으로 들어온다. 특히나 초고령사회 진입을 앞둔 우리나라의 경우 고령 1인 가구를 위한 헬스케어 로봇 시장이 본격적으로 열릴 것이다.

생분해성 플라스틱 생분해성 플라스틱의 종류와 양은 꾸준히 그리고 점점 더 빠르게 늘어날 것이다. 하지만 플라스틱 전체로 보면 의미 있는 규모가 되기에는 아직 갈 길이 멀다.

상온 초전도체 언제가 될지 모르겠지만 상온 초전도체는 또 하나의 게임 체인저가 될 것이다. 현재 연구개발 중인 미래 기술 중 난이도가 가장 높지만, 핵융합과는 달리 어느 날 갑자기 개발될 수도 있다. 상온 상압 초전도체가 등장하면 모빌리티와 전력 계통 모두에 혁명적 변화가 일어날 것이다.

3장

정보통신

전기전자 산업과 정보통신 산업은 20세기 후반에서 현재에 이르기까지 산업사회 전체와 일반 대중의 삶 전반의 변화를 이끌고 있습니다. 전기가 상용화된 지 140년, 컴퓨터가 등장한 지 80년, 진공관이 반도체로 대체된 지 70년, 인터넷이 대중화되고 웹이 등장한 지 32년, 스마트폰이 등장한 지는 15년 되었습니다. 하지만 이제 우리는 전기, 컴퓨터와 스마트폰, 인터넷이 없는 삶을 상상하기 힘듭니다. 우리가 존재하는 거의 모든 곳에 정보통신이 있습니다. 전기전자 제품과 정보통신 서비스야말로 세계에 편재(ubiquitous)합니다. 이 흐름을 따라잡겠습니다.

반도체

정보통신 산업의 물적 토대이자 산업의 쌀이라 불리는 반도체에서 핵심적인 이슈는 초미세공정, 그중에서도 3나노공정입니다. 삼성전자가 2022년 3나노공정 양산을 공식 선언했고 대만의 파운드리 기업 TSMC도 2022년 말 3나노공정을 상용화했습니다. 이와 더불어 2나노공정 개발 또한 삼성전자와 TSMC를 중심으로 치열하게 이루어지고 있습니다. 하지만 이와 함께 기존 반도체의 한계 또한 드러나고 있습니다. 새로운 공정 개발 과정에서 투입되는 막대한 비용뿐 아니라 미세공정이 이론적 한계에 이르면서 새로운 반도체로의 전환이 요구되고 있습니다. 이를 극복하기 위해 차세대 소자를 이용한 반도체와 패키징에 대한 연구개발도 활발하게 이루어지고 있습니다.

컴퓨터만이 아니라 휴대폰이나 태블릿 등 대부분의 정보통신 기기가 공유하고 있는 현재의 폰 노이만식 컴퓨터 구조를 근본적으로 혁신하는 프로세서-인-메모리(Processor In Memory, PIM) 반도체가 주목받는 것 또한 이와 무관하지 않습니다. 또한 기존 전기 반도체를 일부 대체할 것으로 보이는 자기 반도체 또한 상용화에 이르고 있으며, 아직은 갈 길이 조금 멀어 보이지만 양자컴퓨터 또한 치열한 경쟁 속에 연구개발이 이루어지고 있습니다.

초거대 인공지능

21세기 화려한 꽃을 피운 인공지능은 본격적으로 산업 전반에 영향력을 확대하고 있습니다. 초기 인공지능이 바둑이나 게임 등에서 놀라움을 보여 주었다면 지금의 인공지능은 산업 전반에 영향력을 발휘하고 있습니다. 제조공정, 물류, 고객 응대 등에서 인공지능을 도입하여, 실질적인 변화를 이끌고 있습니다. 2020년쯤 개발한 초거대 인공지능은 현재 우리나라에서만 5~6곳에서 개발이 이루어지는 등 전 세계적으로 경쟁 구도가 형성되어 있습니다. 미국의 구글, 오픈AI, 한국의 LG, KT, 네이버, 카카오 등이 초거대 인공지능의 개발로, 인공지능의 다음 세대를 열어가고 있습니다.

또한 인공지능의 적용 영역이 더 넓어지고 세분화되며 생활밀착형으로 바뀌고 있는 것 또한 지속적인 관심이 필요한 지점입니다. 특히 알파폴드가 단백질 구조를 밝혀내면서 생물학 전반에 엄청난 변화를 이끌어 내고 있는데, 인공지능과 각종 학문 영역이 결합한 디지털 생물학, 디지털 화학 등에서 학문의 혁신이 일어날 것으로 예견됩니다.

클라우드 컴퓨팅

정보통신업계의 또 다른 변화의 큰 흐름은 클라우드 컴퓨팅입니다. 기존 클라우드 컴퓨팅의 주된 목적이 단지 기업의 전산실을 데이터센터로 옮기는 데 있었다면, 이제는 기업의 다양한 요구에 클라우드 컴퓨팅이 솔루션을 제공하는 방식으로 변화하면서 역으로 기업에게 기존의 전산실에서는 엄두도 내지 못하던 다양한 정보통신 서비스를 제공하는 것으로 발전하고 있습니다. 특히 모든 산업 부문에서 디지털 전환(Digital Transformation, DX)이 강제되고 있으며 이는 클라우드 컴퓨팅의 양적·질적 확대를 가속화할 것입니다.

이와 함께 클라우드 컴퓨팅의 물적 토대가 되는 데이터센터 역시 변화하고 있습니다. 클라우드 컴퓨팅, 에지 컴퓨팅 등 고도화되고 대규모

화된 물적 토대에 대한 요구에 맞춰 하이퍼스케일 데이터센터가 전 세계 곳곳에 들어서고 있으며 데이터센터의 확장 속도 또한 가파르게 상승하고 있습니다.

사물인터넷

21세기 정보통신의 또 다른 화두는 사물인터넷(IoT)입니다. 스마트 팩토리, 자율주행자동차, 스마트빌딩, 스마트시티 등 산업과 사회 곳곳에서 인터넷과 연결된 센서가 급증하고 있으며, 이에 의한 데이터의 생산과 이동이 폭증하고 있습니다. IoT의 또 다른 물적 토대는 더 빠르고, 더 안정적인 무선통신을 가능케 하는 5G와 준비 중인 6G입니다. 또한 이들이 생산하는 데이터를 의미 있게 만들어줄 빅데이터 처리 또한 주요한 이슈로 이미 떠올랐고 앞으로 그 가치가 더욱 커질 것입니다.

블록체인

블록체인 또한 주요한 이슈입니다. 처음 등장할 때는 블록체인에 기반한 암호화폐가 더 주목을 받았지만 이제는 블록체인 자체의 활용도에 모두들 주목하고 실산업에 적용하고 있습니다. 블록체인 2.0의 스마트 컨트렉트는 금융산업을 중심으로 실제 쓰임새가 증명되고 있습니다. 하지만 블록체인의 탈중앙화가 과연 가능할지 회의적 시선이 있는 것 또한 사실입니다. 여기에 블록체인 기반의 대체 불가능 토큰(NFT) 등 가상자산 또한 주요한 이슈입니다. 암호화폐에 대한 불신의 시선이 상존하는 것과 무관하게 블록체인 기술이 만들어낼 새로운 서비스에는 금융 대기업과 정보통신 기업의 지대한 관심과 참여가 이루어지고 있습니다.

　블록체인으로부터 파생된 새로운 개념 또한 관심을 무척 받고 있습니다. 웹3.0, 메타버스 등은 2021년 이래 웹서비스의 미래로 각광받고 있으며 장밋빛 미래를 그립니다.

반도체 ①

반도체와 컴퓨터

반도체(半導體)는 원래 도체보다 저항이 커서 일반적인 상황에서 전류가 흐르지 않지만 부도체(不導體)보다는 저항이 작아 일정한 조건이 형성되면 전류가 흐르는 물질인 탄소, 실리콘, 게르마늄 등을 일컫는 말이었습니다. 이 중 제조비용이 저렴하고 다루기 쉬운 실리콘에 몇 가지 다른 물질을 섞어 만든 트랜지스터가 20세기 중반 개발되었습니다. 트랜지스터는 당시 전자제품에 사용되던 진공관보다 전기 사용량이 적었고 부피 또한 훨씬 작았으며 비용도 대단히 저렴해서 빠르게 진공관을 대체합니다. 트랜지스터가 워낙 작다 보니 다이오드, 저항, 콘덴서, 코일 등의 부품을 하나의 기판에 모을 수 있었습니다. 작은 기판 하나가 박스 하나에 가득 차던 회로를 대체한 것이죠. 집적회로(Integrated Circuit, IC)의 탄생입니다. 반도체 칩의 탄생입니다. 기판으로 반도체인 실리콘을 사용하기 때문입니다. 그런데 칩이라는 말까지 붙이기가 번거로운지 이제는 반도체라고 부릅니다. 이 책에서도 앞으로 반도체는 이런 집적회로를 이르는 용어로 사용하겠습니다.

우리에게 익숙한 컴퓨터는 개인용 컴퓨터(PC)나 노트북 등이지만 스마트폰, 태블릿 PC 등 다양한 종류의 컴퓨터가 있습니다. 이들 컴퓨터의 기본 구조는 모두 동일한데, 헝가리 태생의 미국 물리학자이자 전산학자인 요한 폰 노이만(Johann von Neumann, 1903~57)이 처음 제시합니다. 간단히 말하면 일련의 작업을 처리하는 부분(processor)과 이를 위한 데이터를 저장하는 부분(memory)을 나누고 둘을 입출력장치로 연결한 것을 폰 노이만 구조라고 합니다.

시스템 반도체와 메모리 반도체

이때 핵심적인 프로세서를 컴퓨터에서는 중앙처리장치(Central Processing Unit, CPU)라고 하고, 스마트폰에서는 애플리케이션 처리장치(Application Processor, AP), 자동차나 냉장고, 전자레인지 등의 경우에는 마이크로컴포넌트(microcomponent)라고 합니다. 초기에는 하나의 제품에 프로세서는 하나뿐인 경우가 대부분이었지만 지금은 수많은 프로세서와 반도체가 들어 있습니다.

스마트폰의 경우 AP 말고도 배터리와 전력을 관리하는 전력관리 반도체(Power Management IC, PMIC)가 있고, 액정 화면에 나타나는 영상신호를 관리하는 디스플레이 구동칩(Display Driver IC, DDI), 손가락으로 화면을 조정할 때 이를 관리하는 터치 콘트롤러 반도체(Touch Controller IC, TCIC), 카메라에 달려 있는 이미지 센서와 사용자 고유 정보를 식별하고 저장하는 심(SIM), 지불 수단으로 사용하는 NFC, 움직임을 감지하는 자이로 센서, 음성 정보를 디지털로 변환하고, 디지털 신호를 소리로 바꿔주는 오디오드라이버(Audio Driver IC) 등이 있죠. 이들 반도체를 시스템 반도체라고 합니다. 현재 전체 반도체 시장의 70%가 시스템 반도체입니다.[1]

그림 10 대표적인 시스템 반도체인 CPU
(출처: Wikipedia)

데이터를 저장하는 메모리 장치로 컴퓨터에서는 자기장을 이용한 기계식 저장장치인 하드디스크 드라이브(Hard Disk Drive, HDD)와 반도체를 이용한 솔리드스테이트 드라이브(Solid State Drive, SSD) 등을 사용하고 있으며, 휴대폰이나 자동차용 전장품 등의 전자제품에서는 대부분 반도체를 이용합니다. 이에 사용되는 반도체를 메모리 반도체라고 하며, 다시 디램(D-RAM)과 낸드플래시(NAND-Flash)의 두 종류로 나눕니다. 디램은 저장하고 불러들이는 속도는 빠르지만 전원 공급이 차단되면 데이터가 그 즉시 사라지는 반도체이고, 낸드플래시 메모리는 반대로 속도는 디램에 비해 느리지만 전원 공급이 끊겨도 정보가 저장된다는 장점이 있습니다.

메모리 반도체는 전체 반도체 시장의 약 30%를 차지하는데 삼성전자와 SK하이닉스가 꽤 큰 점유율을 차지하고 있습니다. 디램의 경우 삼성전자가 45.1%, SK하이닉스가 26.8%, 미국의 마이크론 테크놀로지가 22.8%로, 세 회사가 전 세계 시장의 94%가량을 차지합니다. 낸드플래시는 삼성전자가 약 33%, 일본의 키옥시아(옛 도시바)가 19%, 미국의 웨스턴디지털과 SK하이닉스가 14%대를 차지하고 그다음으로 마이크론 테크놀로지와 솔리다임 등이 있습니다.[2] 전체적으로 디램과 낸드플래시가 비슷한 규모의 시장을 형성하고 있는데 점차적으로 낸드플래시의 비중이 커지고 있습니다.

즉 반도체는 크게 시스템 반도체와 메모리 반도체로 나뉘는데, 이중 메모리 반도체는 우리나라가 과점하고 있지만, 시스템 반도체는 미국과 유럽, 그리고 대만 등이 주요 생산처입니다. 여기서 시스템 반도체에 대해 좀 더 알아보도록 하지요.

팹리스와 파운드리

시스템 반도체 산업은 반도체를 설계하는 업체와 그 설계도대로 생산하는 업체로 나누어집니다. 메모리 반도체는 종류가 한정적이라서 대규모 생산업체가 칩의 설계까지 도맡는 게 자연스럽지만 시스템 반도체는 종류도 다양하고 또 요구하는 성능이 천차만별이라서 한 업체가 모두 다 맡아서 하기는 어렵기 때문입니다. 칩을 설계하는 업체를 팹리스(Fabless)라 하고, 생산하는 업체를 파운드리(Foundry)라고 합니다. 설계부터 제작까지의 과정 모두를 도맡아 하는 경우는 드문데, 이를 종합반도체회사(Integrated Device Manufacturer, IDM)라고 하며 삼성과 인텔이 대표적인 회사입니다. 팹리스 업체로 대표적인 회사가 휴대폰의 AP를 설계하는 퀄컴, CPU를 설계하는 AMD, 그래픽 카드(GPU)를 만드는 엔비디아 등을 들 수 있습니다. 애플의 경우도 자신이 판매하는 기기(아이폰, 아이맥, 아이패드 등)에 들어가는 반도체 칩을 설계하고 TSMC 등에 제작을 맡기니 일종의 팹리스로 볼 수 있습니다.

사실 파운드리는 칩을 설계도대로 생산해 주는 일종의 하청공장이니 을의 입장입니다. 하지만 초미세공정의 경우, 맡길 수 있는 업체가 삼성전자나 TSMC뿐입니다. 이들은 일종의 갑 같은 을이긴 하죠. 특히 TSMC는 전 세계 파운드리 시장의 과반을 장악하고 있을뿐더러 현재 반도체 생산을 맡기려는 팹리스의 수요가 파운드리 회사의 공급량을 초과한 상태라서 더욱 입김이 셀 수밖에 없습니다.

삼성과 TSMC, 누가 경쟁에서 이길 것인가?

현재 삼성전자와 TSMC는 3나노미터(nm)[3] 반도체를 누가 먼저 상용화하느냐를 놓고 치열하게 경쟁하고 있습니다. 현시점에서 삼성전자가 먼저 상용화에 성공했지만 수율이 어떻게 나오는지를 살펴봐야 하니 진정한 승부는 2023~24년 정도에 가려질 것입니다. 흔히 8나노미터 이하의 회로 선폭을 가지는 것을 초미세공정이라고 합니다. 그렇다면 회로 선폭을 이렇게 좁힌다면 어떤 이득이 있을까요?

회로 선폭이 좁아지면 세 가지 주요한 이득이 있습니다. 먼저 같은 웨이퍼에서 더 많은 반도체를 생산할 수 있습니다. 즉 원가가 절감됩니다. 하지만 이보다 중요한 것은 칩의 크기가 줄어듭니다. 휴대폰의 경우 칩이 줄어들면 그만큼 여유 공간이 생기고 메모리나 카메라, 배터리 등의 공간을 추가로 확보할 수 있습니다.

두 번째로 회로 선폭이 좁아지면 회로의 길이가 짧아집니다. 이에 따라 정보를 처리하는 속도가 빨라집니다. 휴대폰이든 컴퓨터든 아니면 자율주행자동차의 미디어 제동장치(Media Control Unit, MCU)든 더 빠른 응답속도를 가진다는 건 같은 시간에 더 많은 일을 처리할 수 있다는 뜻이기도 합니다. 크롬, 액셀러레이터, 훈글, 파워포인트 등 다양한 프로그램을 동시에 처리하는 능력이 훨씬 좋아진다는 의미죠. 또 하나 같은 일을 할 때 처리 시간이 줄어듭니다. 고화질의 동영상을 보거나 게임을 할 때 동영상 처리 속도가 빨라지니 래그(lag)가 걸리거나 하는 일이 줄어든다는 뜻이기도 합니다.

세 번째로 전류가 적게 흐르니 전력소모량이 줄어듭니다. 이는 생각보다 굉장히 중요한 지점인데요. 휴대폰으로 게임을 하거나 동영상을 보면 휴대폰 뒷면이 뜨거워지는 현상을 한번쯤은 경험했을 것입니다. 휴대폰 안의 반도체가 일을 많이 하게 되니 자연히 전력소모가 많아지고 이에 따라 배터리도 전력을 계속 내보내느라 가열되어 나타나는 현상입니다. 그런데 반도체가 같은 일을 하는데 전력을 덜 쓰게 되면 자연히 배터리도 일을 덜해도 되니 가열 현상이 줄어듭니다. 또한 같은 용량의 배터리를 가지고 있더라도 저전력 반도체가 작동하면 더 오래 쓸 수 있습니다. 요사이 새로 나온 휴대폰이 게임이나 동영상 시청 등을 하지 않으면 3~4일 정도 버티는 것은 배터리 용량이 그만큼 커진 것도 있지만 반도체가 이전보다 같은 일을 하는데 전력을 덜 쓰기 때문이기도 합니다. 이런 장점은 휴대폰과 마찬가지로 개인용 컴퓨터나 서버 컴퓨터에서도 크게 작용합니다. 특히 CPU나 APU(Application Process Unit), MPU 등 시스템 반도체의 경우 빠르고 전력소모가 적은 반도체 개발이 하루가 멀다 하고 이어지고 있는데 이를 적용하는데 회로 선폭을 줄이는 초미세공정이 핵심적 관건이죠. 삼성전자에 따르면 3나노미터 공정으로 생산되는 칩은 7나노미터 공정에 비해 면적이 45%, 소비전력은 50% 줄어들고 성능은 35% 향상된다고 합니다.

초미세공정을 좌우하는 ASML

초미세공정에서 핵심은 회로를 얼마나 가늘게 그릴 수 있는가에 크게 좌우됩니다. 처음 트랜지스터가 등장했을 때는 몇 가지 부품으로 직접 트랜지스터를 조립하는 방식이었습니다. 흔히 라디오키트나 아두이노 등을 조립해 본 사람들이라면 납땜으로 부품을 기판에 붙였던 기억이 있을 겁니다. 하지만 지금처럼 트랜지스터의 크기가 작아진 후 제작방식은 석판화(lithography) 방식을 씁니다. 좀 더 정확하게는 포토리소그래피(photolithography) 방법인데 실리콘 기판 위에 얇게 증착 물질을 바른 뒤 그 위에 포토레지스터를 한 겹 더 바릅니다. 그리고 그 위에 마스크를 씌웁니다. 이 마스크에 실제 반도체 회로도가 그려져 있는 것이죠.

그리고 빛을 비추면 마스크의 빈틈으로 들어간 빛에 의해 포토레지스터의 화학구조가 변하는데 이 과정을 노광 과정이라 합니다. 그 뒤 현상액으로 처리를 하면 원하는 부분의 포토레지스터만 남게 되는데 이를 현상 과정이라고 합니다. 그리고 식각 과정에서 포토레지스터가 덮여 있지 않은 부분의 증착 물질까지 제거하고 마지막으로 남아 있는 포토레지스터를 없애면 포토리소그래피 기본 공정이 끝납니다. 즉 포토리소그래피 과정은 빛을 비춰주는 노광 과정, 원하는 포토레지스터만 남기는 현상 과정, 다시 원하는 증착 물질만 남기는 식각, 마지막으로 포토레지스터를 제거하는 과정으로 나누어집니다.

이때 쏘아주는 빛이 무엇인가에 따라 회로의 선명도와 가늘기가 달라집니다. 우리가 볼 수 있는 빛은 빨강색에서 보라색까지의 가시광선 영역인데 빨강색으로 갈수록 파장이 길고, 보라색으로 갈수록 파장이 짧습니다. 보라색 바깥에는 우리 눈으로는 볼 수 없는 파장이 더 짧은 자외선 영역이 있습니다. 그리고 이 자외선 중 가장 파장이 짧은 극자외선 영역이 지금 3나노미터 공정에서 쓰이는 빛입니다. 기존에 이용하던 불화아르곤 레이저보다 짧은데 이를 이용하면 노광 공정을 여러 번 되풀이할 필요 없이 한번에 그려낼 수 있고 또 회로를 아주 가늘게 그릴 수 있어서 필수적입니다. 즉 쏘아주는 빛의 파장이 짧을수록 훨씬 세밀한 회로를 그릴 수 있습니다. 마치 얇은 선을 그리는 데는 뭉툭한 붓보다는 세밀한 붓으로 그리는 것이 유리한 것과 같은 이치죠. 그런데 이 극자외선 노광장비를 생산할 수 있는 곳이 전 세계에서 단 한 군데 네덜란드의 ASML뿐입니다. 한 대에 2,000억 원이 넘는 아주 비싼 장비인데 ASML조차 이 장비를 한 해에 생산할 수 있는 대수가 30~40대에 지나지 않고 2023년에도 60대가량만 생산할 수 있을 것으로 보입니다. 이 장비가 필요한 회사는 삼성전자와 TSMC, SK하이닉스, 인텔 등 초미세공정을 다루는 곳인데, 필요한 양보다 생산할 수 있는 양이 절대적으로 부족합니다. 그러다 보니 삼성전자와 TSMC가 이 회사에 목을 매고 있죠. 일종의 슈퍼 을인 셈입니다.

초미세공정을 위한 첫걸음 게이트 구조(gate structure)

지난 수십 년간 반도체 제조사들은 회로 폭을 계속 줄여 왔습니다. 1971년 미국의 인텔이 처음 만든 시스템 반도체는 회로 폭이 10마이크로미터, 즉 1만 나노미터였습니다. 지금 현재 사용되는 반도체의 경우 회로 선폭이 굵은 것은 100나노미터이고 가장 가는 것은 3나노미터입니다. 약 40년 동안 회로 폭이 약 3,000분의 1까지 줄어든 것이죠. 그러나 3나노미터나 2나노미터로 줄이려니 여러 가지 어려운 점이 있습니다. ASML의 극자외선 노광장비도 중요하지만 그 외에도 해결해야 할 문제가 산재해 있습니다. 그중 가장 중요한 것은 전류가 자꾸 새어나가는 누설전류입니다. 반도체는 전류가 흐르거나 흐르지 않는 걸로 정보를 처리하는데 전류가 회로 바깥으로 새어나가면 처리가 부정확해집니다. 그런데 회로 폭이 줄어들수록 전자가 회로 밖으로 빠져나가는 경우가 더 잦아지는데 이는 정보 처리에 치명적입니다.

회로가 가늘어질 때 전류가 누설되는 건 양자역학의 터널링(tunneling) 현상 때문입니다. 마치 터널이 뚫린 것처럼 전자가 회로 바깥으로 순간이동하는 듯이 보이는 것이죠. 우리가 겪는 일상에서는 이런 현상이 드러나지 않지만 나노미터의 아주 작은 세계에서는 자주 일어납니다.

이를 극복하기 위해 삼성전자가 3나노미터 공정에 적용하려는 것이 게이트올어라운드(Gate-All-Around, GAA) 기술입니다. 앞서 이야기한 것처럼 전자가 자꾸 빠져나가는 것은 회로 폭이 좁아지기 때문입니다. 그렇다면 회로 폭은 좁아도 서로 닿는 면적을 넓힐 수 있다면 이런 현상을 줄일 수 있다는 점에 착안한 것이죠. 반도체의 핵심인 트랜지스터에는 가운데에 게이트라는 것이 있는데 이것이 트랜지스터에 전류를 흐르게 하기도 하고 막기도 합니다. 일종의 스위치인 셈입니다. 누설전류는 바로 이 부분에서 발생합니다. 분명히 게이트가 문을 닫았는데 전류가 흐르는 것이죠.

초기 게이트는 [그림 11]의 맨 왼쪽처럼 일반적인 나무도막 모양(Planar FET)이었습니다. 하지만 양자 터널링 현상 때문에 이런 모양

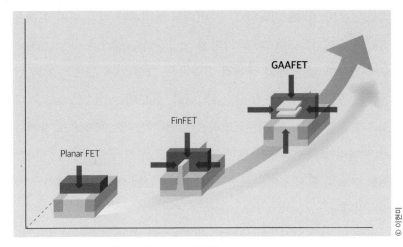

그림 11 게이트 구조의 변화(참조: 삼성전자 뉴스룸)

으로는 회로의 폭을 20나노미터 이하로 줄일 수 없었습니다. 전자가 빠져나가는 경우가 너무 자주 일어났던 것이죠. 그러다 2010년 핀펫(FinFET)이라는 형태의 게이트가 등장합니다. 형태가 물고기 지느러미(Fin) 모양을 닮았다고 해서 붙여진 이름이죠. [그림 11]의 가운데 부분입니다. 이제 게이트가 전류가 흐르는 채널 부분의 삼면을 입체적으로 막아버리는 구조가 되면서 문을 여닫는 것이 훨씬 쉬워졌습니다. 20나노미터 이하의 미세공정 반도체는 바로 이 핀펫 구조의 게이트로 만듭니다. 하지만 3나노미터나 2나노미터가 되면 핀펫 구조로도 누설전류를 막을 수가 없습니다.

그래서 새롭게 등장한 기술이 GAA, 즉 맨 오른쪽 그림입니다. 2022년 삼성전자와 대만의 TSMC, 그리고 미국의 인텔이 이 기술을 적용한 새 반도체를 선보였습니다. 여기서는 게이트가 채널의 네 면을 모두 둘러싸고(all around) 전류의 흐름을 좀 더 세밀하게 제어할 수 있습니다. 다만 TSMC의 경우 3나노미터까지는 핀펫을 쓰고 2나노미터부터 GAA를 쓰겠다는 계획입니다.

이 신기술을 적용하면 앞으로 반도체는 폭이 2나노미터나 1나노미터까지 가늘어질 수 있습니다. 그러면 더 낮은 전압으로도 가동할 수 있게 되고, 같은 면적에 더 많은 트랜지스터를 넣을 수 있어 이전보다 면적과 소모전력은 줄고 성능은 향상되겠죠. 하지만 신기술을 적용하려면 여러 난관이 따를 수밖에 없습니다. 2022년 8월 GAA 3나노미터 공정의 상용화를 시작한 삼성전자나 3나노미터 공정을 선언한 TSMC 모두 가장 큰 문제는 수율을 올리는 것입니다. 새로운 기술을 적용한 제품이 실제 상용화되면 불량률이 엄청나게 발생하기 마련인데, 이러면 원가도 비싸지고 납품도 제대로 할 수 없습니다. 기억할 것이 있습니다. 현재 벌어지는 초미세공정 싸움은 메모리 반도체가 아니라 시스템 반도체를 생산하는 파운드리 분야에서 일어나고 있습니다.

간단히 말하면 설계자가 발주한 대로 제작해서 원하는 시간에 납품해야 하는 상황인 것이죠. 원가가 비싸지는 것도 문제지만 납품 시한을 맞출 수 없다면 더 큰 문제입니다. 그래서 TSMC는 수율이 안정적인 기존의 핀펫 공정을 어떻게든 3나노미터 공정에서도 실현하려는 중이고, TSMC를 추격하는 삼성의 경우 보다 도전적으로 새로운 GAA 공정으로 이를 이겨내려고 하는 것입니다. 3나노미터 공정의 가장 큰 수요처가 될 것으로 예상되는 애플, 퀄컴, AMD, 인텔 등도 사실 조바심이 나는 건 어쩔 수 없습니다. 어떻게든 3나노미터 공정에서 생산되는 반도체를 쓸 수 있어야 치열한 경쟁에서 이길 수 있을 테니까요. 2023년 초 현재 누가 이기고 있는지 아직 확신할 수 없습니다. 상용화가 된다 하더라도 두 회사 모두 초기 수율은 형편없을 것이고 2023년 후반이나 되어야 겨우 수율을 어느 정도 맞출 수 있을 것이라고 예상되기 때문입니다.

자기 반도체의 등장

시스템 반도체와 함께 반도체의 두 축을 구성하는 메모리 반도체 또한 새로운 시도가 이어지고 있습니다. 컴퓨터의 대표적 시스템 반도체인 CPU의 경우 동작 속도가 약 10억분의 1초이지만 메모리 반도체의 동작 속도는 1,000만 분의 1초에서 100만 분의 1초입니다. 즉 메모리 동작 속도가 시스템 반도체에 비해 100~1,000배 이상 느립니다. 이러한 속도 차이가 컴퓨터나 휴대폰 등에서 전체적인 처리 속도를 늦추는 중요한 이유 중 하나입니다. 그래서 메모리 반도체의 속도를 더 빠르게 만들 필요가 있지만 기존 반도체 기술만으로는 한계가 있습니다. 또한 기존 메모리 반도체의 기본적인 시스템을 유지한 채 새로운 방법을 모색한다고 하더라도 개발과 상용화에 막대한 자금과 시간이 소요될 수밖에 없습니다. 완전히 새로운 종류의 반도체 연구가 이어지는 이유입니다. 그중 가장 주목을 받는 기술이 바로 전자 스핀을 이용한 스핀트로닉스(spintronics) 기술입니다.

스핀은 전자나 양성자, 중성자 등의 기본적인 성질 중 하나입니다. 이들 입자는 자체로 하나의 작은 자석인데 그 이유가 스핀을 가지고 있기 때문입니다. 자석은 한쪽 끝은 N극이고 반대쪽 극은 S극이죠. 전자를 이런 막대자석이라고 생각하면 스핀은 N극에서 S극으로 이어지는 방향이라고 생각하면 됩니다. 보통 스핀을 설명할 때 전자가 자전할 때의 축의 방향이라고 이야기하는 경우가 있는데 어떤 방향인 건 맞지만 전자가 자전을 하는 건 아닙니다. 어찌 되었든 이 전자의 스핀 방향에 따라 정보를 저장하거나 지우는 기술을 스핀 트로닉스라고 하고, 이렇게 만들어진 메모리 반도체를 자기 메모리 (Magnetic Random Access Memory, MRAM)라고 합니다. 기존에 컴퓨터에 쓰던 DRAM(Dynamic Random Access Memory)은 전원이 꺼지면 가진 정보도 모두 사라지는 반면 자기 메모리는 전원이 꺼져도 정보가 유지된다는 강력한 장점이 있습니다. 현재의 낸드플래시 메모리와 비슷한 것입니다.

중학교 과학시간에 했던 실험 기억하시나요? 전선 주위에 나침판을 놓고 전기를 켰다 껐다를 반복하면 나침판의 방향이 변하지요. 반대로 동그란 전선에 막대자석을 넣었다 뺐다 하면 전선에 전류가 흐르기도 합니다. 이는 전기가 자석에, 또 자석이 전기에 영향을 끼치기 때문입니다. 이런 성질을 이용해서 만든 반도체가 자기 메모리 반도체입니다. 자기 메모리에는 고정층과 자유층의 두 층이 있습니다. 고정층은 스핀 방향이 고정되어 있고 자유층은 방향을 바꿀 수 있습니다. 즉 하나는 고정된 자석이고 다른 하나는 방향이 변하는 자석인 것입니다. 이때 두 층의 스핀이 서로 평행하면 전기저항이 낮아지고 평행하지 않으면 높아집니다. 따라서 흐르는 전류량이 변하게 됩니다. 이를 이용해 정보를 저장하는 것입니다. 마치 전기를 이용하는 기존 반도체가 전류가 흐를 때는 1, 전류가 흐르지 않을 때는 0으로 정보를 저장하는 것처럼 저항이 낮으면 1, 저항이 높으면 0으로 정보를 저장하지요. 즉 스핀 방향을 바꿔서 정보를 저장합니다. 이 정보를 읽을 때는 저항 크기만 확인하면 됩니다.

자기 메모리

자기 메모리는 20세기에 이미 개발된 기술입니다. 지금도 일부 쓰이고 있지요. 하지만 기존 자기 메모리 반도체는 약점이 있었습니다. 크기를 줄이다 보니 바로 옆에 있는 두 정보가 서로 간섭하는 현상이 나타난 거지요. 간단히 말하면 자석 두 개가 너무 가까이 붙어서 서로 영향을 끼치는 겁니다. 또 하나 약점은 스핀 방향을 바꾸는 데 쓰이는 전력소모가 크다는 점입니다. 그래서 특수한 용도로만 사용되고 있었죠. 그런데 2020년대 들어 이 분야에 스핀-전달토크 자기 메모리(Spin-Transfer Torque Magnetoresistive RAM, STT-MRAM)라는 새로운 기술을 적용하면서 이런 문제들이 하나씩 해결되어 기존에 사용하던 일반적인 메모리 반도체를 대체할 수 있는 정도까지 발전합니다.

[그림 12]에서 제일 왼쪽은 기존의 자기 메모리이고 가운데가 스핀-전달토크 자기 메모리입니다. 그림에서 가운데 옅은 화살표는 자유층의 스핀 방향이고 아래쪽 검은 화살표는 고정층의 스핀 방향입니다. 기존에 사용하던 자기 메모리는 고정층과 자유층으로 구성된 자기 메모리 주변에 전류를 흘려(그림에서 흰색 화살표) 자기장(둥근 화살표)을 만들고 이 자기장으로 스핀의 방향을 조절했습니다. 하지만 스핀-전달토크 방식은 고정층과 자유층에 직접 전류(흰색 화살표)를 흘려 스핀 방향을 바꿉니다. 이렇게 전류를 고정층과 자유층에 직접 흐르게 하면 주변 메모리 반도체에 대한 간섭 현상이 사라집니다. 또 전류가 고정층과 자유층에 직접 흐르면서 속도도 빨라졌습니다.

여기에 이론적으로 훨씬 성능이 뛰어난 스핀-궤도토크 자기 메모

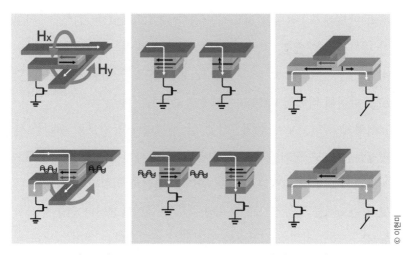

그림 12 기존 MRAM, STT-MRAM, SOT-MRAM의 회로 구조 비교
(참조: https://depletionregion.tistory.com/152)

리(Spin-Orbit Torque in Magnetic, SOT-MRAM)도 개발하고 있습니다. 원래 전류가 흐르는 전선 주변에 자기장이 생기면 전류와 자기장 모두에 수직 방향으로 전압이 생기는 홀 효과(hall effect)가 나타납니다. 그런데 스핀-궤도가 서로 상호작용을 하는 물질에서는 외부 자기장이 없어도 홀 효과가 나타납니다. 스핀을 가지는 입자 자체가 자석의 역할을 하기 때문이죠. 이때 생성된 전압에 의해 전류가 흐르는데, 이를 스핀 전류라 합니다. 이 전류를 이용해 스핀의 방향을 바꿀 수 있습니다. [그림 12]의 오른쪽에서 흰색 화살표 방향으로 전류가 흐르면 위쪽에서 스핀-궤도 상호작용이 발생해 자유층의 스핀 방향이 바뀝니다. 이러면 스핀-전달토크 방식에 비해 더 쉽게 스핀 방향을 바꿀 수 있고 처리 속도도 빠릅니다.

새로운 자기 메모리는 필요한 전력도 대단히 적습니다. 기존의 메모리 반도체가 1비트의 정보를 저장할 때 120피코줄(pJ)[4]의 에너지가 든다면 신기술을 적용한 스핀-전달토크 방식은 300분의 1인 0.4 피코줄의 에너지밖에 들지 않고, 스핀-궤도토크 방식은 스핀-전달토크 방식에 비해서 다시 10분의 1로 줄어듭니다.[5]

이렇게 전력소모가 줄어든다는 건 메모리에서 정보를 처리할 때 발생하는 열도 적어진다는 뜻입니다. 이런 자기 메모리를 사용하는 시스템은 발열량이 적으니 온도 관리도 훨씬 유리합니다. 특히나 메모리 반도체를 집중적으로 사용해야 하는 데이터센터나 인공지능 학습 같은 경우 전력소모 감소와 발열량이 줄어든다는 것이 상당히 매력적입니다.

프로세스-인-메모리

자기 메모리가 주목받는 또 다른 이유는 프로세스-인-메모리(Process-In-Memory, PIM) 반도체 때문입니다. 전자기기는 정보를 처리하는 시스템 반도체와 데이터를 저장하는 메모리 반도체로 구성됩니다. 휴대폰이든 컴퓨터든 서버든 모두 같은 구조죠. 시스템 반도체는 메모리 반도체에서 데이터를 불러들여 정보를 처리하고 그 결과를 다시 메모리 반도체로 보냅니다. 이 정보를 주고받는 장치를 입출력장치(Input-Output Units, I/O)라고 합니다. 그런데 메모리 반도체와 시스템 반도체는 일을 처리하는 속도가 다르죠. 그러니 한쪽이 느리면 나머지는 기다릴 수밖에 없습니다. 주로 시스템 반도체가 속도가 빠르고 메모리 반도체가 느리죠. 그런데 이 둘을 이어주는 입출력장치는 이들보다 더 느립니다. 각 반도체는 나노미터 단위의 아주 좁은 곳에 트랜지스터가 모여 있어 아주 빠르게 일을 처리하는

데 이 둘을 연결하는 장치는 우리 눈에도 보일 만큼 길다 보니 나타나는 현상입니다. 또 이 과정에서 전력소모도 많습니다. 입출력장치가 일종의 병목현상을 보이는 것입니다.

이 문제를 완전히는 아니더라도 많은 부분 해결하는 기술이 바로 PIM 기술입니다. 메모리 반도체 안에 작은 시스템 반도체를 넣어 정보를 처리하는 것이죠. 그러면 메모리가 가지고 있는 데이터를 입출력장치를 통해 시스템 반도체로 보내지 않고 내부에서 바로 처리할 수 있습니다. 처리된 정보를 메모리에 바로 저장하기도 하고요. 예를 들어 A라는 작업을 하기 위해 이전에는 메모리에서 시스템 반도체로 100MB의 데이터를 보내야 했다면 PIM을 이용하면 메모리에서 대략 처리를 해서 시스템 반도체로 보내야 할 데이터를 1MB 정도로 줄일 수 있다는 뜻입니다. 이렇게 되면 연산 속도도 빨라지지만 전력소모량도 이론적으로는 최대 30분의 1 정도로 줄어듭니다.[6]

계속해서 전력소비량의 감소를 강조하는 이유는 이 또한 반도체 분야에서 핵심적인 사항이기 때문입니다. 예를 들어 1990년대 정도까지의 컴퓨터에서는 CPU를 식히는 장치가 없었습니다. 동작 속도도 느리고 집적도도 떨어지기 때문에 별 필요가 없었던 것이죠. 하지만 현재 개인용 컴퓨터에는 CPU 위에 모두 쿨링시스템이 있습니다. CPU의 집적도가 올라가면서 이전보다 훨씬 많은 열이 나기 때문입니다. 이는 반도체를 쓰는 모든 기기에서 공통적으로 나타나는 현상입니다. 이는 기본적으로 전류가 흐르는 통로가 좁아질수록 저항이 커지는 전기의 기본적인 특성 때문이기도 하고, 좁은 공간에 수많은 회로가 들어차면서 나타나는 현상이기도 합니다. 새롭게 개발되는 거의 모든 반도체가 이런 발열 현상을 어떻게 잡아낼 것인가에 집중

하는 첫 번째 이유입니다.

두 번째로 집적도가 높아지고 동작 속도가 빨라진다는 건 그만큼 많은 전력을 소모한다는 뜻입니다. 물론 저전력 설계를 통해 부분적으로 이를 해소하고 있지만 전력소모가 커지는 것은 운영 과정에서 더 많은 비용을 지출해야 한다는 문제와 닿아 있습니다. 현재 하이퍼스케일의 데이터센터는 화력발전소 하나가 생산하는 전기를 혼자 사용해야 할 정도로 전력소모량이 많습니다.

또한 이는 기후변화에 대응한다는 측면에서도 중요합니다. 가치의 문제가 아니라 RE100(Renewable Electricity 100)이나 ESG(Environment, Social, Governance)에서 드러나듯이 환경, 특히 기후변화와 관련된 사항은 전자 정보통신에서도 최우선 고려대상 중 하나가 되었습니다. 따라서 새로운 반도체 기술 또한 이런 측면을 대단히 중요하게 여기고 있습니다. 특히 서버나 인공지능 학습용 컴퓨팅의 경우 이런 전력소모와 발열량을 줄이는 것이 아주 중요합니다.

PIM은 특히 인공지능과 관련해서 주목받고 있는 기술이기도 합니다. 인공지능이 제대로 능력을 발휘하기 위해서는 선행학습이 필수적입니다. 인공지능의 학습을 하드웨어적으로 보면 메모리 반도체 안에 저장된 데이터를 시스템 반도체로 불러와 처리하고 그 결과를 다시 메모리 반도체에 저장하는 일을 반복하는 것이죠. 이런 일을 수백만 번, 수천억 번, 혹은 수조 번을 되풀이합니다. 따라서 시스템 반도체와 메모리 반도체 사이를 정보가 오고가는 과정이 굉장히 빈번하게 일어나죠. 그 과정에서 앞서 이야기했던 처리 속도도 느려지고 전력소모도 극심해집니다. 21세기 특히 지난 10년 사이 인공지능이 기하급수적으로 늘어나고 또 발전하고 있습니다. 그에 따라 인공지능에 최적화된 반도체가 새롭게 대두되고 있죠. 그 한 방법으로 PIM 기술이 주목받고 있는 것입니다.

프로세스-인-메모리 종류

PIM은 방식에 따라 세 종류가 있습니다. 첫 번째는 프로세싱 니어 메모리(processing near memory)입니다. 말 그대로 메모리 반도체 근처에서 연산을 먼저 한다는 뜻입니다. [그림 13]은 컴퓨터에 들어가는 DDR DIMM입니다. 흔히 메모리라고 하지만 실제 메모리는 [그림 13]에서 보이는 검정색 칩입니다. DDR DIMM은 이런 메모리 반도체 몇 개를 묶어놓은 패키지죠. [그림 13]에서 왼편과 오른편에 네 개씩의 메모리 반도체가 있고 가운데가 약간 비어 있습니다. 바로 이 부분에 연산을 담당하는 반도체를 끼워 넣어 연산을 처리하자는 것이 프로세싱 니어 메모리의 기본 개념입니다.

© Adobe Stock

그림 13 흔히 메모리라고 알려진 DDR DIMM

두 번째는 [그림 14]의 HBM이라고 하는 여러 개 쌓여 있는 메모리와 시스템 반도체를 있는 부분에 연산용 반도체를 배치하는 것입

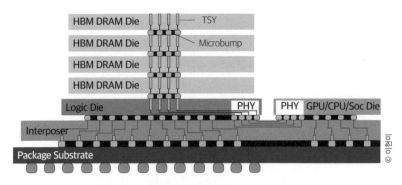

그림 14 HBM을 활용한 PIM(참조: researchate.net)

니다. 현재 삼성전자가 개발해서 공급하고 있는 방식이죠.

세 번째는 [그림 15]와 같이 메모리 반도체 안에 연산 기능을 집어넣는 것입니다. 프로세싱 인 칩(Processing in Chip)이라고 합니다. 메모리 반도체 안에 연산 기능을 탑재한 것으로 이론적으로는 가장 성능이 뛰어납니다. SK하이닉스에서 개발한 제품인데 회사 측 설명에 따르면 기존 제품 대비 특정 연산에서는 속도가 최대 16배 빨라집니다. 에너지 소모량도 80%가량 줄어든다고 하죠. 삼성전자 종합기술

그림 15 SK하이닉스의 PIM 반도체(출처: SK하이닉스)

원에서도 2022년 자기저항 메모리, 즉 앞서 살펴봤던 자기 메모리를 이용한 In Memory 칩을 개발했습니다. 아직 양산 단계는 아니지만 이를 통해 차세대 저전력 인공지능 칩을 개발하겠다는 것이 목표입니다.[7]

PIM은 현재 가장 활발하게 개발 중인 기술입니다. 개인용 컴퓨터까지는 아직 적용되지 않고 있으나 데이터센터 등의 서버 컴퓨터와 인공지능 컴퓨터에 일부 사용하고 있습니다. 앞으로 기술이 좀 더 발전을 거듭해 안정적인 작업이 가능해지면 먼저 인공지능 학습용 컴퓨터와 데이터센터에서 활발하게 쓰이게 될 것으로 예상됩니다.

2 슈퍼컴퓨터 너머 양자컴퓨터

왜 양자컴퓨터에 주목하는가?

2019년 구글에서 슈퍼컴퓨터를 능가하는 양자컴퓨터를 만들었다는 소식이 전해졌습니다. 최고의 슈퍼컴퓨터로 1만 년이 걸리는 연산 작업을 고작 200초 만에 계산했다는 것입니다. 구글에서 만든 53개의 큐비트(qubit)로 구성된 시커모어(sycamore)라는 양자컴퓨터 칩이 양자우월성(quantum supremacy)에 도달했다고도 이야기합니다.[8] 하지만 등장하는 용어들 각각이 모두 낯설어 무슨 말인지 이해가 힘든 뉴스였지요. 여기서 잠깐 양자컴퓨터가 어떤 원리에 의해 구현되는지 알아보기에 앞서 먼저 기존 컴퓨터가 어떤 한계를 가지기에 새로운 컴퓨터가 필요한지를 살펴보겠습니다.

처음 컴퓨터가 나왔을 때에 비하면 현재의 컴퓨터는 엄청난 발전을 거듭했습니다. 그러면서 크기는 더 작아졌지요. 이를 위해 엔지니어들은 컴퓨터의 중앙처리장치(CPU)와 메모리의 회로를 가능한

그림 16 기존 컴퓨터 중 최고의 성능을 자랑하는 나사의 슈퍼컴퓨터(출처: Wikipedia)

한 작게 만들기 위해 애를 썼습니다. 그 결과 현재 회로 선폭이 불과 20~4나노미터 정도가 되었습니다. 하지만 이토록 선폭이 좁아지면 새로운 문제가 생깁니다. 메모리나 CPU의 기본 회로는 트랜지스터로 이루어져 있는데 그 역할은 기본적으로 전류를 흐르게 하거나 아니면 막는 역할입니다. 이 두 가지가 0과 1의 신호가 되는 것입니다. 수많은 트랜지스터가 만들어내는 회로는 이 두 가지 신호에 의해 운영됩니다.

그런데 회로가 나노미터 단위로 좁아지면 양자 터널링이라는 현상에 맞닥뜨리게 됩니다. 양자 터널링은 전자와 같은 작은 입자가 지나가는 것을 막는 장벽인 포텐셜 에너지를 그냥 통과하는 현상입니다. 미시세계에서는 입자가 파동성을 가지게 되는데, 이 파동의 확률

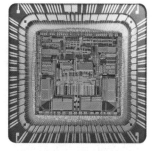

그림 17 컴퓨터의 중앙처리장치
(출처: Wikipedia)

함수에 따라 일정한 비율로 이런 말도 안 되는 현상이 일어나는 거지요. 물론 입자가 크거나 통과할 장벽이 아주 두꺼우면 거의 일어나지 않습니다. 그러나 회로 선폭이 불과 원자 몇 개 정도가 되면 이런 현상은 아주 빈번하게 일어납니다. 그러면 0과 1이라는 두 신호가 원래의 의도대로 전달되지 못하는 경우가 생기죠.

세상이 발전할수록 컴퓨터에 요구하는 성능은 높아지게 마련이고, 이 요구를 수용하려면 선폭이 좁아질 수밖에 없습니다. 하지만 전문가들은 현재와 같은 속도로 선폭이 좁아지면 결국 양자 터널링 현상이 발목을 잡게 될 것이라 예상합니다. 이 문제를 극복하기 위해 다양한 연구가 진행되고 있는데, 그중 하나가 양자컴퓨터입니다.

이전에는 엄두조차 내지 못하던 계산을 컴퓨터의 기능이 향상함에 따라 아주 수월하게 계산하게 된 것은 20세기의 대표적 성과입니다. 하지만 인간의 욕심이란 끝이 없습니다. 컴퓨터에게 풀어달라고 요구하는 계산은 컴퓨터의 성능 향상 속도보다 더 커집니다. 예를 들어 기상 관측을 하려면 우리나라의 수천 개가 넘는 기상 관측소에서 실시간으로 보내오는 풍향, 풍속, 기압, 습도 등의 정보와 인공위성이 보내는 정보 그리고 이웃 나라의 실시간 기상 정보를 취합하여 난이도가 높은 시뮬레이션을 해야 합니다. 일반 컴퓨터로는 도저히 할 수가 없어 기상청에서는 슈퍼컴퓨터가 이를 처리하고 있습니다. 하지만 이 슈퍼컴퓨터로도 계산이 힘들어 더 높은 성능의 슈퍼컴퓨터가 필요하다고 합니다. 도로 교통을 예측하는 문제도 이와 비슷하게 엄청난 양의 데이터를 아주 빠르게 처리해야 합니다. 유전공학이나 분자생물학, 소립자 물리 등 다양한 과학 분야에서도 이전보다 훨씬 많은 정보가 쏟아져 나오고 있습니다. 특히나 21세기 들어 빅데이터를 기반으로 한 인공지능이 대두하면서 데이터를 처리하고 이를 통해 학습하는 과정에서도 수없이 많은 계산이 요구되고 있지요. 기존의 슈퍼컴퓨터로도 감당이 되지 않아 연구가 중단되는 경우도 있습니다. 슈퍼컴퓨터의 성능이 아무리 좋아진다 한들 그보다 더 높은 요구를 감당하기 힘든 시점이 된 것이라 보아야 합니다. 이 문제를 해결하기 위한 다양한 방안이 연구 중인데, 그중 가장 유력한 것이 양자컴퓨터입니다.

양자 중첩이 큐비트를 만든다

일반 컴퓨터는 비트를 기본 정보 단위로 쓰는데, 이는 0과 1이라는 두 가지 상태 중 하나를 선택합니다. 실제로는 트랜지스터에서 전기가 통하느냐 그렇지 않느냐의 두 상태에 각기 0과 1을 부여합니다. 즉 한 개의 트랜지스터가 하나의 정보 단위가 됩니다. 이를 1비트(bit)라고 합니다. 따라서 트랜지스터가 두 개가 되면 00, 01, 10, 11이라는 네 가지 정보 중 하나를 선택할 수 있습니다. 이에 대해 양자컴퓨터는 큐비트(quantum bit, qubit)라는 단위를 쓰는데 기본적으로 하나의 큐비트가 네 가지 정보를 담을 수 있습니다.

비트가 트랜지스터의 전류 허용 여부에 의해 결정되듯이 큐비트는 전자의 스핀 방향에 의해 결정됩니다. 스핀은 실제로 전자가 회전한다는 뜻은 아니지만 전자의 회전축 방향을 말하는데 그 방향이 주어진 자기장의 방향과 같은지 아니면 반대인지에 따라 0과 1로 주어지는 것이지요.

그런데 미시세계에서의 입자는 관측되기 전에는 두 가지 상태가 중첩된 형태로 존재합니다. 즉 오른쪽으로 도는 방향과 왼쪽으로 도

는 방향이 있다고 할 때 둘 중
한 방향으로 돌고 있는데 우리
가 보지 않아서 모른다는 의
미가 아니라 관측되기 전에는
50%의 확률로 두 상태가 같이
존재한다는 뜻입니다. 이를 양
자 중첩이라고 합니다. 다시 말
하지만 전자의 스핀은 두 가지
상태가 있는데, 관측 전에는 둘
다 확률적으로 존재하며 이 둘
이 중첩된 상태인 것이지요. 그

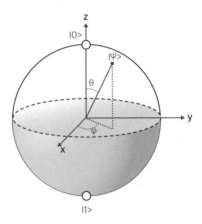

그림 18 큐비트를 표현한 블로흐 구면.
I0>, IΨ>, φ, I1>의 네 가지 요소가 존재한다.
(출처: Wikipedia)

러다 연산을 하면 큐비트를 관측하게 되고 이 관측을 통해 해당 큐비
트는 0이든 1이든 결정이 됩니다.

기존의 비트는 00, 01, 10, 11 등의 상태에 두 개의 숫자가 담깁니
다. 즉 두 개의 정보로 네 가지 상태를 표현할 수 있는 거지요. 그러
나 큐비트의 경우 양자 중첩에 의해 확률로 존재하기 때문에 그 확률
을 표현하는 계수를 포함하여 네 개의 계수가 담기게 됩니다. [그림
18]의 I0〉, IΨ〉, φ, I1〉가 그 계수들입니다. 이를 네 개의 정보라고
볼 수 있습니다. 그래서 양자 중첩이 기존의 트랜지스터보다 2배 더
많이 연산할 수 있습니다. 이를 통해 기존의 컴퓨터 대비 2제곱배 더
많은 연산을 하게 됩니다. 즉 10큐비트는 10비트에 비해 약 1,000배
많은 연산을 하고, 20큐비트는 20비트에 비해 약 100만 배 많은 연
산을 할 수 있는 것입니다.

양자컴퓨터가 잘하는 것은 따로 있다

하지만 이런 특징을 가지고 양자컴퓨터가 잘할 수 있는 것은 따로 있습니다. 큐비트는 확률을 포함합니다. 이 확률을 통해 오답의 소거가 가능한 경우 굉장한 파워를 가지는 것이죠. 예를 들어 열 가지 경로 중 가장 빠른 길을 선택하는 문제라면 기존 컴퓨터는 열 가지 길을 다 가봐야 어느 길이 가장 빠른지 알 수 있습니다. 그러나 양자컴퓨터의 경우 열 가지 길을 각각의 확률로 배정하면 동시에 측정하여 가장 먼저 도달한 길을 답으로 내게 됩니다. 10번 할 계산을 단번에 해치우는 것이지요. 그러나 이렇게 각각의 확률에 경로를 배정하는 방식이 아닌 계산의 경우는 양자컴퓨터도 기존 컴퓨터와 별 차이가 없습니다.

따라서 단순 계산 등의 연산에서는 기존 컴퓨터에 별 우위를 점하지 못합니다. 양자컴퓨터가 잘할 수 있는 것으로 우선 소인수분해가 있습니다. 소인수란 어떤 수의 약수 중 소수를 말합니다. 예를 들어 10을 소인수분해하면 2×5이니 2와 5가 소인수입니다. 12는 2의 제곱(4) 곱하기 3이니 2와 3이 소인수이지요. 27은 3의 세제곱이니 소인수는 3뿐입니다. 하지만 숫자가 아주 커지면 문제가 심각해집니

그림 19 공개키 암호화 방식. 암호키에 소인수분해가 이용된다.

다. 예를 들어 12345903 같은 숫자를 소인수분해하려면 2의 배수인지, 3의 배수인지 혹은 5의 배수인지를 일일이 따져봐야 합니다. 100 이하의 소수는 모두 25개입니다. 따라서 3자릿수는 일단 최소한 25개의 소수로 나누어 딱 떨어지는지를 계산해 봐야 알 수 있죠. 1,000 이하의 소수는 총 168개이고, 10,000 이하의 소수는 1,229개입니다. 이렇게 자릿수가 하나 늘어날 때마다 해야 할 계산이 10배 조금 못 되게 증가합니다. 따라서 자릿수가 100개, 1,000개 식으로 늘어나면 성능 좋은 컴퓨터일지라도 애를 먹을 수밖에 없습니다. 그런데 양자컴퓨터의 확률을 활용하면 여러 소수가 오답인지 아닌지를 동시에 파악하여 계산 자체가 줄어들게 됩니다. 한 번에 10개의 소수를 파악하면 계산이 10분의 1로 줄어들고 100개의 소수를 파악하면 100분의 1로 줄어듭니다.

소인수분해 따위를 잘해서 무슨 소용이 있냐고 생각할 수 있지만, 현재 컴퓨터나 인터넷과 관련된 보안시스템의 알고리즘(algorism)은 대부분 소인수분해를 기반으로 하고 있습니다. 예를 들어 129자릿수를 소인수분해하는데 1,600여 대의 워크스테이션으로 8개월이 걸렸습니다. 만약 250자릿수라면 80만 년이 걸리고 1,000자릿수라면 1025억 년이 걸립니다. 흔히들 비밀번호를 입력할 때 길고 복잡한 기호나 문자를 넣는 것이 보안에 안전하다는 것은 이처럼 자릿수가 늘어나면 암호, 즉 비밀번호를 푸는 데 훨씬 더 오랜 시간이 걸리고, 결국 물리적으로 불가능해지기 때문입니다. 영어 외에 숫자와 특수 기호를 넣는 것도 경우의 수를 늘리기 위해서입니다. 하지만 양자컴퓨터라면 앞서 말한 식의 확률을 통해 오답을 배제하는 방식을 쓸 수 있기 때문에 연산 자체가 획기적으로 줄어들 수 있다는 것이죠.

또한 소인수분해 외에도 암호 알고리즘의 바탕이 되는 이산로그 또한 양자컴퓨터가 아주 잘 사용할 수 있는 영역입니다. 기본적으로 암호 알고리즘 자체가 기존의 컴퓨터로 푸는 데 아주 많은 시간이 소요되는 연산을 토대로 세워진 것인데, 대부분 기존의 방정식으로는 풀 수 없고 일일이 대입해서 풀어야 하는 방법을 토대로 하고 있지요. 이렇게 일일이 대입해서 정답과 오답을 가리는 문제에서 양자컴퓨터는 대단히 좋은 대안이라고 할 수 있습니다. 보안 문제뿐 아니라 다양한 시뮬레이션도 마찬가지입니다. 교통 상황이나 기후 상황처럼 초깃값이 조금만 바뀌어도 결과가 아주 다르게 나타나는 비선형 문제들을 푸는 데 강력한 힘을 발휘할 것이라 여겨지는 것이죠.

앞서 구글이 양자 우월성을 증명해 보였다고 했는데, 그 소식이 전해지자 암호화폐 관련 주가가 폭락한 것도 이처럼 양자컴퓨터가 가진 강력한 암호 파훼(破毀)능력이 두렵기 때문입니다. 하지만 아직 그리 크게 걱정할 단계는 아닙니다. 암호 알고리즘에는 양자컴퓨터로도 파훼하기 어려운 것이 있기도 하고요. 그와 별도로 양자컴퓨

그림 20 양자 우월성에 도달한 구글의 시카모어 칩(출처: Wikimedia Common by Google)

터의 실용화가 아직 그리 쉽지는 않기 때문입니다. 현재 구글이나 IBM, 마이크로소프트 등 IT업계의 대표적인 기업과 한국·미국·일본·중국 등 각국이 연구에 나서고 있는 것은 사실이나 아직 실용화하기까지는 상당한 난제가 산적해 있습니다.

먼저 이렇게 양자 중첩상태를 유지하기 위해서는 주변의 물질과 상호작용을 하면 안 됩니다. 따라서 진공상태이어야 합니다. 그리고 온도가 높으면, 즉 양자컴퓨터 소자의 에너지가 커도 문제가 됩니다. 에너지가 클수록 중첩상태가 깨지기 쉽기 때문입니다. 그러니 아주 낮은 온도를 유지해야 합니다. 현재는 액체헬륨을 이용해서 극저온을 유지하고 있는데 그래도 중첩상태가 깨져서 오류가 생기는 일이 자주 있다고도 합니다. 그래서 양자컴퓨터의 가격 자체도 엄청날 뿐 아니라 유지비도 대단합니다. 따라서 현재까지는 실험적으로 사용하면서 테스트를 하는 단계이고 당분간 이런 상황이 계속될 것으로 보입니다. 또한 양자컴퓨터가 잘할 수 있는 것과 기존의 컴퓨터가 잘할 수 있는 것이 다르기 때문에 상용화된다고 하더라도 기존의 컴퓨터와 서로 보완적 관계를 유지하게 될 것입니다.

한 2~3년 전부터 온라인 쇼핑몰 배송이 빨라졌습니다. 그전에는 최소한 이틀, 늦으면 사나흘 정도 걸렸는데 이제는, 오늘 주문하면 익일배송이 일반적입니다. 더구나 요사이 인기 있는 새벽배송을 보면 내일 아침 전복뚝배기가 먹고 싶어 오늘 저녁 8시쯤 주문을 해도 내일 아침 7시 이전에 남해에서 갓 잡은 신선한 살아 있는 전복이 집 앞에 도착하는 식이죠. 어떻게 이런 일이 가능할까요? 사실은 아주 간단한 원리입니다. 이전에는 우리가 전복을 주문하면 쇼핑몰 사업자가 남해의 어부에게 전복을 주문합니다. 그럼 남해의 어부가 전복을 잡아 쇼핑몰로 보냅니다. 여기에 하루나 이틀이 걸리죠. 그리고 쇼핑몰 운영업체에서 다시 포장을 해서 고객에게 보내면 여기에서 또 하루가 걸립니다. 그러니 최소한 이틀, 보통은 사흘이 걸리겠죠.

하지만 이제 방식이 바뀌었습니다. 고객은 오늘 오후에 주문을 하지만 쇼핑몰에서는 '오늘 오전 일찍 남해의 어부에게 어제 잡은 전복

1,000미(尾)만 보내세요'라고 미리 주문을 넣은 것입니다. 그럼 남해의 어부가 어제 전복을 잡아 주문 전인 엊저녁에 이미 배송을 해서 오늘 오전에 쇼핑몰에 도착합니다. 쇼핑몰에서는 이 전복을 전복뚝배기용으로, 아니면 횟감으로, 혹은 다른 해물전골용 등으로 분류, 포장해서 오후가 되면 각 배송 거점으로 보냅니다. 그러다 오후 10시나 11시 정도부터 배달을 시작합니다. 그러니 새벽같이 도착하는 거지요.

이렇듯 소비자가 주문을 하기도 전에 미리 상품을 준비하려면 반드시 필요한 것이 있습니다. 바로 얼마나 판매 가능한지를 예측하는 것입니다. 전복처럼 신선식품은 당일치 물량을 팔지 못하면 모두 폐기처분해야 합니다. 예를 들어 1,000미를 준비했는데 소비자가 800미밖에 주문하지 않으면 200미가 버려지는 거지요. 그럼 쇼핑몰 입장에서는 이만저만 손해가 아닙니다. 반대로 1,000미를 준비했는데 주문이 1,200미 정도 들어오면 이번에는 판매할 물건이 없지요. 이런 일이 반복되면 주문보다 남으면 손해고 부족하면 소비자의 신뢰를 잃게 됩니다.

빅데이터와 인공지능

따라서 빠른 배송과 판매를 위해서는 수요예측을 정확하게 하는 것이 무엇보다 중요합니다. 그럼 쇼핑몰에서는 어떻게 수요예측을 할까요? 바로 빅데이터를 이용합니다. 이전까지 소비자들이 물건을 구매한 내역을 모아서 분석을 합니다. 요일별로 어느 요일에 주문이 많았는지 살펴보고, 또 날씨에 따라 흐린 날인지 맑은 날인지도 살핍니다. 한국과 일본 사이에 축구경기가 있다든지, 중요한 야구경기가 있다든지 하는 중요한 이벤트도 고려합니다. 또 계절별로도 살펴야 합니다. 휴가철인지, 무더운 한여름인지, 장마철인지도 살피는 거지요. 그리고 연령별 구매사항도 체크하면서 이전과 소비자 연령 구성이 어떻게 달라졌는지도 살핍니다. 그리고 같은 전복이라도 구이용으로 팔리는지 횟감을 선호하는지 등 그 변동 상황도 살피고, 지역별 구매의 변화도 살핍니다.

이렇게 빅데이터를 이용한 예는 현재에도 굉장히 많습니다. 만약 넷플릭스나 유튜브 뮤직, 스포티파이 같은 서비스를 이용하다 보면, 이들 서비스가 추천하는 영상이나 음악을 접해 본 적이 있을 겁니다. 이 또한 빅데이터를 이용합니다. 이들 서비스 업체는 고객이 이전에 어떤 콘텐츠를 자주 접했는지에 대한 데이터를 가지고 있습니다. 이를 다른 사용자와 비교하는 것입니다. 따라서 연령과 성별 등을 고려해서 취향이 비슷한 고객들을 모아 콘텐츠를 추천하는 식입니다. 검색할 때도 마찬가지입니다. 구글에 단어 하나를 넣고 검색해 보세요. 친구에게도 동일한 단어로 검색을 해보라고 하고요. 같은 단어를 넣었는데도 서로 다른 검색 결과가 나옵니다. 이전에 검색을 어떻게 했고, 검색 결과 중 어떤 항목을 주로 살폈는지를 통해 사용자에 맞는 검색 결과를 보여 주고 있습니다.

또한 빅데이터는 상업적으로만 쓰이지 않습니다. 비염 치료를 예로 들어보죠. 비염에 대해 의사들이 처방을 내릴 때 어떤 경우는 약을 처방하고, 어떤 경우는 시술을 하기도 합니다. 시술도 다양하고 처방약도 다양합니다. 이러한 치료 데이터가 전국의 모든 병의원마다 모두 저장되어 있습니다. 이것도 빅데이터가 되는 거지요. 이를 비교해서 치료 결과를 종합적으로 분석하면 연령대별로, 성별로 그리고 증상별로 어떤 치료가 가장 효과적인지를 파악할 수 있습니다.

하지만 이렇게 복잡한 자료를 처리하려면 인간의 능력만으로는 역부족입니다. 기존의 데이터베이스 프로그램으로도 역부족인 경우도 많고요. 사회 전체의 정보화 수준이 높을수록 쌓이는 데이터는 훨씬 많아지고 이를 처리하는 과정도 굉장히 복잡해집니다. 그래서 이를 보다 정확하고 빠르게 처리해서 결과를 도출할 수 있는 시스템이 필요합니다. 바로 인공지능이지요. 인공지능은 이렇게 쌓이는 거대한 데이터를 통해 학습하고, 학습한 만큼 더 정교하고 정확한 결과를 내놓는 컴퓨터 프로그램입니다.

자율주행자동차는 순간순간 엄청난 양의 데이터를 받아들여 처리하고, 어떤 행동을 할지를 아주 빠르게 판단해야 합니다. 자동차에 장착된 카메라와 라이다가 일차적인 정보를 수천 분의 1초마다 보고합니다. GPS와도 1초에 몇 번씩 위치 확인을 위해 정보를 주고받습니다. 이뿐이 아니죠. 주변의 자동차와도 계속 내가 어떤 속도로 어떤 방향으로 진행할지에 대해 확인하고, 주변의 교통정보 전달 시스템으로부터도 정보를 얻습니다. 그리고 이렇게 얻은 정보를 처리하는데 주어진 시간도 많지 않습니다. 수천 분의 1초마다 판단을 하는 거지요. 이런 일을 수행할 수 있는 것은 인공지능 컴퓨터뿐입니다. 즉 자율주행자동차의 핵심 중 하나가 인공지능입니다.

전기 또한 마찬가지입니다. 전국 단위로 스마트 그리드를 관장하는 본부에만 인공지능이 필요한 것이 아닙니다. 서울, 부산, 대구, 경북, 전남 등 각 지역마다 자체적으로 전력수요와 공급을 조율하고 맞춰야 합니다. 더구나 태양광과 풍력은 시시각각으로 발전량이 변합니다. 풍력과 태양광은 아파트마다, 도로마다, 공장과 빌딩 지붕에 흩어져 있습니다. 그리고 이들은 각각의 분산전원으로 묶여 있는데 이런 분산전원 자체도 수없이 많이 흩어져 있지요. 각 분산전원마다 필요한 전력량도 수시로 변하고, 생산하는 전력량도 변합니다. 이를 체크하면서 전력의 배분을 매초 단위로 처리해야 합니다. 결코 사람이 할 수 있는 일이 아닙니다. 이를 위해서도 인공지능은 필수적입니다.

스마트 도시도 마찬가지겠지요. 도시 전체의 도로를 관리하고, 전기, 가스, 상하수도 등에 대한 관리는 인공지능 없이는 할 수 없는 상상 밖의 시대가 곧 오게 될 것입니다.

초거대 인공지능

2020년대 들어서면서 인공지능 분야에서는 초거대 인공지능 (Hyperscale AI)이 화두가 되었습니다. 시작은 오픈AI의 GPT-3였습니다. GPT는 생성적 사전학습 변환기(Generative Pre-trained Transformer)의 약자입니다. GPT는 인공지능 학습방법의 하나인 언어모델을 통해 라벨링을 하지 않는 사전학습방법을 채택한 것이 이전의 다른 인공지능과 차이점이었습니다. 라벨링은 사람이 자료에 일종의 색인을 해서 인공지능을 학습하는 것이죠. 시간과 비용이 소요됩니다. 인공지능을 학습시키기 위해서는 사전에 해야 할 작업이 많기 때문이지요. 그래서 라벨링 작업이 들어가는 인공지능은 학습 과정이 복잡하고 비용이 많이 드니 학습할 수 있는 데이터에 한계가 있을 수밖에 없습니다. 하지만 GPT는 대규모 매개변수를 이용한 엄청난 양의 사전학습을 통해 기본적인 학습을 합니다. 라벨링이 필요하지 않으니 엄청난 양의 데이터로 사전학습이 가능해지는 거지요.

학습 과정은 생각보다 간단합니다. 예를 들면 여러분이 인터넷에서 'what can I do'라는 문구를 검색한다고 생각해 보죠. 처음 what 만 치면 what's done is done이나 what is my ip, whatsapp 등 다양한 후보군이 뜹니다. 즉 what이라는 단어를 입력하면 그 뒤에 뭐가 따라 올지를 검색엔진 내의 인공지능이 추천하는 식입니다. what can까지 치면 그 뒤로 what can I do, what can I see 등 이제 여러분이 검색 하려던 문구와 비슷한 후보군이 나타납니다. 실제로 두 단어 혹은 세 단어 정도만 치면 여러분이 검색하려던 것이 뜨는 경우가 대부분일 겁니다.

언어학습의 본질이 이와 별반 차이가 없습니다. 다만 아주, 아주, 아주 많은 데이터를 가지고 엄청난 분량의 학습을 시킨다는 것뿐입 니다. 처음 개발된 GPT-1에서는 이런 언어모델에 의한 사전학습 뒤 에 다시 각기 적용할 데이터에 맞춰 파인 튜닝(fine tuning)을 했습 니다. 하지만 GPT-2에서는 파인 튜닝 과정을 생략했는데도 오히 려 GPT-1보다 훨씬 강력한 모습을 보입니다. 이제 사용자가 자신 이 필요한 부분에 그냥 GPT-2를 바로 적용해도 된다는 뜻이죠. 이 GPT-2가 만든 결과물을 보면 비교적 간단한 문장에서는 이전에 보 였던 인공지능 특유의 어색한 문장이 많이 없어졌습니다. 한두 문장 만 보면 인간이 쓴 글인지, 아니면 GPT-2가 쓴 글인지 구분이 가지 않았던 것입니다. 물론 이를 위해서는 GPT-1에 비해 엄청 큰 규모 의 컴퓨팅 자원이 소모되었습니다.

하지만 2020년 나타난 GPT-3는 이제 이전과 차원이 다르게 됩니 다. GPT-2가 15억 개의 매개변수를 가지고 학습했다면 GPT-3는 그 100배가 넘는 1,750억 개의 매개변수를 씁니다.[9] 매개변수는 정 보를 학습하고 기억하는 역할을 하는 인공신경망으로, 일반적으로 매개변수가 많을수록 좀 더 정교한 학습을 할 수 있는 것으로 알려져 있습니다. 물론 매개변수 말고도 다양한 지점에서 GPT-2에 비해 훨씬 큰 규모를 자랑합니다. 그 결과로 GPT-3는 이제 단문이 아니라 칼럼을 쓰고 인간과 텍스트를 통해 응답하는데 상대가 인공지능인지 아니면 정말 사람인지 구분할 수 없는 지경에 이릅니다. 스스로 사고하는 인공지능이 태어났다고 호들갑을 떠는 사람도 있죠. 하지만 사실 이는 '사고'라고 할 수는 없습니다. 언어모델이란 한 단어가 주어질 때 그 뒤에 어떤 단어가 올지를 예상하는 것뿐이니까요. 다만 엄청난 학습을 통해 단어가 몇 개 이상 일정한 순서로 주어질 때 그다음에 올 단어에 대한 올바른 선택이 확률적으로 굉장히 높아졌다는 말입니다.

글을 쓰면 그림을 그려주는 AI

그러다 2021년 오픈AI가 달리(DALL-E)를 발표합니다. 텍스트를 입력하면 이미지를 만들어주는 인공지능이지요. 물론 이전에도 텍스트 투 이미지(Text-to-Image) 인공지능이 없었던 건 아닙니다만 GPT-3를 기반으로 한 달리는 이전 인공지능과는 격차가 아주 큰 결과를 보여 주었습니다. 그리고 2022년 새로운 텍스트 투 이미지 인공지능 달리2(DALL-E 2)를 1년 만에 다시 공개합니다. 달리가 종종 만화 같은 방식으로 이미지를 보여 주었다면 달리2는 사진 같은 고해상도 이미지를 보여 주었습니다. 또 달리2에서는 기존 사진이나 그래픽 파일의 수정도 가능해졌습니다. 이 또한 자연어로 수정 사항을 지정하면 그에 따르는 것이죠.

달리2의 경우 수많은 이미지와 이미지를 설명하는 텍스트 캡션을

그림 21 오픈AI의 달리2가 텍스트에서 생성한 이미지(출처: Wikipedia)

분석하면서 이미지와 단어 사이의 연관성을 인식하는 방법을 배웁니다. 예를 들어 '별 모양의 귀고리를 한 동양인 20대 여성'이란 텍스트에 대해 '별 모양의 귀고리'라는 단어에 맞는 이미지 패턴, '동양인 20대 여성'에 맞는 이미지 패턴 세트가 생성됩니다. 그리고 확산 모델이라는 두 번째 신경망이 이들을 조합해 고해상도 이미지를 만듭니다. GPT가 언어모델에 충실했다면 달리는 이미지와 텍스트 둘을 결합한 인공지능이지요. 이를 멀티모달(multimodal) 모델이라고 합니다.

2023년 공개된 GPT-4는 이런 멀티모달이면서 동시에 대규모 언어모델인 초거대 인공지능입니다. 이를 통해 오픈AI는 초거대 인공지능 분야에서 확고한 자리를 잡게 됩니다.

어찌 되었든 오픈AI의 독주를 다른 기업들이 손 놓고 바라보지만은 않았습니다. 속속 초거대 인공지능을 내놓고 있습니다. 엔비디아·마이크로소프트·테슬라 등이 초거대 AI를 내놓았습니다. 우리나라에서도 LG의 엑사원, 네이버의 하이퍼클로바, 카카오의 코지피티(KoGPT), 민달리 등이 개발되었고 SKT·KT 등이 초거대 AI 개발에 나섰죠.

하지만 이런 초거대 인공지능에도 여러 가지 문제점이 있습니다. 먼저 오픈AI 스스로 지적하듯이, 완벽한 모델이 아닙니다. GPT-3는 수백 단어 이상의 긴 텍스트에서는 같은 말을 반복하거나 모순되는 말을 할 때가 많고, 가짜뉴스를 만들어내기도 하는 등 어이없는 실수를 하기도 합니다.

문제는 이들 초거대 AI가 만든 텍스트는 사람이 작성한 것처럼 보이는 경우가 많기 때문에 읽는 사람이 쉽게 믿게 됩니다. 그리고 학습 과정에서 습득한 가짜 정보와 편견, 혐오를 학습해서 재생산한다는 겁니다. GPT-3 개발팀이 발표한 논문에서 "인터넷으로 학습한 모델들은 인터넷의 크기만큼 방대한 편향을 가지고 있다"[10]라고 밝히고 있습니다.

두 번째 문제는 이를 학습하고 구동하는 데 드는 엄청난 전력입니다. 오픈AI에 따르면, GPT-3를 학습하는 데 하루에 수천 페타플롭스[11]의 컴퓨팅 파워가 소모되었습니다. 보통 초거대 AI를 운영하려면 일반 서버 3,000대가 사용하는 전력이 필요합니다.

세 번째 문제는 초거대 AI를 구축하고 운영하는 데 엄청난 비용이 필요하다는 거지요. 네이버의 경우 하이퍼클로바 개발을 위해 140개의 컴퓨팅 노드를 가지고 있고 그래픽 처리장치 1,120개가 장착된 700페타플롭 성능의 슈퍼컴퓨터를 구축했습니다. 전문가들은 그 같은 슈퍼컴퓨터를 구축하는 데 최소한 1,000억 원이 소요되었을 거라고들 말합니다. 즉 인공지능에 대한 진입장벽을 높이는 역할을 하고 있는 것입니다.

이외에도 여러 가지 문제가 아직 해결되지 못한 채 남아 있기는 합니다. 그런데도 새로운 초거대 AI가 속속 도입되는 데는 초거대 AI가 만들어내는 효과가 분명히 있기 때문입니다. 네이버의 발표에 따르면, 네이버 검색서비스는 하이퍼클로바를 적용한 뒤 오탈자 자동수정 서비스가 대폭 향상되었습니다. 네이버 쇼핑은 구매자 댓글을 분석해 사용자에게 정보를 손쉽게 알려 주는 기능을 추가했습니다. 음성을 텍스트로 바꿔주는 '클로바 노트'는 하이퍼클로바 도입 이후 환골탈태할 정도로 바뀌었습니다. 구글이나 네이버의 번역도 매년 성능이 향상되고 있습니다.

범용 인공지능

지금의 인공지능과는 달리 인간이 하는 모든 일을 스스로 학습해서 인간만큼 혹은 인간보다 더 잘하는, 그래서 인간을 지배할지도 모른다는 인공지능을 '범용 인공지능(Artificial General Intelligence, AGI)' 혹은 '일반 인공지능'이라 부릅니다. 인간을 대체하고 혹은 지배하는 초지능은 바로 범용 인공지능을 두고 하는 말입니다. 이런 인공지능이 나타나 스스로 자신의 존재 이유를 정하고, 그에 따라 다

그림 22 범용 인공지능은 언제 만들어질까?(출처: Wikipedia)

른 인간을 지배하는 사회는 영화나 소설에서 자주 보게 되는 모습입니다. 레이 커즈와일(Ray Kurzweil, 1948~)의 베스트셀러 『특이점이 온다(*The Singularity is Near*)』의 특이점(singularity)은 바로 이런 범용 인공지능이 탄생하는 시점을 일컫는 단어이기도 합니다. 그럼 실제 인공지능을 연구하는 이들은 이를 어떻게 전망할까요?

제가 만나본 그리고 책이나 인터뷰로 접한 인공지능 전문가들은 두 가지 반응을 같이 보입니다. '정말 그런 걸 만들어보고 싶다'가 하나고, '그러나 거의 불가능하다. 혹은 100년 이내로는 절대 불가능하다'가 다른 하나입니다. 즉 그러한 인공지능을 만들고는 싶지만 현재로서는 도저히 안 된다는 거지요. 그들은 지금의 인공지능을 학습하는 딥러닝 등의 방식으로는 절대로 범용 인공지능을 만들 수 없다고 말합니다. 알파고나 파파고 모두 처음 세팅을 하고 데이터만 입력하면 알아서 척척 스스로 배우고 학습하는 것 같지만 실제로는 전혀 그렇지 않습니다. 물론 세팅을 하고 데이터를 입력해 학습하는 것은 맞습니다. 그러나 세팅을 하고 학습을 시킨 뒤 그 결과를 보고, 세팅 자체를 다시 수정하고, 데이터를 다시 입력하고, 다시 결과에 따라 또 수정하고, 학습시키는 과정 전체는 결국 사람이 한다는 것이 그 첫 번째 이유입니다.

두 번째는 목표가 무엇이냐에 따라 세팅하는 알고리즘 자체가 완전히 바뀐다는 겁니다. 즉 알파고를 학습시키는 방식으로 파파고를 학습시킬 수는 없다는 겁니다. 자동차를 만들던 공장에서 선박을 만들 수 없는 것이나 마찬가지입니다. 물론 그랜저를 생산하던 라인에서 조금 수정을 거쳐 소나타를 만들 수는 있지만, 완전히 성격이 다른 텔레비전이나 선박을 제작할 수는 없다는 거지요. 물론 인공지능 전문가들도 범용적 학습방법을 고민하고 있습니다. 딥러닝도 일정 부분 그런 측면을 가지고는 있습니다. 그러나 현재의 수준으로는 하나의 영역에 특화된 인공지능을 만드는 것에만 전 세계의 내로라하는 과학자들이 모두 모여들어도 몇 년씩 걸리는 것이 사실입니다. 바둑에서 세계 정상에 섰던 알파고가 2년이 더 지난 지금도 스타크래프트에서 정상을 차지하지 못하고 있는 현실은 이를 단적으로 보여줍니다.

초거대 AI인 'GPT-3'나 '달리2' 같은 경우 범용 인공지능의 시초라고 이야기하는 사람들이 있습니다. 구글의 소프트웨어 엔지니어인 블레이크 레모인(Blake Lemoine)은 "인공지능이 극도로 발달한 챗봇인 람다(LaMDa)가 의식을 가지게 되었다고 생각한다"[12]라고 말하기도 했습니다. 물론 챗봇 람다와 대화를 하다 보면 인간인지 아니면 인공지능인지 모를 정도입니다. 하지만 대부분의 전문가는 람다 정도를 가지고 의식을 가졌다고 보기에는 무리한 주장이라고 말합니다. 람다는 일단 언어학습을 통해 만들어진 인공지능인데, 일단 인간과 달리 '기억'이라는 것이 없습니다. 단지 사용자가 나열한 단어에 대해 학습한 대로 응대할 뿐입니다. 그리고 사용자가 입력을 하지 않으면 전혀 활동이 없습니다. 즉 의식이 없는 거지요. 기억도 없고 활동도 없는 인공지능이 의식을 가질 리가 없습니다.

'튜링 테스트'를 이야기하는 사람도 있습니다. 1950년 영국의 수학자 앨런 튜링(Alan Turing, 1912~54)이 제안한 방법으로, 사람이 질문을 하는데 대답은 사람과 인공지능 둘이 각기 합니다. 물론 대답은 모니터에만 나타납니다. 질문자가 둘 중 누가 사람이고 인공지능인지 가릴 수 없다면 인공지능은 사람처럼 사고하고 있다고 본다는 것입니다. 꽤 유명한 테스트라 인공지능 관련 글이나 뉴스에 자주 등장합니다. 하지만 사실 1950년이면 인공지능이 있지도 않을 때죠. 지금은 그보다 훨씬 정교한 테스트가 많습니다. '중국어방'이나 'CAPTCHA(Completely Automated Public Turing test to tell Computers and Humans Apart)'라는 것도 있습니다. 흔히 '봇이 아닙니다'라는 확인을 위해 그림을 보여 주고 그중 건널목이 있는 사진을 모두 체크하라는 식으로 나오는 'reCAPTCHA'나 'hCaptcha'도 이런 테스트의 일종입니다. 현재 이런 테스트를 모두 통과하는 인공지능은 하나도 없습니다.

물론 미래는 속단할 수 없으니 언젠가는 범용 인공지능이 나올 수도 있을 테지요. 이에 대한 우려가 이유가 없는 것은 아니지요. 하지만 당장 우리가 우려해야 할 것은 지금 현실화된 '좁은 의미의 인공지능'에서 발생하는 문제일 것입니다.

인공지능의 윤리[13]

인공지능이 기업과 사회 곳곳에서 사용되면서 인공지능이 가지는 여러 가지 편향이 심각한 문제로 등장했습니다. 인공지능이 제대로 작동하기 위해서는 엄청난 양의 데이터로 학습을 해야 하는데 이 데이터 자체가 편향을 가진 경우가 문제로 대두합니다.

예를 들어 인물 사진을 보고 누군지 가려내고 어떤 상황인지 판단하는 이미지 식별 인공지능의 경우 여러 사진을 가지고 학습을 합니다. 그런데 이 인공지능에게 주어지는 사진의 절반 이상이 미국과 영국의 사진입니다.[14] 그래서 백인의 얼굴은 구분을 잘하지만 동양인이나 기타 인종의 사진은 잘 구분하지 못하지요. 백인이 웨딩드레스를 입고 있는 사진은 '결혼식 드레스' 등으로 인식하지만, 제3세계 여인이 고유의 전통 결혼식 복장을 입고 있는 사진에는 '행위 예술, 시대극 복식' 등으로 인식하는 겁니다. 또 부유한 이들과 가난한 이들을 구분할 때, 범죄자와 일반인을 구분할 때 인종적 편견을 가진다는 지적도 나옵니다. 미국과 유럽의 오랜 차별의 결과로 인해, 현재 백인이 부유한 경우가 많고 흑인이 가난한 경우가 흔하다고 할 수 있습니다. 이 사실을 사진을 통해서 학습한 인공지능은 백인 사진과 흑인 사진을 그렇게 이해한다는 거지요. 이런 문제가 인공지능의 학습 과정에서 비일비재하게 드러납니다. 이를 연구자가 수정하고 편견을 바로잡는 과정이 필수적입니다. 인공지능이 학습의 시작부터 편견을 가진다면 그 인공지능을 활용한 결과물도 마찬가지이고 편견에서 벗어날 수 없지요. 요사이 화제가 되는 초거대 AI도 마찬가지라 이런 편향을 없애는 작업이 필수적입니다.

인공지능의 윤리 문제는 또 다른 측면에서도 대두됩니다. 2017년

9월 미국 스탠퍼드대학교의 미할 코신스키(Michal Kosinski, 1982~) 교수진은 사람의 얼굴을 보고 성적 취향을 알아맞히는 AI 소프트웨어를 개발했습니다.[15] 남성의 얼굴 사진 한 장을 보고 동성애자를 구분하는 실험에서 AI는 81%의 정확도를 보였다고 합니다. 여성은 71%였습니다. 한 인물당 다섯 장의 사진을 보여 주자 남성의 경우 정확도는 91%로 올라갔습니다. 여성은 83%였습니다. 이 AI는 인터넷 이성애자와 동성애자 데이트 사이트의 사진 3만 5,000여 장과 이들이 직접 밝힌 성적 취향 정보로 학습했고, 이를 통해 외모에 나타난 동성애자의 특징을 파악했습니다. 당연히 동성애자 단체로부터 항의가 빗발쳤습니다. AI에 의해 강제로 아웃팅을 당하게 된다는 거지요. 동성애자에 대한 차별과 혐오가 아직도 사회 곳곳에 뿌리 깊은데 자신의 의지와 무관하게 동성애자로 밝혀지는 것에 대한 항의였습니다.

얼굴인식기술은 이미 오래전부터 연구되고 실용화되어 왔습니다. 이제 휴대폰에 자신의 얼굴을 등록하고 얼굴로 잠금 화면을 푸는 건 어느 폰에서든 가능해졌습니다. 구글은 '구글 포토스' 사진 저장 서비스에서 사람과 장소별로 사진을 분류하고 있습니다. 물론 앞으로 맞춤형 광고에 이용하겠다는 생각이겠지요. 페이스북은 사진을 올리면 얼굴을 인식하고 자동 태그를 달기도 했습니다. 네이버, 알리바바, 바이두 등 다른 인터넷 기업도 마찬가지죠.

문제는 이 얼굴인식기술은 개인이 'NO!'를 할 수 없다는 것입니다. 지문은 우리가 손가락을 갖다 대야만 찍힙니다. 홍채나 정맥 같은 경우도 마찬가지입니다. 하지만 얼굴은 그렇지 않습니다. 매일 수억 명이 SNS에 올리는 사진만의 문제가 아닙니다. 아침에 집을 나서서 퇴근해 집에 들어올 때까지 우리는 자신도 모른 채 수많은 CCTV에 노출됩니다. 이 CCTV와 AI가 결합한다면? 상상만 해도 끔찍합니다. 누구도 그런 생각을 하지 않을 것이라는 생각은 너무도 순진한 발상에 불과합니다. 미국의 코리 닥터로(Cory Doctorow, 1971~)가 쓴 『리틀 브라더(*Little Brother*)』란 소설이 있습니다.[16] 끔찍한 테러가 일어나고, 그 후 (소설 속의 가상 조직인) 국토안보부는 테러로부터 국가와 국민을 보호한다는 미명 아래 헌법을 유린하고 SNS를 조작하며, 선거에까지 개입하려 합니다. 이에 맞서 고등학생 해커 마커스 얄로우가 고군분투하는데, 국토안보부는 대중교통수단 및 자가용 모두를 추적하고, CCTV를 활용하여 모든 시민의 일거수일투족을 추적합니다.

경찰이 범인 검거를 위해 범죄 현장 주변의 CCTV를 활용하는 모습을 우리는 이미 숱하게 접하고 있습니다. 아니 오히려 CCTV가 없어서 범인을 추적하기 힘들다는 내용이 뉴스에 나올 정도입니다. 2017년 6월에 발생한 연세대학교 폭발물 사건 관련 경찰의 브리핑에 실제로 나온 말이죠.

중국에서는 현재 공안(경찰)이 바로 이 인공지능에 의한 검문검색을 실시하고 있습니다. 안경 모양의 안면인식기를 착용하고 지나가는 사람들을 바라보면, 얼굴의 70% 이상이 찍힌 이들을 인식해서 범죄인 데이터베이스와 대조하는 식으로 작동합니다. 그 외에 어깨에 착용하거나 가슴에 패용하는 형태의 카메라도 있습니다. 중국은 전국에 1억 7,000만 개의 CCTV가 설치되어 있고, 2020년까지 4억 개가 더 설치될 것으로 보입니다.[17] 이 인공지능을 개발한 업체에 따르면 2억 명 중 특정인을 찾는 데 몇 초면 충분합니다. 하지만 이런 기능을 국가가 범죄 예방용으로만 사용할 리가 없습니다. 중국에서도 분리 독립 움직임이 활발한 신장위구르자치구에서는 반체제 인사들을 통제하는 데 벌써 이용하고 있습니다. 안면인식을 통해 정해진 구역에서 300m 이상 떨어지면 경보가 울리는 식이죠. 이렇게 인공지능을 통해 개인정보가 다양한 형태로 악용될 수 있다는 점 또한 인공지능 시대를 사는 우리에게 깊은 고민을 안깁니다.

4 데이터센터와 클라우드 컴퓨팅

2010년경부터 저는 클라우드 시스템을 사용하고 있습니다. 처음에는 다음(Daum) 클라우드를 사용하다가 지금은 매달 일정액을 내고 구글 클라우드를 사용합니다. 이유는 두 가지입니다. 먼저 제가 사용하는 디지털 디바이스가 늘었습니다. 2010년경 이전의 휴대폰은 디지털 디바이스이긴 하나 사실 전화와 문자메시지를 주고받는 게 가장 중요한 기능이었습니다. 제 컴퓨터와 연동될 부분이 거의 없었지요. 태블릿도 가지고 있지 않았고요. 그런데 이제 스마트폰과 태블릿, 그리고 컴퓨터가 인터넷으로 연결되고 서로 연동됩니다. 이 연동이 저의 작업에서 큰 역할을 하고 있습니다. 휴대폰으로 인터뷰를 녹음하고 그 파일을 클라우드에 올리면 컴퓨터에서도 태블릿에서도 쓸 수 있지요. 카톡이나 페이스북 메신저로도 파일을 주고받으며 이 또한 클라우드에 연동시키면 컴퓨터에서도 휴대폰에서도 태블릿에서도 무난하게 사용할 수 있습니다. 일정도 구글 캘린더를 사용해서

챙기는데 컴퓨터와 태블릿, 휴대폰이 모두 연동되어 있지요. 이런 시스템이 제 작업의 효율성을 상당 부분 높여 주니 사용하지 않을 도리가 없습니다.

두 번째는 데이터 안정성 문제죠. 이 책의 원고를 쓸 때도 그렇지만 컴퓨터 하드디스크만 믿고 백업을 하지 않을 수는 없습니다. 물론 외장하드에도 따로 저장하지만 외장하드와 컴퓨터가 같은 전원에 물려 있으니 전원 문제가 생기면 둘 다 피해를 볼 수 있지요. 그러니 제3의 조치로 클라우드에도 백업을 하게 됩니다. 저뿐만이 아니라 대다수의 사람이 개인적 이유로 클라우드 서비스를 이용하고 있습니다.

혹시 크롬북이라고 들어보셨나요? 일종의 노트북인데, 운영체제로 마이크로소프트의 윈도 대신 구글의 크롬을 씁니다. 크롬은 원래 웹 브라우저죠. 이것을 확장해서 운영체제로 쓰는데 기본적으로 인터넷 연결을 전제로 합니다. 그래서 대부분의 사람이 필수적으로 사용하는 MS워드, 파워포인트, 엑셀 같은 프로그램 대신 인터넷으로 제공하는 구글 독스 등의 프로그램을 사용합니다. 그런데 이들 프로그램은 노트북이 아닌 구글 서버에 있습니다. 즉 프로그램 자체가 개인 노트북에 내장되어 있는 것이 아닙니다. 이런 식으로 클라우드에서 프로그램을 가동하면 개별 컴퓨터의 성능이 좀 떨어져도 프로그램 구동이 원활해지는 장점이 있습니다. 이런 업무용 프로그램뿐이 아닙니다. 요사이 온라인 게임이 프로그램 구동의 많은 부분을 서버에서 진행하고 개별 컴퓨터에는 최소한의 역할만 부여하죠.

또 하나 휴대폰을 바꾸면 새 휴대폰으로 이전 휴대폰에 있던 정보가 자동으로 다운로드됩니다. 이전에 주고받았던 문자나 주소록, 사

그림 23 데이터센터 내부 모습(출처: Wikipedia)

진, 사용 앱을 자동으로 새 폰으로 옮겨 주죠. 10년 전에 비하면 훨씬 편리해졌습니다. 이 또한 애플과 구글이 휴대폰의 정보를 클라우드에 저장해 두었기 때문에 가능한 일이죠.

2020년대는 이렇게 컴퓨팅의 많은 부분이 개인의 컴퓨터와 떨어져 있는 서버, 즉 클라우드에 저장되고 또 그곳에서 작동되고 있습니다. 그리고 이는 개인보다는 기업이나 공공기관, 단체 등에서 훨씬 더 빠르고 강력하게 작용하고 있지요. 바야흐로 클라우드 세상이 된 겁니다. 그리고 클라우드 서버의 대부분은 데이터센터에 존재합니다. 이런 수요 때문에 클라우드와 데이터센터 관련 산업은 매년 큰 폭으로 성장하고 있습니다.

기업용 클라우드와 데이터센터에 대해 좀 더 알아볼까요? 1980년대 처음 기업에 전산시스템이 도입됩니다. 대부분의 회사는 자체적으로 전산실을 꾸리고 서버를 구축하고 인트라넷과 인터넷을 연결했습니다. 하지만 비용이 만만치 않았죠. 중소기업의 경우 자체적으로 전산실을 꾸리기란 쉽지 않았습니다. 1990년대 들어 월드와이드웹 (WWW)이 본격적으로 보급되기 시작합니다. 야후나 넷스케이프 등의 초기 인터넷 기업이 등장하고, 일반 기업도 홈페이지를 만들고 사이트를 개설합니다. 인터넷 쇼핑몰도 등장하기 시작합니다. 하지만 역시 자체적으로 전산실을 꾸리지 못하는 기업에서는 이조차도 쉽지 않았습니다.

그래서 이들을 대상으로 데이터센터가 등장합니다. 서버를 꾸리고 전산시스템 서비스를 시작하지요. 인터넷 쇼핑몰을 꾸리기 쉽도록 프로그램도 설치합니다. 초창기 데이터센터의 주요 서비스는 서버의 일정 공간을 대여해 주고 인터넷 회선의 일정 용량을 제공하는 것이었습니다. 그러다 2003년 웹2.0 시대가 시작됩니다. 인터넷과 웹으로 할 수 있는 일과 해야 할 일이 급속히 늘어납니다. 스마트폰 시대가 열리면서 이런 연결은 더욱더 확대됩니다. 기업에서도 이에 대한 대응이 필요해졌고 관련해서 필요한 컴퓨팅 자원도 많아졌습니다. 거기다 기업체에서 필요로 하는 전산 프로그램도 다양해졌습니다. 고객관리, 수요관리, 회계관리 등 다양한 프로그램이 필요해지고 비대해졌습니다. 대기업은 그래도 꿋꿋하게 오라클이나 SAP 등의 회사로부터 이들 프로그램을 구입하고, 사내 전문인력이나 전문기업에 커스터마이징(customizing)을 의뢰해서 대응해냅니다만 중소기업으로서는 늘어나는 전산 업무가 여간 버거운 것이 아니었습니다. 기업뿐 아니라 정부부처나 공공기관, 단체들도 마찬가지였죠.

그리고 드디어 2006년 본격적인 클라우드 서비스가 시작됩니다. 아마존이 출시한 S3(Simple Storage Service)입니다. 물론 기존 데이터센터가 없던 건 아닙니다. 그러나 아마존은 사용한 만큼만 비용을 받는(pay-per-use) 방식으로 획기적인 과금 모델을 선보였죠. 그러면 서 아마존 웹 서비스(Amazon Web Service, AWS)는 클라우드 컴퓨팅 의 대표격이 됩니다. 그다음 해 세일즈포스닷컴은 포스닷컴이란 인 터넷 환경에서 애플리케이션을 개발할 수 있는 웹 개발 툴을 내놓습 니다. 구글도 '구글 앱 엔진'이란 클라우드 서비스를 선보였죠. 마이 크로소프트도 가만있지 않았습니다. 윈도 애저(Window Azure)를 내 놓고 다시 인프라 제공서비스(Infrastructure as a Service, IaaS)를 내놓 았죠. 이렇게 되면서 클라우드 서비스는 컴퓨터와 스토리지 등의 인 프라를 제공하는 IaaS, 소프트웨어 개발을 위한 플랫폼을 제공하는 PaaS(Plaform as a Service), 인터넷 기반의 다양한 소프트웨어를 제공

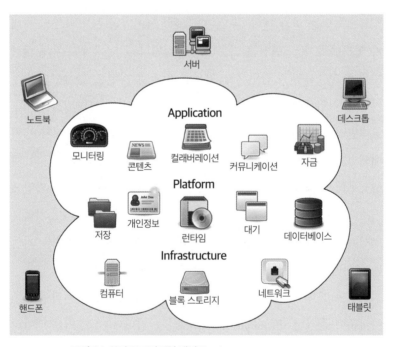

그림 24 클라우드 컴퓨팅 개념도(출처: Wikipedia, Sam Johnston)

하는 SaaS(Software as a Service) 등 다양한 영역을 포괄합니다.

앞으로 개인이나 기업은 더 많은 연결 지점을 가지게 됩니다. 자동차도, 가정 내 가전제품도 모두 연결되지요. 흔히들 초연결사회(hyper-connected society, 超連結社會)라고 이야기하는 미래가 아주 가깝게 다가오고 있습니다. 예를 들어 제가 컴퓨터에 저장해 둔 플레이리스트는 휴대폰에서도 마찬가지로 음악을 들려주고, 차에서는 오디오에서 흘러나옵니다. 집에서 TV를 켜면 내가 휴대폰으로 보던 영상을 이어서 보여 주죠. 이런 초연결의 배후에는 클라우드가 있습니다.

에지 컴퓨팅(Edge Computing)

하지만 이렇게 수많은 디지털 디바이스가 인터넷에 연결되고 대용량의 데이터가 오고가게 되면 아무래도 정보 전달이 지연되는 사태가 벌어집니다. 예를 들어 넷플릭스의 영화를 내 노트북에서 보겠다고 클릭했는데 미국의 데이터센터에 있는 서버에서 스트리밍을 하게 된다고 생각해 보죠. 인기 있는 영화라면 전 세계 수백만 명이 동시에 동일 영화를 스트리밍할 것을 요청합니다. 전 세계 인터넷망에 이 데이터가 흐르겠죠. 그런데 동일 시간 동일 회선으로 다른 영화도 동시에 스트리밍된다면 전체 회선에 걸리는 부하가 커지게 됩니다. 어찌 되었든 인터넷은 선을 타고 흐르고 그 선이 감당할 수 있는 데이터에는 한계가 있기 때문이지요. 또 서버도 부하가 걸립니다. 서버 하나가 감당할 수 있는 처리 용량에도 한계가 있으니까요. 이런 문제를 해결하기 위해 요사이 중요하게 다루어지는 것이 에지 컴퓨팅입니다.

에지 컴퓨팅이란 사용자와 가까운 곳에 요청받는 정보를 가져다 놓는다는 아주 쉬운 개념입니다. 계속해서 넷플릭스를 예로 들어 보죠. 넷플릭스 같은 경우 전 세계에 콘텐츠를 스트리밍으로 제공하고 있습니다. 그중 수요가 많은 미국 서부, 미국 동부, 한국, 일본, 영국 등 세계 곳곳의 데이터센터에 자사 콘텐츠를 저장합니다. 각국의 이용자들은 미국에서 스트리밍할 경우에 비해 데이터가 전송되는 시간이 줄어들죠. 넷플릭스 입장에서도 전송망이 분산되니 트래픽이 감소하게 됩니다. 마치 쿠팡이 전국 곳곳에 물류센터를 설치하고 그곳에 주요 상품을 미리 입고해서 배달 시간을 줄이는 것과 유사한 경우입니다.

제조업도 마찬가지입니다. 현대적 공장은 기계와 장비 곳곳에 사물인터넷 센서가 실시간으로 데이터를 만들어냅니다. 전 세계에 이런 공장이 구축되어 있다면 각 공장에서 만들어진 데이터를 본사로 보내 한꺼번에 처리하자면 시간도 오래 걸리고 비용도 올라갑니다. 각 공장 근처 데이터센터에서 이를 1차 처리하고 그 결과만 본사 데이터센터로 보내는 것이 훨씬 효율적이지요. 이처럼 개념 자체는 간단합니다. 에지 컴퓨팅을 통해 네트워크 비용을 절감하고, 대역폭의 제약을 해소하고, 전송 속도를 높이고, 장애를 줄일 수 있습니다. 앞으로 범용화될 커넥티드 카, 나아가 자율주행차량 분야에서도 에지 컴퓨팅이 필수적인 영역이 될 것이고, 대용량의 데이터가 요구되는 증강현실과 가상현실 같은 경우에도 에지 컴퓨팅이 필요합니다. 그리고 에지 컴퓨팅은 더 많은 데이터센터를 요구하고 있습니다.

그래서 2016년 1,252개였던 데이터센터는 2021년에는 1,851개로 5년 동안 50% 정도 증가했습니다.[18] 우리나라의 경우도 2000년 이

전에는 50여 개에 불과했는데 현재 156개로 3배 이상 늘어났습니다. 앞으로도 연간 15% 정도 매년 증가할 것으로 보입니다. 이렇게 데이터센터가 크게 증가한 데에는 에지 컴퓨팅 외에도 빅데이터, 인공지능 활용 증가, 5G 도입 등이 주요 이유이기도 합니다. 그리고 데이터센터 개수도 빠르게 증가하고 있지만 구축되는 데이터센터의 규모도 커지고 있습니다. 최근 신설된 600여 개의 데이터센터 중 10만 대 이상의 서버를 갖춘 하이퍼스케일 데이터센터가 절반을 조금 넘을 정도로 대형화가 새로운 흐름입니다.

고민도 있습니다. 데이터센터는 전 세계 탄소 배출량의 0.8%를 차지할 만큼 탄소 다배출 업종입니다. 이는 사용하는 전력이 화력발전소에서 공급되는 것이기 때문입니다. 하이퍼스케일 데이터센터의 경우 전력사용량이 화력발전소 한 곳이 생산하는 규모를 훌쩍 넘기기도 합니다. 대형 원자력발전소가 약 1,000MW(메가와트) 규모인데 데이터센터 한 곳이 300MW이니 3분의 1이나 차지합니다. 그래서 다양한 방식으로 전력사용량을 줄이고, 친환경 전력을 사용하려는 것이 현재 흐름이기도 합니다. 외국의 데이터센터 운영회사, 즉 애플·구글·페이스북 등은 데이터센터 주변의 태양광, 해상풍력으로 자체 신재생에너지 발전소를 건설하여 활용하고 있습니다. 국내에서도 외부 냉기 활용이 용이한 구조로 데이터센터를 설계하고 심야시간대의 전력으로 얼음을 얼린 뒤 대낮에 냉방에 활용하는 등의 노력이 이루어지고 있습니다. 앞으로 온실가스 배출 문제는 데이터센터 운영기업에서 가장 심각하게 고려해야 할 사항이 될 것입니다.

5 사물인터넷과 통신 인프라[19]

　2020년 우리나라는 세계에서 가장 먼저 5G 이동통신을 상용화했습니다. 그 뒤 미국과 유럽, 중국, 일본 등 다른 나라들도 빠르게 5G로 갈아타고 있습니다. 우리나라의 경우 현재 5G 가입자가 전체의 50% 정도 됩니다. 3년 사이에 확 바뀌었죠. 그런데 5G로 바뀐 뒤 무엇이 달라졌나요? 아니면 2015년 정도부터 2019년까지 휴대폰을 쓰는 데 통신이 느려 불편을 겪었던 기억이 있나요? 모바일 게임을 하거나 휴대폰으로 동영상을 보면서 하게 되는 걱정은 혹시 배터리가 다 닳아버린다거나 혹은 데이터 요금에 대한 과금이었지, 전송 속도에 대한 것은 아니었습니다. 물론 데이터 요금을 다 쓰고 찔끔찔끔 전송될 때는 속이 탔지만요. 그런데 더 빠른 5G가 나온다고 별반 달라진 게 없어 보입니다. 물론 효과가 아예 없지는 않지만 우리가 체감하기에는 별 다른 점이 없는 경우가 대부분입니다. 그런데 왜 각국 정부와 통신사는 5G로 급하게 갈아타는 걸까요?

사실 5G는 사람보다는 사물을 위한 것입니다. 5G에 대해 소개하는 광고를 보면 '초저지연, 초안정, 초고속, 초절전, 초연결'이라는 용어가 자주 등장합니다. 이를 잘 살펴보면 5G를 하려는 이유를 파악할 수 있습니다. 1장에서 자율주행자동차 이야기를 할 때 빠른 속도가 중요하다고 했습니다. 앞의 차가 갑자기 설 때 충돌하지 않고 정지하기 위해서는 빠르게 제동을 해야 하지요. 이렇게 빠르게 차가 반응하기 위해 5G의 초고속 혹은 초저지연이 필요한 겁니다. 즉 이전보다 5G가 정보를 주고받는 속도가 아주 빠르고 지연되는 시간이 짧은 겁니다. 한번에 더 많은 정보를 제공할 수 있어서 초고속이 되고, 전달되는 과정에서 지연되는 시간이 짧아 초저지연인 것입니다.

마찬가지로 초연결이란 용어는 사람만 연결하는 것이 아니라 각종 사물도 인터넷으로 연결한다는 이야기입니다. 예를 들어 2015년쯤만 하더라도 각 가정에서 인터넷과 연결된 것은 컴퓨터와 휴대폰, 그리고 TV 정도였습니다. 지금도 비슷하지만요. 하지만 앞으로는 무

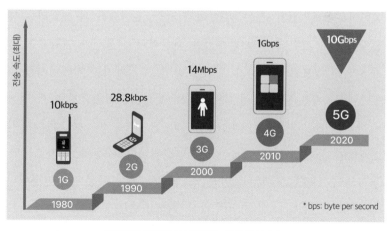

그림 25 이동통신 네트워크 최대 통신 속도

수한 사물이 인터넷에 연결될 테지요. 전기계량기나 수도계량기, 가스계량기 등도 인터넷에 연결되어 실시간으로 사용량을 전송합니다. 얼마 전 LG에서는 가전제품의 소프트웨어를 지속적으로 업그레이드하겠다고 발표했습니다. 즉 세탁기나 냉장고 등도 인터넷으로 연결된다는 거지요.

여기에 더해 자동차도 인터넷으로 연결되고 있습니다. 현대자동차가 자사의 차에 대해 지속적으로 업그레이드를 하겠다고 발표한 것도 이런 측면입니다. 물론 반대로 자동차를 운행하면서 발생하는 정보를 자동차회사가 인터넷을 통해 수집하기도 하지만요. 거기다 공장은 스마트 팩토리로 변신하면서 작업현장 곳곳에 다양한 센서를 부착하고 있습니다. 그 센서마다 자신이 파악한 정보를 인터넷으로 전송합니다. 집 밖으로 나오면 도로도, 전철도, 가로등도, 주차장도 모두 인터넷으로 연결됩니다. 이렇게 각종 사물이 무선통신망에 결합되면 휴대폰만 있을 때보다 수백 배, 수천 배 더 많은 사물이 연결됩니다. 이 어마어마한 정보를 모두 처리하려면 통신망의 용량이 어마어마해야 합니다. 5G는 바로 이런 지점, 초연결을 가능케 하는 통신망입니다. 그런데 이렇게 수많은 사물이 무선통신과 연결되어 각자 자신의 정보를 제공하고, 또 받으려면 그 자체가 전기에너지를 소모합니다. 예를 들어 가정 내에 TV와 컴퓨터뿐이었다가 이제 전등도, 세탁기도, 냉장고도, 가스레인지와 전기계량기, 수도계량기, 가스계량기 등이 모두 무선통신으로 연결됩니다. 자동차도, 가로등도, CCTV도, 신호등도, 주차장 바닥의 센서도 모두 무선으로 연결됩니다. 이렇게 연결해야 할 지점이 많아지면 그 모든 곳에서 전력이 소모되니 이 또한 만만치 않습니다. 그래서 무선통신 자체에서 소모되는 전기에너지를 최소화할 필요가 있지요. 이를 초절전이라고 합니다.

또 하나 가끔 휴대폰이 연결되지 않는, 속 터지는 경험을 하게 되지요. 그런데 이처럼 각종 사물이 인터넷에 연결되고, 우리의 생활 곳곳에서 필수적인 일이 되면, 연결이 끊기는 순간 짜증이 나는 정도가 아니라 심각한 위협이 될 수 있습니다. 자율주행차가 주변의 차량과 정보를 공유하다 갑자기 연결이 끊긴다던가, 공장 기계에 부착된 센서가 갑자기 연결이 끊기면 큰 문제가 발생하지요. 그래서 지금보다 무선통신망이 훨씬 더 안정적이 되어야 합니다. 이를 초안정이라고 합니다. 결국 지금의 5G는 사람만의 연결이 아닌 사물 간의 연결을 위한 것입니다. 이를 사물인터넷(Internet of Things, IoT)이라고 합니다. 그리고 사물인터넷은 앞으로 모든 산업 분야의 기반이 될 겁니다. 자율주행 전기자동차의 경우도 그러합니다. 전기자동차 내부의 배터리와 인버터, 모터, 타이어 등에는 위치와 온도 등을 확인하는 센서가 부착되어 자동차의 인공지능에게 계속 상태를 보고할 것이고, 인공지능 또한 주변 차와 스마트 도로, GPS 등과 계속적으로 통신을 하겠지요.

스마트 그리드는 그 자체가 센서의 거대한 연결망이기도 합니다. 각 가정마다 스마트 계량기가 보급되어 시시각각 전력소모량을 체크하고 보고합니다. 태양광 패널과 풍력발전기가 설치된 곳마다 발전량을 보고하고 전선에도 곳곳에 센서가 부착되어 만일의 사고에 대비하지요. 스마트 도시도 마찬가지입니다. 지하에 매설된 상하수도, 전선, 가스관 등에는 거미줄처럼 센서가 붙어 있어 지속적으로 상황을 보고합니다. 강에도 다양한 센서가 곳곳에 자리 잡고 물의 수위와 수중 산소농도, 유해물질의 농도 등을 파악해서 보고합니다. 빌딩에도, 주차장에도, 독거노인의 가정에도 곳곳에 센서가 설치되어 정보를 보냅니다. 사물인터넷은 이제 가전제품을 하나 개발할 때도, 도로를 설치하고 다리를 놓을 때도, 전선을 연결하고 새로운 건물을 지을 때도 항상 기본으로 염두에 두어야 하는 것입니다.

센서 또한 다양해집니다. 휴대폰만 예로 들어도, 위치를 파악하는 GPS 수신기가 있고, 흔들림을 감지하는 자이로스코프(gyroscope)가 있습니다. 또 지문이나 동맥, 얼굴을 파악하는 센서도 있지요. 스마트밴드에는 맥박을 재고, 혈당량을 체크하며, 혈중 산소농도를 파악하고, 체지방량을 측정하는 센서가 달려 있습니다. 가정과 도로, 빌딩에서는 온도를 측정하고, 산소와 오존, 이산화탄소, 메탄가스 등의 농도를 측정합니다. 미세먼지와 초미세먼지의 농도도 측정하고, 습도 또한 파악합니다. 지진에 대비하기 위해 흔들림을 감지하는 센서도 부착되고, 입구에는 CCTV가 설치됩니다. 자외선 센서와 적외선 센서도 있지요.

인간의 후각처럼 냄새를 맡는 센서나 미각처럼 맛을 느끼는 센서도 개발 중입니다. 이미 개발된 센서도 부피와 전력소모는 더 적게, 그리고 더 민감하게 개량하는 작업이 앞으로도 지속될 것입니다. 이렇듯 앞으로는 초연결사회가 될 것이고 이를 뒷받침하는 것이 5G입니다. 하지만 5G가 이를 다 소화할 수 있을까요? 전문가들은 10년 정도 지나면 한계에 봉착할 것이라고 예측합니다. 그래서 5G가 완전히 구축되기도 전인 현재 이미 다음 단계인 6G를 개발하고 있습니다.

6G는 5G에 비해 최대 50배 이상 빠른 속도와 지상에서 10km 상공까지 확장된 커버리지(coverage, 서비스 가능 구역)를 실현할 예상인데, 2028~30년 상용화를 목표로 하고 있습니다. 우리 정부도

2021년 6G를 반드시 확보해야 할 10대 국가 필수전략 기술로 선정했습니다. 삼성전자도 5G 상용화 첫해인 2019년 '차세대통신연구센터'를, LG전자도 카이스트와 '카이스트 6G연구센터'를 설립했습니다.[20] 물론 다른 나라도 사정은 다르지 않습니다. 미국, 유럽, 중국 등도 2030년을 목표로 6G를 준비 중입니다. 그런데 4G(LTE)보다 5G가 빠르고, 5G보다 6G가 빠른 이유는 뭘까요? 본질적인 차이는 주파수에 있습니다. 4G의 경우 2GHz 대역의 전파를, 5G는 28GHz의 전파를 이용하고 있습니다. 그리고 6G는 수백 GHz에서 수백 THz(tera hertz)의 전파를 사용할 계획입니다. 헤르츠(Hz)란 전파가 1초에 진동하는 횟수를 말합니다. 이 진동횟수가 많을수록 더 많은 정보, 즉 데이터를 전달할 수 있습니다. 즉 5G는 4G에 비해 10배 이상의 정보를 담고, 6G는 5G에 비해 또 10배에서 100배 이상의 정보를 담을 수 있습니다. 더 많은 정보를 전달할 수 있으니 정보의 전달 시간이 짧아지고, 정보가 중간에 끊길 위험도 줄어들고, 동일한 정보를 제공하는 데 필요한 전력도 줄어듭니다.

하지만 장점이 있으면 단점이 있는 법, 주파수가 높을수록 전송거리가 짧아집니다. 또 직진성이 강해지고 회절에 문제가 있습니다. 즉 방해물이 있으면 연결이 잘 되지 않는다는 뜻이지요. 이런 문제를 해결하기 위해서는 더 많은 기지국이 필요하고—즉 인프라 구축에 돈과 시간이 많이 듭니다—송수신 기술도 더 정교해져야 합니다. 그래서 주고받을 데이터가 적을 때는 그에 맞는 기술 난이도가 낮고 경제적인 낮은 주파수를 쓰다가 데이터가 많아지면서 기술 난이도가 높은 쪽으로 바꾸는 거지요. 앞으로 6G시대가 도래하면 세상이 얼마나 바뀌어 있을까요?

6 블록체인

이제 대다수의 사람이 블록체인과 암호화폐를 구분할 수 있지만, 아직도 둘이 같은 것이라고 생각하는 사람도 꽤 있습니다. 간단히 말해 암호화폐는 블록체인으로 만들 수 있는 다양한 서비스 중 하나입니다. 예를 들어 가정 내에서 전자레인지로 국을 데우기도 하고, 냉동식품을 해동하기도 합니다. 블록체인이 전자레인지라면 암호화폐는 전자레인지로 할 수 있는 여러 기능 중 하나라고 생각할 수 있습니다. 초기에는 블록체인과 암호화폐가 한 몸처럼 붙어 나타났지만 블록체인으로 암호화폐 말고도 할 수 있는 것이 하나둘씩 늘어나고 있습니다. 블록체인으로 무엇을 할 수 있는지, 그리고 어떤 문제가 일어날지를 알아보기 전에 블록체인에 대해 먼저 살펴봅시다.

블록체인의 기본 개념은 이렇습니다. 일단 최소 단위의 데이터가 있습니다. 내가 누구에게 돈 얼마를 주었다는 것일 수도 있고, 그림 파일일 수도, 음악의 저작권일 수도 혹은 특정 농산물의 생산지와 생산자, 검수자 등에 대한 정보일 수도 있습니다. 이 데이터를 트랜잭션(transaction)이라고 합니다. 트랜잭션을 암호화하여 일정한 길이의 해시(hash)로 저장합니다. 그다음 일정 기간 동안 만들어진 트랜잭션을 모아 하나의 블록을 구성합니다. 이 블록에는 각각의 트랜잭션에서 만들어진 해시값을 모아 만든 루트 해시와 블록이 생성된 시간이 기록됩니다. 그리고 생성된 블록은 블록 해시를 가지는데, 이를 통해 바로 이전에 만들어진 블록과 연결됩니다. 이렇게 블록들이 연결된 것을 블록체인이라고 합니다. 원칙적으로 원래의 데이터와 해시를 모두 블록체인에 저장할 수는 있지만 그렇게 되면 전체 용량이 너무 커지기 때문에 블록체인에는 해당 트랜잭션으로 만들어진 해시만을 저장합니다.

블록체인은 어느 한곳에 저장되는 것이 아니라 블록체인에 참여하는 모든 컴퓨터 혹은 디바이스에 저장됩니다. 즉 하나의 블록체인이 10만 개의 컴퓨터와 연결되어 있다면 새로운 블록이 생성될 때마다 10만 개의 컴퓨터에 모두 저장되는 것이죠. 이게 무슨 의미일까요?

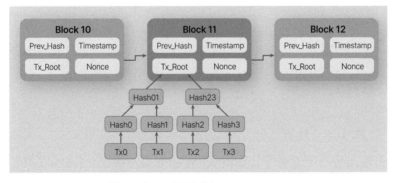

그림 26 비트코인 블록체인 구조 (출처: Wikipedia)

만약 한 사람의 컴퓨터에 저장된 데이터를 변경한다고 가정해 보겠습니다. 그럼 그 데이터를 기반으로 만들어진 해시값이 바뀝니다. 그리고 그 데이터가 속한 블록의 루트 해시도 따라서 바뀌게 됩니다. 그런데 블록체인으로 연결된 다른 컴퓨터에는 변경되기 전의 해시와 루트 해시가 있기 때문에 데이터의 변경 사실이 드러나게 됩니다. 즉 데이터의 위변조 사실이 바로 확인되는 것이죠. 바로 이 부분이 블록체인이 주목을 받는 첫 번째 이유입니다.

두 번째로 블록체인에는 중심이 없습니다. 이를 탈중앙화라고 하지요. 기존 중앙집중식과 다른 가장 큰 차이 중 하나입니다. 예를 들어 은행을 이용할 때를 생각해 보겠습니다. 직접 가든 아니면 온라인 뱅킹을 이용하든 잔액과 입출금 등의 내역은 모두 은행에 저장되어 있습니다. 입금되고 출금되는 모든 정보는 모두 은행에 먼저 저장이 되고 개인은 은행 사이트나 앱에 접속해서 그 사실을 확인할 뿐입니다. 하지만 블록체인에서는 이 모든 내역을 참여하는 모든 컴퓨터가 몽땅 같이 가지고 있게 됩니다. 그리고 그 모두가 동일하지요. 그래서 블록체인에서는 네트워크의 중심이 따로 존재하지 않습니다.

채굴

암호화폐라면 누구나 다 아는 비트코인, 그런데 비트코인은 채굴한다고 말합니다. 광산에서 금을 캐는 것처럼 컴퓨터로 비트코인을 캔다는 거지요. 이게 무슨 말일까요? 이 개념을 좀 더 자세히 알아보죠. 앞서 일정한 시간이 지나면 새로운 블록이 생겨나고 이 블록은 이전 블록과 연결된다고 살펴보았습니다. 그런데 이 과정이 생각만큼 만만치가 않습니다. 새로운 블록을 이전 블록과 연결하려면 일종의 블록 이름인 블록 해시를 알아야 합니다. 하지만 이 블록 해시는 누군가 미리 정해 놓은 것이 아니라 컴퓨터로 계산한 결과가 특정한 값 이하로 나온다는 조건을 만족할 때 정해집니다. 이 블록 해시는 생성일시, 버전, 비츠, 루트 해시, 이전 블록 해시, 임시값(nonce) 등을 조합해서 해시로 변환하면 생성되는데, 이때 조건을 만족한 것만 채택되고 나머지는 다 버려집니다. 그래서 조건에 만족한 값이 나올 때까지 임시값, 즉 'nonce'를 랜덤으로 바꾸면서 계속 대입해야 합니다. 그런데 누군가는 시간을 들여 자기 컴퓨터로 해야 하니 이에 대한 보상으로 새로운 블록을 생성하는 데 성공한 사람에게, 즉 지정된 값보다 낮은 값의 블록 해시를 찾은 사람에게는 비트코인이라는 암호화폐를 지급하는 것입니다. 이런 식으로 암호화폐를 지급하는 방식을 작업증명(Proof of Work, PoW)이라고 합니다. 그런데 새로 생기는 블록은 이전 블록보다 이 특정한 값이 더 낮아집니다. 그래서 비트코인을 채굴하기가 시간이 지날수록 점점 어려워지는 것입니다.

예를 들어 상자 안에 1부터 1000000까지 쓰인 공이 100만 개 있는데 꺼냈을 때 10000보다 낮은 것만 채택한다고 규칙을 정하죠. 그리고 꺼냈을 때 10000보다 큰 숫자가 적힌 공이 나오면 그 공을 집어넣고 다시 뽑아야 하는 게 규칙이죠. 그러면 100번 정도 꺼내면 한 개가 나오게 됩니다. 하지만 한번 당첨이 되면 하한선이 이전보다 내려갑니다. 그렇게 계속 당첨자가 나오다가 이제 1000보다 낮은 숫자를 뽑아야 하면 어떻게 될까요? 1000번 정도 해야 한 번 되는 것입니다. 또 시간이 지나 이제는 100보다 낮은 것으로 바뀝니다. 이젠 1만 번을 뽑아야 합니다. 이런 식으로 채굴이 어려워지고 그만큼 많은 자원을 써야 합니다. 더구나 나만 뽑는 게 아니라 다른 사람도 이런 방식으로 공을 뽑고 있습니다. 한참 뽑고 있는데 다른 사람이 먼저 뽑으면 말짱 도룩묵입니다. 처음부터 다시 뽑아야 하는 것입니다.

그래서 처음 비트코인을 채굴할 때는 개인이 컴퓨터 한두 대를 가지고도 며칠에 하나씩 채굴할 수 있었지만 이제는 수십에서 수천 대의 컴퓨터로 채굴하는 전문기업이 나서서 거의 대부분의 비트코인을 채굴하고 있습니다. 이들끼리도 서로 계약을 맺어 누가 먼저 뽑더라도 투여한 자원에 따라 채굴에 따른 수익을 분배하기도 하고요. 이런 상황에서 채굴, 즉 작업증명이 가지는 문제가 다양하게 대두합니다. 채굴이 점점 어려워지면서 일반인이 채굴에 참여하기가 어렵게 되면 블록체인과 암호화폐가 내세웠던 탈중앙화가 아니라 거대한 채굴 기업의 연합에 의해 지배될 수 있다는 문제가 대두됩니다. 또 채굴에 사용되는 막대한 전력이 기후변화를 부추긴다는 비판을 받기도 합니다. 이에 새로운 대안으로 떠오르고 있는 방식이 지분증명(Proof of Stake, PoS)입니다. 지분증명은 해당 암호화폐의 지분을 가지고 있는 비율에 따라 블록체인에 기록할 권한이 더 많이 부여되는 증명방식입니다. 예를 들어 특정 암호화폐 네트워크에 자신이 보유한 암호화폐를 예치하고 거래가 정당한지 검증할 컴퓨팅 파워까지 제공하면 노드의 역할을 할 수 있고 그 보상으로 디지털 자산을 받을 수 있습니다.

이런 지분증명 방식은 채굴경쟁을 하지 않게 되니 막대한 전력소모가 없습니다. 또 작업증명에 비해 블록처리 시간이 줄어드는 장점도 있고, 보안에도 훨씬 유리합니다. 하지만 많은 지분을 가진 이들이 연합하면 네트워크를 장악할 수 있다는 우려도 있습니다. 거기다 기존 채굴 기업의 반발도 만만치 않습니다. 하지만 현재 암호화폐 전문가들은 결국 작업증명보다는 지분증명으로 대세가 옮아갈 것으로 내다보고 있습니다. 실제로 비트코인과 함께 대표적인 블록체인 플랫폼이자 암호화폐인 이더리움은 2022년 9월에 기존의 작업증명 방식에서 지분증명 방식으로 업그레이드를 했습니다.

그런데 비트코인과 이더리움으로 대표되는 암호화폐의 가치에 회의를 가지는 사람도 많습니다. 애초에 비트코인이라는 게 블록체인을 확장하는 과정에서 드는 수고에 대한 보상 정도의 의미였는데 그 가격이 상상할 수 없을 정도로 치솟자 이젠 비트코인 자체를 확보하는 게 목적이 되었습니다. 더구나 비트코인은 실생활에서 사용할 용도가 그다지 없는 게 현실이죠. 오로지 비트코인 가격이 오르면 다시 현금화해서 그 차익을 얻겠다는 게 목표가 되었습니다. 그래서 옛날 네덜란드의 튤립 투기와 같은 일종의 투기 대상이 되었고, 누군가는 큰 손해를 볼 수밖에 없는 구조라고 비판하는 사람도 있습니다. 반면 비트코인을 지지하는 이들은 어차피 현재의 지폐도 사회적 합의에 의해 그 가치가 생긴 것이니 비트코인이라고 다를 것이 뭐냐고 변호를 합니다. 그냥 종이 쪼가리에 불과한 지폐를 장롱에 보관하는 것이나 비트코인을 가상 지갑에 보관하는 것이나 같다는 겁니다. 하지만 암호화폐가 기존 화폐처럼 물건을 사고파는 일에 쓰이지 않고 투자 혹은 투기의 대상에만 머문다면 한계가 있을 수밖에 없습니다. 이더리움의 창시자 비탈릭 부테린(Vitalik Buterin, 1994~)은 "실제로 쓸 수 없으면 10년 뒤 다 사라진다"라고까지 이야기합니다. 물론 이더리움이 지분증명 방식으로 변화하면 충분히 현실거래에 사용될 수 있음을 전제로 한 말이긴 하지만요. 암호화폐가 기존 화폐와 같은 대우를 받을 수 있을지는 아직은 알 수 없는 일이지요.

스마트 컨트랙트

그럼, 블록체인기술은 어디에 쓸 수 있을까요? 암호화폐를 제외하곤 그 사용처가 불분명했던 몇 년 전에 비하면 현재는 매우 다양한 사용법이 연구 개발되어 사용되고 있습니다. 이는 한편으로 이더리움으로 대표되는 2세대 블록체인기술의 등장에 힘입은 결과이기도 합니다. 1세대인 비트코인의 경우 블록체인기술 중 화폐의 역할에 충실했습니다. 이 말은 다른 용도로 사용할 가능성이 별로 없었다는 것이죠. 하지만 2015년 등장한 이더리움부터는 블록체인의 다른 가능성을 보여 주었습니다. 핵심은 스마트 컨트랙트(smart contract)입니다. 스마트 컨트랙트는 일종의 계약서입니다. A와 B가 일종의 계약을 하는데 사전에 협의한 내용을 미리 프로그래밍해서 전자계약서 문서 안에 넣어두는 것입니다. 조건을 충족하면 계약이 자연스레 완결됩니다. 블록체인 1세대가 과거에 일어난 일을 기록한다면, 블록체인 2세대는 미래에 일어날 일을 기록하는 것이라고 할 수 있습니다.

예를 들어 A라는 사람이 소설의 저작권을 일정한 금액 이상에 팔겠다는 내용(트랜잭션)을 블록체인에 올립니다. 블록체인 내의 이 내용을 사람들이 조회합니다. 그리고 그중 한 명이 그 조건에 사겠다는 내용을 다시 블록체인에 올립니다. 그럼 이 내용도 블록체인 내의 모든 디바이스에 저장되지요. 그리고 블록체인을 통해 돈을 판매자에게 보냅니다. 이를 통해 조건이 만족되면 등록된 소설의 저작권은 자동으로 구매자에게 이동하게 됩니다. 소설의 저작권을 예로 들었습니다만 일종의 전자문서화가 가능한 것은 모두 이런 식으로 적용할 수 있습니다. 보험 가입 및 변경, 금융인증서 발급, 저작권, 부동산 계약 등 다양한 문서가 이런 방식을 이용할 수 있습니다.

스마트 컨트랙트는 미래가 아니라 현재입니다. 우리나라 은행연합회가 공동인증 서비스로 도입한 뱅크사인(BankSign)은 한국의 18개 은행이 각자 서버를 두고 블록체인 네트워크로 운용하는 서비스입니다. 이를 통해 고객이 한 은행에서 공동인증서를 발급받으면 간단한 본인 인증만으로 모든 은행 웹사이트를 이용할 수 있었지요. 3년 뒤 갱신할 때도 한곳에서만 처리하면 됩니다. 증권업계에서도 이를 도입하고 있으며 보험회사도 이 블록체인을 통한 사업모델을 개발 중입니다. 또 삼성SDS는 해운물류 블록체인 서비스 첼로 스퀘어(Cello Square)를 운영 중이고, 세계 최대 글로벌 해운선사 머스크(Maersk)는 IBM과 협업을 통해 블록체인 물류 플랫폼 트레이드렌즈(Tradelens)를 제공하고 있습니다. 블록체인은 이제 암호화폐라는 울타리를 넘어 새로운 서비스로 자리 잡고 있으며, 앞으로도 더욱더 확산될 것으로 전망됩니다.

하지만 스마트 컨트랙트가 장점만 있는 것은 아닙니다. 먼저 일단 계약을 맺을 때 계약 자체가 법적인 문제를 가지고 있다면 보통의 경우 부당한 대우를 받는 쪽이 계약을 이행하지 않아도 됩니다. 하지만 스마트 컨트랙트는 계약이 자동으로 실행됩니다. 이미 실행된 계약을 무효로 돌리는 일은 대부분 계약을 이행하지 않는 경우보다 더 많은 시간과 비용이 들게 마련이지요. 즉 계약을 잘 지키도록 할 수는 있지만 계약을 현명하게 처리하지는 못합니다. 스마트 컨트랙트이지만 스마트하지 않아 보이죠? 또 스마트 컨트랙트는 누구나 쉽게 위조하거나 변조할 수 없다는 장점이 있습니다만 이 자체가 단점이 되기도 합니다. 2016년 스마트 컨트랙트 코드의 결점으로 수백만 이더리움이 도난당한 일이 있었습니다. 하지만 블록체인상에 기록된 코드 자체는 수정할 수 없었죠. 결국 도난당한 이더리움을 제자리로 돌려놓는 강제적 조치(일종의 업그레이드)를 진행해야 했습니다.

또한 오라클 문제(Oracle Problem)가 있습니다. 간단하게 말해서 블록체인의 안정성은 유지되지만 외부의 데이터를 블록체인으로 입력하는 과정에서 발생하는 다양한 문제가 일어날 수 있습니다. 외부 데이터 자체에 오류가 있거나 외부 데이터를 블록체인으로 가져오는 과정에서 오류가 생기는 것에 대해서는 스마트 컨트랙트가 조치를 취할 수 없다는 거지요. 이렇듯 다양한 문제가 있지만 블록체인을 이용한 서비스 자체는 계속 확장될 것으로 보입니다. 블록체인이 가진 강력한 보안과 스마트 컨트랙트가 가진 유용성이 이를 압도하고 또한 블록체인의 단점이 극복하기 힘든 것도 아니기 때문입니다.

웹3.0

웹이 처음 세상에 나왔을 때는 읽고, 듣고, 보고, 다운받는 용도의 서비스였습니다. 이 상황을 웹1.0이라고 하지요. 2000년대가 지나면서 웹은 변했습니다. 읽고, 보고, 듣고, 다운받기는 계속되지만, 이제 사용자가 직접 글을 쓰고, 영상을 올리고, 커뮤니티를 형성하는 것이 중요해졌습니다. 이를 웹2.0이라고 합니다. 그럼 요사이 많이들 이야기하는 웹3.0은 무엇일까요? 웹3.0에 대한 다양한 정의가 있지만 그 모두를 살펴보고 정확한 정의를 내리기란 사실 쉬운 일이 아닙니다. 현재진행형이기 때문이고 아직 개념만 있고 실제 서비스로 적용하는 건 제한되어 있는 경우가 많기 때문입니다. 대신 우리가 앞으로의 웹을 어떻게 변화시키려 하는지에 대해 살펴보도록 하죠.

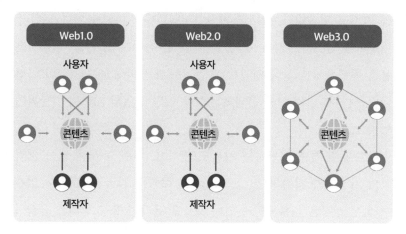

그림 27 웹1.0에서 웹3.0까지의 변화

먼저 유튜브로 시작해 보겠습니다. 유튜브는 대표적인 웹2.0의 산물입니다. 사용자들이 올리는 동영상이 핵심 콘텐츠입니다. 구글은 유튜브라는 플랫폼을 운영할 뿐이고, 콘텐츠를 만들거나 채우지는 않습니다. 하지만 유튜브에 올린 동영상을 통해 가장 큰 수익을 올리는 기업은 구글입니다. 물론 일부 유튜버도 상당한 수익을 올리지만 구글에 비하면 비할 바가 아니죠. 또한 동영상에 대한 통제권 또한 구글이 가지고 있습니다. 아주 강력하지요. 유튜버에게 수익을 어떻게 나누는지도 자신들이 정하고, 자신들의 정책에 반하는 콘텐츠는 비공개로 돌릴 수 있고, 특정 유튜버가 반복적으로 정책을 어기면 아예 콘텐츠를 올리지 못하게 할 수도 있습니다.

이는 유튜브뿐이 아닙니다. 다음이나 네이버와 같은 포털사이트, 웹툰이나 웹소설 사이트, 멜론이나 벅스 같은 음악 사이트 모두 스스로 만들어내는 콘텐츠보다는 사용자 혹은 콘텐츠 제작자가 만든 콘텐츠를 올려놓는 플랫폼으로 엄청난 이윤을 확보하고 강력한 통제력을 가지고 있습니다. SNS도 마찬가지입니다. 페이스북이나 트위터, 틱톡이나 인스타 모두 이용자가 콘텐츠를 올리지만, 돈을 버는 것은 물론 콘텐츠에 대한 운영권도 모두 플랫폼을 제공하는 기업이 가집니다. 여기에 더해 이들 콘텐츠는 모두 해당 기업의 서버에 저장되어 있지요.

　여기에 문제를 제기하는 사람도 많지요. 이런 플랫폼 없이 제작자와 사용자가 직접 서로 소통하고 그 수익도 직접 확보할 수 없을까 하는 생각은 블록체인과 만나 새로운 온라인 유통 형태를 꿈꿉니다. 앞서 살펴본 바와 같이 블록체인은 강력한 통제력을 가진 중앙이 없는 것(탈중앙화)을 가장 중요한 장점으로 내세우고 있지요. 이를 활용하면 구글과 같은 플랫폼 없이 웹상에서 각종 콘텐츠를 올리고, 소비하고, 비용을 지불할 수 있다는 겁니다. 대표적인 사이트로 스팀잇(steemit)이 있습니다. 암호화폐인 스팀(steem) 블록체인에 기반해 운영되는 SNS 시스템입니다. 내가 올린 글에 대해 다른 누군가가 추천(upvote)하면 스팀을 받는 구조입니다. 쉽게 말해서 글을 올려 '좋아요'를 받으면 돈을 벌 수 있다는 콘셉트인 것입니다. 일종의 블로그라고 볼 수도 있습니다. 물론 포털사이트의 블로그에는 글을 올려도 보상을 받을 수 없는 데 반해 스팀잇은 확실한 보상체계가 있어 2016년 서비스가 개시되면서 굉장히 큰 관심을 받았습니다. 그 뒤 스팀잇과 연동된 사이트가 늘어났습니다. 모두 나름의 보상체계를 스팀잇과 유사하게 갖춘 사이트들이죠. 동영상 콘텐츠를 올리는 디튜브(D.tube), 사진을 올리는 스팁샷, 음원을 올리는 디사운드(D'sound) 같은 것이 대표적입니다. 현재 웹3.0을 표방하는 여러 사이트 가운데 가장 오래되기도 했고 참여율 또한 높습니다. 하지만 처음 웹3.0의 희망을 이야기하던 사람들의 바람처럼 아주 잘 운영되지는 않고 있습니다. 내부적인 문제도 있지만 웹3.0으로 대표되는 이들이 주장하는 여러 희망 자체가 가지는 구조적 한계가 있는 것이 아닌가 하는 지적도 있습니다.

먼저 블록체인 지지자들의 이야기처럼 '탈중앙'이 과연 좋기만 한 것일까 하는 점입니다. 그리고 실제로 중앙이 없어질 수 있을까에 대해서도 의문을 가집니다. 먼저 탈중앙화에서 가장 중요한 장점 중 하나라고 이야기하는 것이 표현의 자유를 무제한으로 열어놓는 것입니다. 그런데 과연 표현의 자유가 무제한이라는 것이 옳은 것일까에 대해 의문을 제기하는 사람들이 많습니다. 그리고 탈중앙을 주장하는 이들의 말처럼 그런 글들에 대한 자정작용이 사용자들 사이의 커뮤니케이션으로 해결될 수 있을까도 의문이 들지요. 중앙화에서 가장 중요한 장점이라고 이야기하는 두 번째는 플랫폼 기업이 수익의 절대치를 가져가는 문제, 즉 콘텐츠의 생산과 유통에 기여한 회원들에 대한 정당한 보상이 이루어지지 않고 있다는 것입니다. 이를 블록체인을 통한 탈중앙화로 해결할 수 있다는 것이지요. 그런데 정당한 보상이 가능하려면 어디선가 그 보상을 치를 만한 수익을 창출해야 합니다. 기존 SNS에서는 사실 광고수익이 절대적이지요. 구글과 애플의 앱스토어에서는 수수료가 수익입니다. 그럼 이런 광고 유치나 수수료 수익을 실제로 구현할 조직이 웹3.0에도 있어야 하지 않을까요? 누군가는 광고를 수주하고 이를 집행해야 하고, 만약 앱스토어 같은 앱이 만들어진다면 그 또한 비슷한 일을 해결할 필요가 있을 겁니다. 실제로 스팀잇 같은 경우도 재단이라고 표현하지만 사실은 스팀잇을 관장하는 일종의 기업이 중심이 되어 활동하고 있습니다. 과연 경제적 측면에서 탈중앙화가 가능할 것인가 또한 의문이 들 수밖에 없습니다. 그리고 또 하나 기존 웹2.0 기업에 대해 제기하는 문제의 해법이 웹3.0이어야만 하는가에 대해서도 좀 더 깊은 고민이 필요해 보입니다.

시맨틱 웹은 과연 웹3.0인가

또 하나 웹3.0에 대한 이야기에서 빠지지 않는 것이 '시맨틱 웹(semantic web)'이라는 개념입니다. 그런데 이게 과연 맞는 이야기인지에 대해 의문이 듭니다. 먼저 시맨틱 웹에 대해 알아보죠. 대부분의 인터넷 사용자는 정보를 얻기 위해 구글이나 다음, 네이버 등의 검색 사이트를 이용합니다. 검색어를 입력하면 1초도 지나지 않아 해당 검색어를 찾아낸 웹페이지들을 주루룩 쏟아냅니다. 어떻게 이런 빠른 검색이 가능할까요? 간단합니다. 이들 검색엔진은 검색로봇(진짜 로봇이 아닌 프로그램의 일종)을 써서 매일 전 세계 웹사이트의 웹페이지들을 모조리 복사합니다. 이것을 크롤링(crawling)이라고 합니다. 그다음 이용자가 검색할 만한 키워드를 미리 예상해서 그에 해당하는 색인을 만들어둡니다. 그런데 이 작업을 사람이 하는 게 아니라 검색엔진의 인덱서가 수행합니다.

여기서 시맨틱 웹이라는 개념이 나옵니다. 웹 브라우저상에서 오른쪽 마우스를 클릭한 뒤 아래쪽의 페이지 소스 보기를 선택하면 'html' 태그가 잔뜩 붙어 있습니다. 이들 태그에 의해 페이지의 모습이 화면에 보이는 것입니다. 이런 태그들은 대부분 어떤 용어나 그림이 중요하다는 걸 의미하지 않습니다. 그런데 시맨틱 웹이란 웹문서를 작성할 때 그 페이지에서 검색 키워드에 해당하는 부분에 대해 의

미론적(semantic) 태그를 단다는 것입니다. 예를 들어 제목이나 작성자 이름, 검색 양식 등에는 'header'란 태그를 달고 목차에는 'nav'란 태그를, 페이지의 가장 중요한 부분에는 'main'이란 태그를 다는 식입니다. 이렇게 웹페이지를 정리해서 게시하면 앞서 색인을 만드는 검색로봇이 처리하기가 한결 수월해집니다. 이를 각 웹페이지에 메타데이터(metadata)를 부여해서 인터넷을 일종의 데이터베이스로 만든다고 표현합니다.

시맨틱 웹은 1998년 팀 버너스 리(Tim Berners Lee)가 처음 제안했고 현재 표준화 작업이 진행 중입니다. 시맨틱 웹이란 개념이 나온 것도 그럴 시점이 되었기 때문입니다. 엄청나게 많은 웹페이지가 매일 같이 쏟아져 나오기 시작했습니다. 이전에는 웹상의 정보 자체가 적어서 문제였지만 이때부터는 쏟아지는 정보 속에서 무엇이 유용한지를 선별하는 게 문제가 되기 시작합니다. 두 번째로 구글로 대표되는 검색엔진 등이 일종의 에이전트 역할을 수행하기 시작합니다. 전세계 웹을 사용자 대신 모두 긁어다가 보관을 하고 사용자의 요청에 따라 보여 주기 시작하죠. 따라서 에이전트가 보다 정확하게 일을 하게 만드는 게 필요했던 시점입니다.

이런 시맨틱 웹을 이용하면 검색엔진의 인덱서와 같은 프로그램이 각각의 웹페이지가 주로 무엇을 이야기하는지를 보다 분명하게 정리할 수 있습니다. 사용자에게도 필요 없는 웹페이지를 봐야 할 시간을 줄이니 좋은 것이지요. 하지만 이는 웹3.0과 그 기반이 되는 블록체인과는 별 상관이 없습니다. 구글이나 네이버 등에서도 이미 사용하고 있고요. 이전보다 향상된 검색방법이라는 점에서는 이견이 없지만 이를 웹3.0이라고 볼 수는 없는 게 아닐까요?

대체불가능토큰(NFT)

화가가 그림을 그리면 그 자체가 원작이 됩니다. 그 그림을 다른 사람이 베껴 그리든, 디지털화해서 판매하든 모두 복사본이라고 하죠. 이 경우 원본은 단 하나뿐입니다. 화가가 같은 작품을 또 그린다고 해도 그건 다른 원본이 되지요. 하지만 화가가 판화를 팔면 사정은 다릅니다. 원판으로 찍어낸 그림은 모두 일종의 원본인 셈이죠. 물론 화가가 직접 원판에서 그림을 떴는지 아니면 다른 이를 시켰는지에 따라 가치가 달라지기는 하지만요. 이 경우 서로 다른 원본이 다수 등장하지만 이들 원본도 사실 조금씩 달라질 수밖에 없습니다. 그리고 화가는 이들 원본에 일련번호를 매기거나 직접 서명을 하거나 해서 그 다름을 좀 더 확장시킵니다.

하지만 화가가 이제 디지털 아트를 하겠다고 하면 조금 달라집니다. 태블릿이나 컴퓨터로 작업한 작품은 파일로 저장됩니다. 물론 복제를 방지할 방법이 없지는 않습니다만 이론적으로 무한한 원본이 등장합니다. 화가가 이 작품에 가격을 매겨 판다고 생각해 보죠. 팔린 작품은 일종의 그래픽 파일이 됩니다. 물론 화가가 원본은 PSD 형식으로 저장하고, 판매는 JPG 형식으로만 하는 등의 방법을 쓸 수는 있습니다. 하지만 이 경우에도 마찬가지입니다. 화가가 판 JPG 형식의 작품과 이를 복제한 JPG 형식의 파일에는 그 어떤 차이도 없습니다.

한 개인이 화가에게서 파일을 산 뒤 이를 대량 복제해서 암시장에서 몰래 원래 가격의 10분의 1로 판다고 생각해 보죠. 이렇게 팔린 파일은 원래 화가에게서 구입한 파일과 아무런 차이가 없습니다. 이러면 자연스레 화가로부터 더 비싼 가격을 주고 작품(파일)을 살 '경제적' 이유는 하나도 없습니다. 물론 화가는 이 작품을 아무개에게 팔았다는 증명서를 발급할 수는 있습니다. 하지만 그 증명서가 그 사람이 가진 파일이 원래 화가로부터 샀다는 증거가 되진 않습니다. 예를 들어 원래 화가에게서 구입한 파일을 실수로 삭제한 뒤 암시장에서 다시 10분의 1 가격을 주고 동일한 파일을 구입한 경우도 있을 수 있으니까요. 만약 누군가가 화가에게 앙심을 품고 그 사람의 그림을 무료로 아무나 다운받을 수 있게끔 해버리면 이제 그 그림 가치는 0에 수렴할 수도 있습니다.

이러한 문제를 해결하는 방법 중 가장 각광받고 있는 것이 대체불가능토큰(Non-Fungible Token, NFT)입니다. NFT란 블록체인기술을 이용해서 디지털 자산의 소유주임을 증명하는 가상의 토큰입니다. 토큰 안에는 디지털 파일을 가리키는 주소가 담겨 있어 그 파일의 원본성과 소유권을 나타낼 수 있습니다.

하지만 원본성이 인정된다고 하더라도 문제가 없는 건 아닙니다. 예를 들어 화가가 원판을 만든 후에 얼마나 많은 판화를 찍어 팔았는지에 따라 가격이 달라질 것이고, 그 화가의 지명도와 평가가 시간이 지남에 따라 어떻게 변하는가에 따라서도 가격이 달라질 것입니다. NFT가 있는 디지털 아트의 경우도 마찬가지가 되겠지요.

최초의 NFT가 만들어진 것은 2014년 '퀀텀(Quantum)'이라는 NFT였습니다. 하지만 제대로 된 NFT가 등장한 것은 2017년이죠. 라바랩스(Larva Labs)가 1만 개의 서로 다른 토큰을 발행하면서 토큰마다 다른 사람 형상의 아이콘을 부여했는데 이를 크립토펑크(Cryptopunk)라고 합니다. 하지만 현재의 NFT는 ERC-721이라는 표준이 정립되면서 본격화됩니다.[21] 2021년 〈니안 캣(Nyan Cat)〉이라는 비디오는 약 60만 달러에 팔렸고 미국의 사진작가이자 디지털 아티스트 비플(Beeple)—본명은 마이클 조지프 윈켈먼(Michael Joseph Winkelmann)—의 〈Everydays: The First 5000 Days〉는 크리스티 경매로 6,930만 달러에 팔렸습니다. 한화로 약 800억에 이릅니다.

현재 이 분야에서 가장 두각을 나타내는 건 〈지루한 원숭이 요트 클럽(Bored Ape Yacht Club, BAYC)〉입니다. 약 1만 종류의 원숭이 형상인데, 이 중 가장 높은 가격은 43만 달러를 기록하기도 했습니다. 마돈나(Madonna)나 스눕 독(Snoop Dogg), 저스틴 비버(Justin Bieber) 등 유명인이 이를 구입해 화제가 되기도 했습니다. 〈BAYC〉의 가장 큰 특징은 NFT를 구매한 사람들에게 일종의 회원권을 부여한다는 점입니다. 제작사인 유가랩스(Yuga Labs)가 NFT 소유자들을 위한 온오프라인 커뮤니티 프로그램을 운영하기도 하고 소유자들이 자체적으로 오프라인 파티를 열기도 하지요. 거기에 〈BAYC〉는 NFT 소유자들에게 지적재산권 이용권도 제공합니다. 소유자들은 자신의 원숭이 캐릭터가 새겨진 티셔츠나 운동화 등을 판매할 수 있지요. 실제 아디다스가 이 NFT를 구매하고 이를 이용해서 후드티나 운동화 등을 판매하기도 했습니다. 블록체인에 기반하고 있기 때문에 암호화폐가 실물경제와 가장 유사한 접점을 만들 수 있는 것이 바로 NFT라는 분석도 나옵니다.

하지만 NFT에 대한 회의적 시선 또한 만만치 않습니다. 먼저 '원본'이 가지는 가치에 대한 평가가 상반됩니다. 예나 지금이나 실물 상품에도 짝퉁은 있습니다. 그러나 대부분의 짝퉁은 전문가에 의해 진품이 아니라는 판단이 가능한 차이가 있었지요. 만약 루이비통의 어느 제품을 복제한 짝퉁이 있는데 진품과 완전히 똑같아 구분할 수 없고 오직 진품과 짝퉁을 가리는 건 진품을 살 때 받은 영수증뿐이라면 어떨까요? 물론 예술에서는 '진품' 혹은 '원본'에 대한 다양한 시각과 판단이 있을 수 있지만 NFT가 있는 파일과 없는 파일은 오직 NFT, 즉 어떻게 보면 영수증이 있고 없고의 차이일 뿐입니다.

물론 디지털 아트의 원본성이 앞으로 어떻게 평가받고 사회적 합의가 이루어질지는 아직은 알 수 없습니다만 현재로서는 NFT의 구입은 일종의 위험성이 지극히 높은 투자일 수밖에 없습니다. 여기에 현재 NFT 시장이 체계적이고 안정적이지 않다는 점 또한 주목할 필요가 있습니다. 더구나 NFT 시장에 뛰어든 많은 이들이 고위험에 따른 고수익을 노리고 위험한 차익 실현을 주목적으로 한다는 것도 사실입니다. NFT가 거액에 거래되는 것을 내재된 가치에 대한 대가가 아니라 일종의 폰지사기(Ponzi scheme)라는 주장이 마냥 근거가 없는 것은 아닙니다.

하지만 NFT가 블록체인과 연관된 다른 서비스와 차이점이 있다면 기존 대기업이 커다란 관심을 보인다는 점입니다. 나이키나 아디다스 등의 스포츠 기업, 루이비통이나 샤넬 등의 패션 기업부터 제조업에 이르기까지 다양한 형태의 협업을 통해 NFT의 미래 가능성을 타진하는 모습을 보이고 있습니다. 하지만 기존 대기업이 NFT 산업에 뛰어들면서 NFT가 암호화폐가 아닌 실물화폐를 통해 거래되는 모습 또한 보입니다. 과연 NFT가 암호화폐를 실제 거래로 확산하는 통로가 될지, 아니면 암호화폐의 경계를 벗어나게 될지도 주목할 만한 부분입니다.

비트코인이라는 암호화폐로부터 시작되어 스마트 컨트랙트와 웹 3.0 그리고 NFT에 이르기까지 블록체인이 만들어낸 다양한 현상은 아직도 혼란스럽다는 것이 솔직한 표현일 겁니다. 물론 블록체인기술 자체는 다양한 형태로 응용되고 인터넷과 산업의 여러 풍경을 바꿔놓고 있으며 그 영향은 더욱더 막대해질 것입니다. 하지만 암호화폐와 웹3.0 그리고 NFT에 이르는 다양한 시도는 아직 거친 형태에서 벗어나지 못하고 있습니다. 더 가다듬고 보완하는 과정에서 다양한 실패가 드러나고 또 다른 어떤 혼란과도 마찬가지로 사기도 일어날 겁니다. 그 혼란이 정리되는 시점이 언제일지 알 수는 없지만, 2030년쯤 되면 마치 닷컴 버블 시대를 이야기하듯이 블록체인과 암호화폐를 이야기할 수 있지 않을까요?

디지털 트윈

얼마 전부터 메타버스라는 용어가 뉴스 등을 통해 퍼지면서 디지털 트윈을 예로 드는 경우를 간혹 봤습니다. 하지만 결론부터 말해서 디지털 트윈은 메타버스와는 많이 다릅니다. 현실세계와 가상세계를 서로 연결한다는 점에서는 둘이 유사해 보이지만 디지털 트윈은 메타버스와는 달리 현실의 물리적 실재를 그대로 가상의 디지털 세계에 구현하고 현실에서 발생하는 사건을 디지털에서 시뮬레이션하는 것이 주요 목적입니다. 예를 들어 우리는 컴퓨터를 통해서 메타버스에 접속해서 아바타 등을 통해 다른 이들과 대화를 하거나 회의를 하고 쇼핑과 게임을 할 수 있습니다. 하지만 메타버스에서 하는 이들 행위가 실제에서 일어나는 일을 반영하는 것은 아니죠. 하지만 디지털 트윈은 현실의 일이 가상에서 동일하게 일어난다는 점에서 메타버스와는 다릅니다.

디지털 트윈은 애초에 나사에서 시작된 개념입니다. 우주선을 발사하고 우주공간에서 다양한 작업을 하는 일은 연습이 쉽지 않습니다. 지구에 우주와 같은 조건인 무중력 상태, 진공, 우주 방사능 노출 등이 불가능에 가깝고 또 훈련 참가자들의 생명이 위태로운 경우가 많기 때문입니다. 그래서 우주와 똑같은 환경을 컴퓨터 안에 디지털 세계로 구축한 후 다양한 시뮬레이션으로 어떤 문제가 발생하는지 살펴보려는 게 디지털 트윈의 시작이었습니다. 이 개념을 독일이 인더스트리4.0─흔히 말하는 4차 산업혁명이라는 용어의 시초격입니다─의 핵심으로 차용하여 사이버 물리 시스템(Cyber Physical System)으로 만듭니다.

디지털 트윈의 장점은 우선 새로운 시스템 구축 과정의 시간과 비용 절약입니다. 디지털상에서 검증함으로써 실제로 시제품을 만들고 테스트 라인을 구축하는 등의 시간을 줄이고 비용도 줄일 수 있습니다. 또한 실제 현장에서 일어나는 문제점에 대해 디지털상에서 시뮬레이션을 통해 최적의 대책을 세우는 시간을 줄일 수 있습니다. 예를 들어 특정한 문제가 반복적으로 발생하는 경우 그 원인이 무엇인지

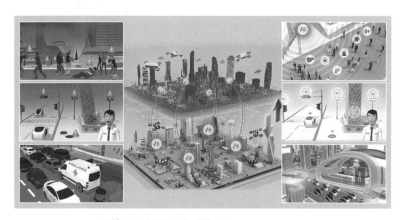

그림 28 디지털 트윈 사회(출처: 한국전자통신연구원)

어떠한 대처가 효율적인지를 미리 시뮬레이션함으로써 효율적으로 대처할 수 있다는 것이죠. 또한 이렇게 실제 현실과 디지털 간의 상호작용을 축적함에 따라 숙련자만이 다룰 수 있었던 영역을 표준화하고 그들의 노하우를 데이터로 이어갈 수 있습니다. 그리고 대규모 사업이나 공장, 도시의 경우 다양한 영역의 집단이 서로 협업을 통해 구축해야 하는데 디지털상에서의 시뮬레이션을 통해 실제 협업의 모델을 확인하고 효율적인 연계가 가능하도록 도와줍니다.

디지털 트윈의 주요 대상은 현재로는 공장, 도시, 인프라스트럭처, 건물 등입니다. 예를 들어 자동차 공장이라면 각종 부품을 제조하는 공장과 이들 부품을 조립하는 조립공장의 모든 기계를 디지털에 구현하고 실제 자동차를 제조하는 과정을 디지털상에서 구현합니다. 기존에 소형 SUV 차량을 생산하던 곳에서 대형 SUV 차량 생산으로 전환하려 할 때 이를 미리 디지털로 구현한 곳에서 시뮬레이션을 해봅니다. 그 과정에서 발생하는 여러 문제를 미리 확인하는 거지요. 그리고 최적화된 형태가 나오면 그에 맞춰 실제 공장을 재구성하게 됩니다. 그리고 일상적인 작업 과정 또한 끊임없이 디지털로 재현합니다. 이 과정에서 실제 작업 과정에서 나타나는 문제들이 디지털에 반영됩니다. 그럼 그것을 다시 디지털에서 수정 시뮬레이션하고 그 결과를 다시 현장에 반영하지요. 요사이 주목받고 있는 스마트 팩토리 또한 디지털 트윈을 통해서 완성 가능합니다.

디지털 트윈 도시는 싱가포르에서 볼 수 있습니다. 2018년에 버추얼 싱가포르라는 가상도시를 완성했습니다. 여기에는 도로, 빌딩, 아파트, 테마파크는 물론 가로수, 육교, 벤치까지 설치되어 있습니다. 도시를 정말 그대로 옮겨놓은 것이지요.[22] 싱가포르에서는 이 버추얼 싱가포르를 도시계획에 이용합니다. 새로 건물을 지을 때 주변 건물에 그림자는 어떻게 지는지 바람은 또 어떻게 부는지를 살펴봅니다. 또 건물의 성격에 따라 주변 교통량이 얼마나 증가하는지 이에 대한 대책으로 교통체계를 어떻게 바꾸는 것이 좋은지도 미리 시뮬레이션합니다. 여러 돌발 상황에 대한 대처도 디지털 트윈을 통해 확인할 수 있습니다.

예를 들어 유독가스를 운반하던 차량에 사고가 발생해서 가스가 누출되면, 가스가 퍼지는 범위를 미리 파악하고 이를 통해 주변에 있는 사람들이 어느 쪽으로 대피해야 하는지를 파악하고, 지진이 나고 태풍이 불어오는 경우 사고 취약지점이 어디인지 미리 파악하여, 사고가 났을 때 경찰과 소방대원은 어떤 경로를 따라 이동해야 하는지 등도 미리 확인할 수 있습니다. 우리나라에서도 인천시가 2019년 강화·옹진군을 제외한 인천 전역을 3차원 디지털 가상도시로 구축했고, 서울시도 2021년에 서울 전체를 3D로 동일하게 복제한 쌍둥이 도시, S-Map을 만들었습니다. 앞으로는 전국에 깔려 있는 전선망과 상하수도망 등 각종 시설도 디지털 트윈으로 구현될 겁니다. 실제 시설에는 각종 센서가 부착되어 현재 상황을 실시간으로 디지털과 연계합니다. 이렇게 되면 문제가 발생할 때 즉시 대처할 수 있음은 물론, 문제가 생기기 전 어떤 부분이 고장이 날 확률이 높을지를 가상 공간에서 먼저 확인하고 예방조치를 취할 수 있습니다.

이외에도 공항이나 버스 터미널, 항만, 기차 노선 등의 계획을 세우거나 개선하는 경우에도 디지털 트윈의 도입 및 운영을 적극적으로 검토하는 경우가 늘고 있습니다. 전 세계적으로 디지털 트윈은 2020년에 3조 6,000억 원의 시장을 형성하고 있는데 연평균 57%가량의 성장세를 보이고 있어 2026년에는 55조 원 규모의 시장으로 커질 것으로 예상됩니다. 우리나라 정부도 이에 맞춰 2021년 '디지털 트윈 활성화 전략'을 내놓았습니다. 이를 통해 민간 주도형 디지털 트윈 생태계를 확보하겠다는 계획입니다. 정부의 전망에 따르면 국내 시장의 경우 연평균 70%의 고성장이 예측되고 있습니다.

8 메타버스

익숙하진 않지만 예전부터 알던 것이 갑자기 굉장히 새로운 것인
양 각광받을 때 어리둥절해지곤 합니다. 메타버스가 그렇습니다. 3
차원 아바타가 인터넷 안의 3차원 가상공간을 돌아다니는 모습을 보
는 건 어쩐지 예전에도 있었던 것 같은데 '메타버스'라는 이름 아래
아주 새로운 기술과 서비스로 언론을 통해 소개될 때 그랬습니다. 닐
스티븐슨(Neal Stephenson)이 1992년 발표한 장편소설 『스노 크래
시(*Snow Crash*)』에서 가상세계라는 이름으로 처음 사용한 메타버스
(Metaverse) — Meta+Universe 합성어 — 란 용어의 정의는 경우에 따
라 다르지만 대략적으로 '현실세계와 같은 사회경제적 활동이 통용
되는 3차원 가상공간'이라 할 수 있습니다.

하지만 메타버스라면 가장 먼저 떠올리는 3차원 그래픽은 20세기
후반부터 게임이나 영상으로 등장하기 시작했습니다. 물론 처음에
해상도도 낮고 움직임도 어설펐지요. 하지만 시간이 지날수록 정교

해지더니 2020년대가 되니 광고에 나오는 가상인간 모델은 그야말로 실제 인간과 구분되지 않을 정도로 발전했습니다. 하지만 이런 3차원 기술의 발달만이 메타버스를 만든 건 아닙니다. 가상공간도 메타버스만의 전유물은 아닙니다. 우리는 게임을 통해 가상세계에 익숙하기도 합니다. 〈심시티〉나 〈에이지 오브 엠파이어〉, 〈문명〉 등의 전략 시뮬레이션 게임을 통해 우리는 가상의 도시나 문명을 건설하고 적과 싸우기도 했습니다. 또 게임 안에서 현실에서는 전혀 알지 못하는 이들과 길드를 형성하고 역시 전혀 알지 못하는 이들과 공성전을 벌이기도 합니다. 그리고 게임 내의 화폐로 각종 아이템을 사고팔기도 합니다. 게임을 통해 우리는 가상세계에 이미 익숙해져 있습니다.

SNS도 인터넷상의 일정한 커뮤니티를 형성하면서 트윗 친구 혹은 페이스북 친구가 실제 친구가 되기도 하고, 역으로 실제 친구가 SNS 속 친구가 되어 또 다른 커뮤니티를 구성하기도 합니다.

이미 웹과 게임, 영상 등을 통해 우린 반쯤 가상세계를 경험하고 있지요. 그런데 메타버스라는 가상세계는 이들 경험과 어떻게 다를까요? 사실 메타버스는 겉으로 보이는 모습은 이전의 3차원 가상세계와 유사하지만 그 배경에는 지난 20년 동안 이루어진 기술적 혁신이 녹아 있습니다. 먼저 사물인터넷과 클라우드 컴퓨팅 기술의 발달로 실재세계를 정확히 모사하는 가상세계 구현이 가능해졌습니다. 바로 앞에서 이야기한 디지털 트윈이 가능해진 것이죠. 그리고 빅데이터 처리와 인공지능 기술의 발달에 따라 가상세계가 실재세계의 변화에 맞춰 스스로 변화하는 모습을 가지게 되었습니다. 또한 가상세계에서의 활동이 퍼포먼스, 게임, 계약, 가상자산의 거래 등으로 발전할 토대를 만들게 되었죠. 여기에 블록체인기술을 통해 가상세계에서의 거래에 대한 신뢰를 확보하는 것도 가능해졌습니다.

여기에 마지막으로 VR(Virtual Reality, 가상현실)·AR(Augmented Reality, 증강현실)·MR(Mixed Reality, 혼합현실)·XR(Expended Reality, 확장현실) 기술이 도입되면서 메타버스의 시각적 부분이 완성되었습니다. 처음 등장할 때는 가상현실 정도였는데 증강현실, 혼합현실을 지나 이 모두를 포함하는 확장현실이 되었습니다. 가상현실(VR)은 내가 존재하는 현실과 다른 가상 환경이 존재하는 듯이 보이는 디스플레이 기술이죠. 현실세계에서 가상세계로 내가 넘어간 듯한 느낌을 줍니다. 증강현실(AR)은 현재의 세계에 컴퓨터 그래픽을 덧입힌 것입니다. 포켓몬고가 대표적인 예라고 할 수 있습니다. 하지만 컴퓨터 그래픽이 덧입혀진 것일 뿐 현실의 사물과 상호

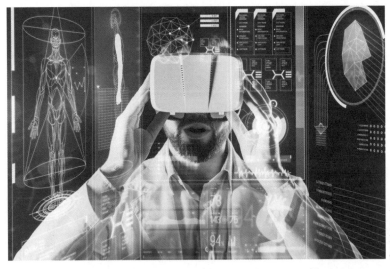

그림 29 HMD를 쓰고 가상현실에 들어가면 일상생활 속으로 들어갈 수 있다.

작용을 하진 못합니다. 포켓몬고 게임 중 나타난 포켓몬과 함께 손잡고 걸어갈 수는 없습니다. 혼합현실(MR)은 여기서 전진합니다. 가상의 존재가 현실세계에 나타나는 건 증강현실과 같지만 실재세계와 디지털 세계가 혼합되어 상호작용이 이루어집니다. 예를 들어 HMD(Head Mounted Display) 고글을 쓰고 야구공을 던지면 현실에서는 반대편 벽에 맞지만 고글 속 이미지는 포수의 미트로 들어갑니다. 혹은 여럿이서 고글을 쓰고 각자 자신의 사무실에 앉아 있지만 고글 속 이미지는 모두 가상의 사무실에 모여 같이 이야기를 나눌 수 있는 것도 혼합현실의 예가 될 수 있습니다. 그리고 이 모든 것을 합해 확장현실(XR)이라고 합니다.

그런데 이 모든 기술은 대량의 데이터를 아주 빠른 시간에 주고받을 수 있어야 합니다. 3차원 이미지는 2차원 이미지에 비해 그 용량이 아주 크고 정교해질수록 더 많은 데이터가 필요하지요. 더구나 여럿이서 같이 가상현실 세계에 존재하려면 각자가 하는 행위의 상호작용 또한 실시간으로 주고받을 수 있어야 합니다. 이 모든 게 가능해진 것은 통신기술의 발달 덕이기도 합니다. 5G는 이를 위한 솔루션이기도 합니다. 아무튼 이러한 기술적 발전 속에서, 그리고 코로나19라는 강제적으로 주어진 비대면 상황에서 메타버스는 2020년대 정보통신에서 가장 주목받는 화두가 되었습니다. 세계 최대 SNS 기업인 페이스북이 사명을 메타로 바꿀 정도지요. 미국의 로블록스는 대표적인 메타버스 게임 플랫폼으로, 월 이용자가 1억 명이 넘고 네이버 자회사인 스노우가 출시한 제페토는 약 3억 명의 가입자를 보유하고 있습니다.

하지만 메타버스가 이전에 나타났다 사라졌던 여러 개념이나 서비스처럼 큰 영향력을 끼치지 못할 것이라는 비판도 없지는 않습니다. 기존의 SNS나 게임, 플랫폼, 온라인 쇼핑몰과 본질적인 차이가 별로 없다고 주장합니다. 단지 3차원 그래픽이 덧입혀진 것 이외 다른 점이 무엇이냐는 것입니다. 또 하나 본격적으로 가상현실에 몰입하려면 HMD 고글을 써야 하는데 그 불편한 물건을 뒤집어쓰고 일상적인 생활을 할 수는 없다는 비판도 있습니다. 고글 없이 스마트폰이나 컴퓨터 모니터로 입장할 경우 기존에 나왔던 세컨드 라이프나 다른 화상 커뮤니티 프로그램과 별반 차이가 없습니다. 반대로 고글을 쓰면 일상생활을 할 수 없고, 오래 쓰고 있으면 현기증이 나는 등의 불편도 있어 절대로 일반화되기 힘들다는 비판입니다. 우후죽순처럼 쏟아져 나오는 '메타버스'란 용어를 붙인 각종 서비스가 실제로는 3차원 그래픽 이외에는 기존의 서비스와 별다를 게 없는 현실 또한 비판의 근거가 되기에 충분합니다.

3장 되돌아보기

반도체 반도체 초미세공정은 정보처리 속도 향상, 소모전력량과 장치면적 축소라는 세 가지 목표를 위한 필연적 선택이다. 1나노미터까지 삼성전자와 TSMC 그리고 인텔이 향후 10년 정도를 두고 경쟁을 벌일 것이다. 2023년에는 3나노공정 수율 확보가 중심 이슈가 될 것이고, 2025년경 2나노공정이 본격화될 것이다. 하지만 양자역학적 한계로 인해 회로선폭이 줄어들수록 기술 난이도와 수율 확보가 힘들어질 것이며 투자금액도 기하급수적으로 늘어날 것이다. 이와 함께 메모리 반도체 내부에 연산기능을 결합한 프로세스-인-메모리 반도체가 다양한 영역으로 확산될 것으로 전망된다.

슈퍼컴퓨터 너머 양자컴퓨터 구글과 IBM 등 거대 정보통신 기업과 한국, 미국, 유럽, 일본, 중국 등이 양자컴퓨터 개발에 속도를 올리고 있다. 하지만 현재 양자컴퓨터는 아직 실험 단계에 있다. 실험 단계에서 벗어나 상용화되기까지 최소 10년 정도 걸릴 것으로 전망하고 있다.

인공지능 초기 인공지능이 개별 과제에 맞춤형이었다면 현재 개발되고 있는 인공지능은 초거대모델을 중심으로 다양한 과제를 수행하는 다목적형으로 개발되고 있다.

데이터센터와 클라우드 컴퓨팅 아마존의 AWS 이후 본격화된 클라우드는 현재 폭발적인 성장세에 있다. 처리해야 할 데이터는 폭증하고 기업의 디지털 전환 속도도 빨라지고 있어, 당분간 클라우드 컴퓨팅은 전 세계적으로 비약적인 성장을 지속할 것이다. 클라우드 컴퓨팅의 확산은 물리적 데이터센터 건설 붐으로 이어지고 있으며, 이에 더해 빅데이터와 인공지능은 하이퍼스케일 데이터센터의 필요성을 배가하고 있다.

사물인터넷과 통신 인프라 인간만이 아닌 사물이 인터넷에 연결되는 사회가 현실화되고 있다. 공장에서 시작된 사물인터넷은 가정으로, 운송수단으로 건물로 범위를 넓히고 있으며, 이를 가능케 하는 물리적 토대인 통신 인프라 또한 빠르게 5G로 대체되고 있다. 10년 뒤에는 6G가 5G를 대체할 것이다. 사람들 사이의 연결에 비해 사물과 사물 사이의 연결이 100배 이상 늘어날 것이다.

블록체인 블록체인 2.0의 핵심인 스마트 컨트랙트를 이용한 다양한 금융 서비스가 이루어지고 있다. 암호화폐에 대한 관심은 커졌지만 여전히 실물화폐를 대체하기보다는 투자개념이 압도적이다. 앞으로 10년 사이에 실물화폐를 대체할 가능성을 현실화하지 못한다면 암호화폐에 대해선 회의적인 시각이 더욱 커질 것이다.

웹3.0과 대체불가능토큰이 암호화폐의 실물경제에 대한 영향력을 키울 수 있을 것으로 보는 이들도 있지만, 아직은 가능성의 영역에 지나지 않는다. 다만 대체불가능토큰의 경우 다양한 마케팅 수단으로서의 가능성이 확인되고 있다.

디지털 트윈 공장이 스마트 팩토리로 가기 위한 필수적인 코스로 디지털 트윈을 인식하고 있다. 인공지능과 빅데이터 처리, 다양한 센서와 IoT가 디지털 트윈을 위한 필수요소다. 디지털 트윈은 이제 공장을 넘어 스마트시티, 스마트 빌딩 등을 위한 필수적인 과정으로 발전하고 있다.

메타버스 코로나19로 인한 메타버스에 대한 관심은 관련 산업과 기술에 붐업을 일으키는 데는 성공했다. 하지만 엄격한 의미의 메타버스 실행을 위한 확장현실은 아직 기술적·경험적·사회적 한계가 확실하다. 다만 스마트 안경 등을 통한 증강현실 기능은 다양한 전문 영역에서 기회를 엿보고 있다.

생명공학

21세기, 세계를 바꿀 미래 기술을 이야기할 때 빠지지 않고 등장하는 것이 생명공학입니다. 생명공학의 발달은 먼저 크리스퍼 혁명을 통한 유전공학의 발전과 인접 학문과의 융합을 통한 새로운 기술의 등장에 힘입었으며 다가올 100억 인류 시대의 각종 난제를 해결해야 할 사명까지 부여받고 있습니다.

크리스퍼 혁명과 합성 생물학

20세기 말부터 시작된 크리스퍼 혁명은 생명공학 분야의 거대하고 급속한 성장을 이끌고 있습니다. 그 대표적인 결과가 코로나19 mRNA백신입니다. 마치 유전공학이 생명공학과 동의어가 된 듯한 착시 현상마저 보일 만큼 생명공학 전체에서 유전공학이 차지하는 비중은 절대적이고 또 지속적으로 확장되고 있습니다.

개체를 넘어 종의 생멸에까지 인류가 관여할 수 있는 유전자 드라이브라는 새로운 개념이 연구실을 넘어 실제 사용에 이를지 여부에 관심이 집중되고 있습니다. 합성 생물학은 이전에 없던 새로운 종을 창조하기에 이르면서 다양한 윤리적·사회적 논쟁을 일으키기도 합니다.

GMO

유전공학의 발전은 또한 기존 농업에서 GMO 작물의 광범위한 재배로 나타나기도 합니다. 콩과 옥수수, 면화 등에서 GMO는 좋든 싫든 대단히 큰 몫을 차지하고 있습니다. GMO는 작물 이외에도 화학산업과 의약산업 분야에서도 중요한 역할을 하고 있습니다.

백신의 현재와 미래

코로나19 팬데믹으로 백신의 수요와 관심이 높아졌습니다. 1796년 제너가 종두법을 실시한 이래 생백신과 사백신, 바이러스유사입자백신, 톡소이드백신, DNA백신, mRNA백신 등이 개발되었습니다. 이 가운데

mRNA백신은 코로나19 팬데믹 이전에는 동물실험에만 상용화되었으나 이제 인간에게까지 적용하게 되었습니다.

미래 식량

100억 인류의 시대를 목전에 두고, 또한 더욱 악화되고 있는 기후위기 앞에서 새로운 식량 생산에 대한 고민은 특히 육류에서 두드러지게 나타나고 있습니다. 대체육과 배양육이 기존의 전통적인 축산업을 대체할 수 있을지에 관심이 쏠리는 이유입니다.

바이오칩

생명공학과 전자공학의 융합에 의한 바이오칩 역시 21세기 들어 눈부시게 발전하고 있습니다. 코로나19 자가진단시약, 혈당체크, 임신확인키트 등 DNA칩, 단백질칩, 랩온어칩, 바이오센서 등 바이오칩의 발전은 생명공학과 의학뿐만 아니라 다양한 영역에서 그 가능성이 확인되면서 응용 범위가 확대되고 있습니다.

차세대 항암제

전 세계 사망원인 1위인 암치료 분야에서 발전이 눈부십니다. 1세대, 2세대, 3세대 항암제를 넘어 더 나은 치료 효과와 더 적은 부작용으로 환자와 가족들에게 희망을 안기고 있습니다.

이와 함께 인공지능의 도입 또한 생물학과 생명공학, 의학의 전 분야에 영향을 끼치고 있습니다. 이제 디지털 생물학이란 용어가 자연스러울 정도입니다. 알파폴드와 로제타폴드가 만들어낸 단백질 구조 분석의 새로운 혁명, 인공지능과 전자공학의 융합에 의해 발전하는 진단산업은 유전공학과 함께 21세기 생물학을 이끌 새로운 수단이 되었습니다.

크리스퍼 혁명과 합성 생물학[1] ①

DNA 시퀀싱

자식은 여러모로 부모와 닮았다는 사실로부터 아주 예전부터 무엇인가 부모에게서 자식에게 전달되는 것이 있다고 막연하게 알고 있었습니다만 유전이라는 개념은 19세기 오스트리아의 그레고어 멘델(Gregor Mendel, 1822~84)이 유전법칙을 발견하면서부터 확실해졌습니다. 그러나 멘델 또한 형질을 전달하는 유전자가 있다고는 생각했지만 그것이 무엇인지는 알지 못했습니다.

유전물질이 세포 내의 DNA라는 것을 밝힌 것은 20세기 들어서입니다. DNA는 염기 종류에 따라 네 가지가 있는데, 이들이 어떤 순서로 배열되었는가가 유전의 본질이었습니다. 그리고 이 DNA가 일종의 설계도라는 것도 밝혀집니다. 즉 DNA 사슬의 순서, 염기서열에 의해 단백질이 합성됩니다. 염기서열에 따라 만들어진 단백질은 인체 내에서 물 다음으로 많이 존재하는 물질로, 생물이 생물이게끔 해

주며, 생명활동을 이어나가게 하
는 핵심 물질입니다.

이들 DNA가 서로 결합하여
사슬을 이루는데 그 순서를 염기
서열 혹은 DNA 서열이라고 합
니다. 유전자는 바로 이 염기서
열입니다. 음계는 도레미파솔라
시 7계명이 있죠. 이들의 배열

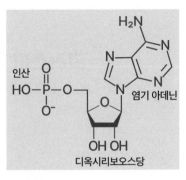

그림 30 DNA 분자 구조(출처: Wikipedia)

에 따라 서로 다른 음악이 만들어집니다. 예를 들어 '솔라솔미레도
도라' 이렇게 이어지는 노래와 '솔미솔도 라도도솔' 이렇게 이어지
는 음악이 다른 것처럼 'ATTCTAGCT…'로 이어지는 DNA 사슬과
'AATCGGATCC'로 이어지는 사슬이 서로 다른 유전정보를 담고 있
습니다.

사실 이 유전자, 즉 DNA 사슬이 담고 있는 유전정보는 일종의 설
계도입니다. 세포는 유전자라는 설계도를 읽고서 그 순서에 맞춰 단
백질을 만듭니다. 단백질은 우리 몸을 구성하는 물질이기도 하지만
또 생물이 무생물과 다른 여러 특징을 가지게끔 하는, 생물을 생물답
게 만드는 물질이기도 합니다. 단백질은 생체 내 다양한 물질과 결합
하고 반응하면서 우리 몸을 만들고, 몸에서 일어나는 다양한 화학반
응을 주도합니다. 단백질은 먼저 세포 내 다양한 기능을 하는 소기관
의 구성요소이고, 세포와 세포를 잇고, 세포를 둘러싸는 세포외 기질
의 재료이기도 합니다. 또 인체 내에서 다양한 화학작용의 매개체인
효소의 주성분이고, 인체 내 기관 사이에 여러 정보를 전달하는 호르
몬의 재료이기도 합니다. 이를 통해 우리는 생명을 유지하는 한편 그

과정에서 조금씩 다른 양태에 따라 부모와 닮기도 합니다.

DNA로부터 단백질이 만들어지는 과정은 크게 세 부분으로 나눕니다. 첫 단계는 세포핵 안에서 DNA 사슬로부터 mRNA[2]로 설계도를 복제하는 일입니다. 이를 전사(transcription)라고 합니다. 복제된 mRNA는 핵막의 구멍을 통해 빠져나가 리보솜(ribosome)이라는 세포 내 소기관으로 갑니다. 리보솜으로 또 다른 종류의 RNA인 tRNA가 단백질 재료가 되는 아미노산을 가져옵니다. 그리고 mRNA가 가져온 정보에 맞춰 아미노산을 순서대로 조립합니다. 이 두 번째 단계를 번역(translation)이라고 합니다. 이렇게 만들어진 아미노산 사슬을 폴리펩티드(polypeptide)라고 하며 단백질의 1차 구조입니다. 그런데 우리 몸의 단백질 대부분은 1차 구조로만 이루어져 있지 않습니다. 이제 세 번째 단계가 시작됩니다. 마치 실 모양의 폴리펩티드는 서로 결합해서 나선구조나 가닥구조 또는 병풍구조를 형성하는데, 이를 단백질의 2차 구조라고 합니다. 그리고 2차 구조가 다시 3차원 모양의 3차 구조를 만듭니다. 그리고 3차 구조가 여럿이 모여 다시 4차 구조를 만들기도 하죠. 대표적인 예로 적혈구의 헤모글로빈(hemoglobin)은 글로빈(globin)이라는 3차 구조 단백질 네 개가 모이고 가운데 헴이 꽂혀 있는 4차 구조입니다.

이렇게 20세기 중반, 유전자와 단백질에 얽힌 사실이 밝혀지면서 DNA 염기서열을 파악할 수 있다면 생명의 신비를 풀 수 있고, 유전병의 치료나 품종 개량 등 다양한 분야에 적용할 수 있다는 희망이 있었더랬습니다. 하지만 DNA 분자는 워낙 작아 현미경으로도 윤곽조차 볼 수 없다는 문제가 있습니다. 그러나 쉽게 포기할 일이 아니었습니다. 1965년 로버트 할리(Robert Holley, 1922~93)가 tRNA

염기서열을 가장 먼저 분석해 냈고, 이어 발터 피어스(Walter Fiers, 1931~2019)가 박테리오파지(bacteriophage) 바이러스의 외피 단백질을 구성하는 유전자 전체의 DNA 염기서열을 분석했습니다. 이렇게 염기서열을 밝히는 것을 DNA 시퀀싱(DNA sequencing)[3]이라고 합니다.

　이후 프레더릭 생어(Frederick Sanger, 1918~2013)가 좀 더 효율적인 시퀀싱을 개발하여 20세기 후반까지 널리 사용합니다. 이런 노력에 의해 DNA 염기서열을 파악하는 것이 가능해지긴 했지만 그 과정은 대단히 느리고 또 오랜 노력이 필요했습니다. 1987년 이 시퀀싱의 자동화가 가능해졌습니다. 거기다 컴퓨터로 데이터를 수집하고 분석하는 일도 가능해졌지요. 그리고 1996년 파이로시퀀싱(pyrosequencing)이라는 새로운 시퀀싱 기술이 개발되고 2005년 파이로시퀀싱을 자동화합니다. 이제 기계가 반복적으로 그리고 동시에 많은 양의 DNA를 동시에 시퀀싱하는 것이 가능해지면서 대량 염기서열 분석이 시작됩니다.

　자동화된 파이로시퀀싱 기술이 없었다면 21세기 초 진행된 인간의 유전체 전체를 밝혀내려는 인간게놈 프로젝트는 불가능했겠죠? 이전까지의 기술로는 인간게놈 전체를 파악하는 데 100년 넘게 걸렸을 거니까요. 지금 이 순간에도 DNA 시퀀싱은 날로 발전하고 있습니다. 요사이에는 연구실에서 직접 시퀀싱을 하는 대신 전문업체에 맡기는 경우가 더 많을 정도입니다. 분석이 필요한 DNA를 넘겨주면 불과 며칠 만에 결과를 알 수 있는데, 비용 또한 이전에 비해 아주 저렴해졌습니다. 중국에서는 불과 100달러, 우리 돈으로 10만 원 정도로 한 사람의 유전체 전체를 분석해 줄 정도입니다.

크리스퍼 혁명

20세기 중반부터 유전체 분석이 가능해지자 이제 유전자를 교정하려는 연구도 시작됩니다. 이를 가능케 한 것은 유전자가위입니다. 바로 제한효소(restriction enzyme)로, 세균에서 발견한 것입니다. 세균도 바이러스에 의한 감염이 일어나는데 이를 방어하기 위해 바이러스의 DNA를 확인하고 없애는 물질인 제한효소가 만들어졌는데 이는 진화의 산물입니다. 제한효소에는 바이러스의 특정한 DNA 염기서열을 인식해서 잘라버리는 기능이 있습니다. 예를 들어 'EcoRI'라는 제한효소는 GAATTC라는 염기서열을 인식하고 잘라버립니다. 'HaeⅢ'라는 제한효소는 GGCC라는 염기서열을 인식하고 잘라버립니다. 연구를 통해 1960년대부터 지금까지 200여 개의 다양한 제한효소를 발견했습니다.

그런데 네 개에서 여덟 개 정도의 염기서열을 인식해서 잘라버리면 같은 염기서열을 가진 다른 부위도 잘릴 확률이 높습니다. 예를 들어 네 개의 염기서열이 같을 확률은 256분의 1이고 여덟 개가 같을 확률은 6만 5,536분의 1입니다. 6만 5,536분의 1은 굉장히 낮은 확률이라고 생각할 수 있지만 유전자에는 아주 많은 염기서열이 있기 때문에 실제 자르려는 곳이 아닌데도 잘라버리는 경우가 종종 생깁니다.

그 뒤로 징크 핑거 가위(Zinc Finger Nuclease, ZFN)라는 염기서열 8~10개 정도를 인식하는 제한효소와 탈렌 유전자가위(Transcription Activator-Like Effector Nuclease)라는 염기서열 10~12개 정도를 인식하는 제한효소도 발견합니다. 염기서열 12개라면 동일하게 반복될 확률은 약 1,700만 분의 1 정도가 됩니다. 하지만 이 경우도 앞서 이

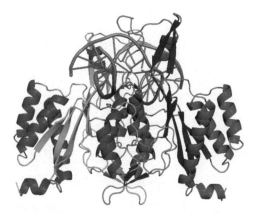

그림 31 대장균에서 발견한 제한효소인 Eco RI(출처: Wikipedia)

야기한 오류가 발생할 가능성이 여전히 크게 남아 있습니다. 그런데 사람의 세포핵 하나에 들어 있는 DNA의 개수는 30억 개 정도 됩니다. 더구나 아미노산을 지정하는 코돈(codon) 64개 중 하나가 섞여 있다면 말이 달라집니다. 세 개의 DNA가 연속된 코돈은 64개 중 하나인데 아미노산을 지정할 경우 반복되어 나타나니 전체적으로 확률이 대단히 높아집니다. 이렇게 원하지 않는 부위까지 잘라지면 그 결과로 만들어지는 유전자 편집 생물에게 예상치 않은 돌연변이가 일어날 가능성이 높아집니다.

20세기 말, 새로운 유전자가위인 크리스퍼(Clustered Regularly Interspaced Short Palindromic Repeats, CRISPR)가 발견됩니다. 크리스퍼는 무려 21개의 염기서열을 인식합니다. 이 정도면 우연히 다른 부분의 염기서열이 일치할 확률은 4조 4,000만 분의 1이 됩니다. 인간 유전체 염기서열 30억 개를 1,000배 이상 뛰어넘는 확률이니 우연하게 일어날 가능성이 아주 작아집니다. 물론 그렇다 하더라도 생각지 못한 부분을 자르는 오류가 아예 일어나지 않는 건 아닙니다.

크리스퍼를 세균에서 처음 발견한 사람은 1987년 일본의 과학자 이시노 요시즈미(石野良純)였지만 그것이 무엇을 의미하는지는 파악하지 못했습니다. 그러다 덴마크의 유산균회사 과학자들이 세균이 이를 적응 면역이라는 용도로 사용하는 걸 발견했지요. 세균의 경우 박테리오파지라는 바이러스에 무척 취약합니다. 유산균도 세균의 일종이라 박테리오파지가 한번 번지면 떼죽음을 당했지요. 그런데 이 바이러스가 한번 휩쓸고 지나간 뒤에도 살아남은 세균이 있어 조사해 보았더니 바로 크리스퍼를 이용해서 박테리오파지에 대한 면역을 가지게 된 겁니다.

바이러스가 유산균에 침입하면 유산균은 이들의 DNA 일부를 잘라 크리스퍼 가운데 스페이서라는 부위에 집어넣어 보관합니다. 그리고 다시 같은 바이러스가 침입하여 크리스퍼가 동일한 DNA를 발견하면 스페이서의 DNA 조각 부분을 전사하여 RNA(crRNA)를 만듭니다. 다음 단계에서 이렇게 만들어진 crRNA와 카스(cas)라는 절단효소가 결합합니다. 마지막으로 이 RNA가 바이러스 DNA의 동일한 부위에 결합하면 카스 절단효소가 바이러스의 DNA를 잘라서 바이러스를 소멸시키는 거지요. 즉 이전에 침입한 바이러스의 DNA를 잘 보관하고 있다가 다시 같은 종류의 바이러스가 침입하면 이를 제거하는 용도로 세균이 크리스퍼를 사용하고 있습니다.

그런데 과학자들이 이를 연구하다 보니 스페이서 부위에 들어가 있는 염기서열을 다른 염기서열로 바꿔도 이전처럼 잘 작동하더란 거지요. 캘리포니아대학교 버클리캠퍼스의 제니퍼 다우드나(Jennifer A. Doudna) 박사팀이 이를 발견했고, 이 업적으로 2020년 노벨화학

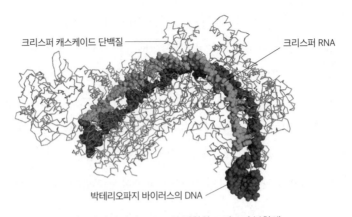

크리스퍼 캐스케이드 단백질

크리스퍼 RNA

박테리오파지 바이러스의 DNA

그림 32 박테리오파지 바이러스 DNA와 결합한 크리스퍼 복합체(출처: Wikipedia)

상을 받기에 이릅니다. 즉 크리스퍼 자체는 그 안에 있는 DNA 염기 서열이 뭐든지 신경 쓰지 않고 작동하는 겁니다. 그러니 이제 정말 DNA 서열을 마음대로 자르고 붙이는 일이 아주 쉬워진 겁니다. 더구나 가운데 들어가는 염기서열의 길이가 길어지면서 의도하지 않던 유전자 부위를 자를 확률도 아주 작아집니다. 그래서 이를 크리스퍼 혁명이라고까지 부릅니다.

이전까지의 유전자가위와 비교하면 우연히 다른 부위를 자를 확률은 0에 가깝게 줄어들고, 효율은 훨씬 높아졌기 때문이지요. 실제 이를 사용하면 이전에 2년 정도 걸리던 실험이 일주일로 단축되기도 합니다. 유전병 연구에는 특정 유전병을 가진 실험동물을 이용한 실험이 중요한데 이런 동물을 만들려면 전에는 길게는 몇 년에서 짧아도 몇 개월은 걸렸습니다. 그런데 크리스퍼 가위를 이용하니 불과 몇 주면 만들 수 있게 되었습니다. 더구나 비용도 훨씬 저렴해졌습니다. 크리스퍼 혁명 이후 유전자 편집은 이전에 비해 아주 쉬워졌습니다.

이로써 유전병의 근본적 치료가 실제로 가능해질 것이라는 희망도 생겼습니다. 또한 현재 농업 분야에서도 실제로 광범위하게 사용되고 있기도 합니다.

하지만 이런 유전자가위의 발전은 한편으로 걱정되는 부분이기도 합니다. 이제 어느 정도의 유전공학 지식을 갖추기만 하면 누구든 유전자 편집을 할 수 있는 시대가 된 것이죠. 실험 장벽이 아주 낮아졌으니 전 세계 어디선가 다른 방식으로 이를 악용할 수도 있습니다. 만약 감염병을 일으키는 세균이나 바이러스 유전자를 일반 세균 DNA에 집어넣어 퍼트리는 생물학 테러도 가능해진 것입니다. 생물학 테러가 아니더라도 인간 유전자를 편집하는 경우도 있을 수 있습니다. 실제 중국에서 인간 배아의 유전자를 편집한 사례가 드러나 세상이 발칵 뒤집히기도 했습니다.

또한 정상적인 실험에서도 크리스퍼 유전자가위의 작동에 의한 염기서열의 변화가 지금까지 알려진 것보다 훨씬 더 대량으로 일어난다는 연구도 있습니다. 이런 염기서열의 재배열은 해당 생물에게 영구적인 변화를 일으키니 더 안전하게 사용할 수 있도록 하는 기준을 더 높게 잡아야 한다는 주장에 힘이 실리고 있기도 합니다.

유전자 편집

크리스퍼 유전자가위 기술을 이용하면 기존 의술로는 치료가 힘든 난치병을 치료할 수도 있습니다. 노인성 황반변성은 망막의 황반[4]이 노화나 유전적 요인으로 기능이 떨어지면서 시력이 감소하고 심하면 완전히 실명에 이르기도 하는 질병입니다. 노인 실명 원인 1위이고 완치 방법이 없습니다. 그런데 2019년 영국의 옥스퍼드대학교에서 이들을 대상으로 유전자 치료를 시도했고 그중 한 명은 황반변성이 더는 진행되지 않는 결과를 낳았습니다. 황반 부위의 망막을 들춘 뒤 인체에 무해한 바이러스를 주입하는 방식이었습니다. 해당 바이러스에는 황반 세포의 잘못된 DNA 서열을 바로잡아 주는 유전자가 있어서 이를 통해 병의 진행을 막는 것이죠.

또 골수암환자의 경우 암환자 면역세포에 암세포 탐지 단백질 유전자를 삽입하면 면역세포가 암세포만 골라서 죽이는 방식으로 암치료가 가능합니다. 실제 실험에 성공하기도 했지요. 그런데 성인을 대상으로 하는 치료에는 한계가 있습니다. 치료에 필요한 세포를 인체 밖으로 꺼내서 크리스퍼 가위 기술을 이용해 유전자 정보를 바꾼 뒤 다시 인체 안으로 넣는 방식이기 때문이지요. 성인 세포는 모두 일정한 주기가 있어 어느 정도 시간이 지나면 죽고 새로운 세포가 그 자리를 채웁니다. 즉 그 효과가 일시적이란 의미입니다. 그래서 일정한 시간이 지나면 치료를 반복해야 합니다. 여기에다 비용도 만만치 않습니다.

물론 성인을 대상으로 하더라도 반영구적인 치료가 가능한 방법이 개발되어 있기는 합니다. 예를 들어 혈우병이라는 유전병이 있습니다. 보통의 경우 상처가 생기면 흘러나온 피가 응고되어 더는 피가 흘러나오지 않도록 합니다. 이를 위해 혈액에는 혈액응고를 위한 단백질이 있는데 혈우병의 경우 이 응고 단백질이 없어서 혈액이 굳지 않습니다. 밖으로 난 상처도 상처지만 이보다는 흔히 '멍'이라고 하는 내부 출혈이 더 문제입니다. 외부로 드러나지 않으니 빨리 대처할 수 없고 움직이는 과정에서 관절 부분에 내부 출혈이 자주 발생하기 때문이지요. 그래서 예전에는 유전적으로 혈우병에 걸린 경우 오래

살기가 힘들었습니다.

현재는 혈액응고에 필요한 단백질을 며칠에 한 차례씩 주사를 하면 완치는 되지 않지만 정상적인 생활이 가능합니다. 그래도 며칠에 한 차례씩 평생 주사를 맞는다는 건 번거롭기도 하고 비용도 만만치 않습니다. 이 경우 유전자 치료가 가능합니다. 피를 만드는 곳은 뼈 안의 골수세포인데 이 골수세포에 혈액응고 단백질 유전자를 삽입하는 거지요. 그러면 골수가 직접 혈액응고 단백질을 생산해 내니 따로 주사를 맞을 필요가 없습니다. 2020년 미국의 제약회사 바이오마린 파마슈티컬이 개발한 혈우병A 유전자 치료제인 발록스는 한번의 투약만으로 치료가 가능하다고 알려져 있습니다.[5] 아직 임상 중이긴 하지만 만약 성공한다면 혈우병 환자들에게는 더할 나위 없는 희소식이 되겠지요. 그러나 현재 책정된 가격은 300만 달러로 우리나라 돈으로 치면 약 36억 원 정도입니다. 보통 사람은 엄두가 나지 않는 가격이지요.

유전자 편집 아기

그렇다면 아예 태어나기 전에 유전자 편집을 통해 유전병을 치료하면 어떨까요? 이론적으로는 배아 상태에서 유전자 편집을 하면 유전병으로부터 완전히 해방됩니다. 유전병은 부모로부터 물려받은 것이든 돌연변이에 의한 것이든 이론적으로는 처음 수정란이 만들어질 때 확인이 가능합니다. 특히나 체외 인공수정에 의해 수정란이 형성되면 배아기에 확인하여 유전자 치료를 할 수 있습니다. 아니면 아예 수정되기 전 난자나 정자 상태에서 유전자 치료를 하는 것도 불가능한 일은 아닙니다. 2018년 기초과학연구원 김진수 단장이 이끄는 연구팀은 비후성 심근증이란 질환의 원인이 되는 변이 유전자를 정자와 난자의 수정 단계에서 크리스퍼 유전자가위를 통해 교정한 결과를 발표했습니다. 물론 실제 인간을 대상으로 하는 연구는 아니었습니다.

그러나 배아 단계의 유전자 치료는 부작용이 일어날 우려 또한 성인에 비해 매우 큽니다. 성인 유전자 치료는 해당 부위에만 유전자를 조작합니다. 그러나 배아 단계 유전자 치료는 이후 배아가 세포분열을 하는 과정에서 해당하는 모든 세포에 영향을 끼치게 됩니다. 즉 일부분에서만 부작용이 일어나는 것이 아니라 몸 전체에서 부작용이 나타날 수 있다는 얘기입니다. 특정 부위에서는 부작용이 일어나지 않더라도 다른 부위에서는 부작용이 일어날 수도 있습니다. 만약 그 부위가 생명활동에 아주 중요한 지점이라면 돌이킬 수 없는 경우도 발생할 수 있습니다. 더구나 이런 유전자 편집 혹은 조작 치료는 인간을 대상으로 실험을 할 수도 없습니다. 결국 부작용에 대해서는 미리 파악할 수조차 없습니다. 또 유전공학이 발달했다고 하지만 아직 우리는 유전자가 하는 다양한 역할에 대해 완전히 파악하지 못하고 있습니다. 배아를 대상으로 하는 유전자 치료가 금기시되는 이유이기도 합니다.

만약 난자나 정자 혹은 배아에 대한 유전자 편집이 가능해진다 하더라도 그 범위를 정하는 것도 문제가 됩니다. 예를 들어 특정 유전병에 대한 치료 같은 경우에는 그나마 문제가 덜 하겠지만 특별한 기능을 가지는 유전자를 더하는 문제는 논란이 예상됩니다. 예를 들어 갈색 지방 비율을 높이는 유전자가 있으면 살이 덜 찌게 되는데, 이 경우 체중 조절에 유리합니다. 또 생장호르몬 분비를 일반적인 경우

보다 좀 더 활발하게 만들면 키가 더 클 가능성이 매우 높습니다. 또는 피부색을 바꾸는 것도 가능하고, 근육이 잘 발달하도록 만들 수도 있습니다. 물론 인간이 가지는 다양한 신체적·정신적 능력이 모두 유전자에 의해서만 결정되지는 않습니다. 하지만 유전적으로 유리한 조건을 만드는 것은 가능하다는 의미입니다. 마치 다른 조건이 같다면 부유한 집의 아이가 가난한 집의 아이보다 성공할 가능성이 좀 더 높듯이 유전적으로 유리한 조건을 가지고 태어난 아이는 그렇지 않은 아이보다 유리한 것이 사실입니다. 하지만 배아유전자 편집을 하려면 비용이 아주 많이 듭니다. 결국 부모의 경제적 능력이 아이의 생물학적 능력을 결정하는 것이죠.

또 하나 태어날 아이의 유전체를 편집한다는 것은 그 아이의 유전체 전체를 파악할 수 있다는 뜻이기도 합니다. 물론 유전자가 아이의 미래 모두를 결정하지는 않겠지만 상당한 영향을 줄 수 있습니다. 정자와 난자의 유전체를 파악하여 가장 좋은 정자와 난자만을 가지고 수정란을 만드는 것 또한 이론적으로는 가능하다는 뜻이기도 합니다. 이렇게 태어날 아이의 유전자를 고르는 것이 과연 합당한 일인가라는 철학적 혹은 종교적 의문도 있습니다.

하지만 이런 우려와 상관없이 배아 단계의 유전자 편집은 이미 행해졌습니다. 2018년 중국 남방과학기술대학교의 허젠쿠이(賀建奎) 박사에 의해 유전자 편집으로 아이가 태어났습니다. 유전자 편집을 거친 아이를 흔히 디자이너 베이비(Designer Baby)라고 부릅니다. 허젠쿠이 박사는 이 실험으로 인해 전 세계로부터 비난을 받았지만, 이와는 상관없이 이 시도는 계속되고 있습니다. 2019년에는 러시아의 유전자편집연구소 소장 데니스 레브리코프(Denis Rebrikov)가 인간 배아를 편집해 후천성 면역결핍증(HIV) 양성 반응을 보이는 여성에게 착상하는 실험을 구상 중이라고 했고, 중동의 한 불임클리닉에서 허젠쿠이에게 접촉해 유전자 교정에 대해 가르쳐달라고 했습니다. 또 인간 배아줄기세포 복제를 최초로 성공한 미국 오리건보건과학대학교 슈크라트 미탈리포프(Shoukhrat Mitalipov, 1961~) 교수는 "내 연구의 최종 목적은 법이 허용한다면 교정된 인간 배아를 정상적인 아이로 키워내는 것"이라고 공식적으로 말했습니다.

현재 대부분의 나라에서 배아에 대한 유전자 편집은 금지되어 있으며 사회 분위기도 이를 허용하지 않습니다. 하지만 이미 누군가가 물꼬를 튼 이상 시도는 계속 이어질 겁니다. 현재는 아주 자연스러운 시험관아기, 인공수정도 마찬가지였습니다. 일반적인 방법으로 아이를 가질 수 없는 경우가 있습니다. 정자가 너무 적게 나오거나 운동성이 약한 경우나 난소로 가는 난관이 막혀 있는 경우 등이죠. 이런 이들이 체내 인공수정이나 체외 인공수정을 통해서 임신이 가능해진 것이 1967년경이었습니다. 당시에도 엄청난 파장이 있었죠. 종교계와 과학계에서도 반대의 목소리가 아주 높았습니다. 하지만 1978년 첫 시험관아기가 탄생하고 이제 인공수정을 통해 탄생한 아이는 전 세계적으로 300만 명 이상이 됩니다.

21세기에 들어서는 세 부모 아기(three-parent baby) 논쟁도 있었습니다. 엄마의 난자에는 DNA가 있는 난핵 말고도 다양한 세포 내 소기관이 있습니다. 이들 소기관 가운데 미토콘드리아는 인체 내 에너지 화폐인 ATP를 만드는 아주 중요한 곳인데 독자적인 DNA를 가지고 있습니다. 그런데 이 미토콘드리아 DNA에 이상이 있을 경우 아이가 뇌손상이나 근육 위축, 시력 상실 등의 유전 장애가 생길 수 있습니다. 이런 문제를 해결하기 위해 엄마의 난자에서 난핵만 떼어낸 뒤 기증자의 난핵을 떼어낸 난자에 넣은 상태에서 정자와 체외수정을 하는 방법을 쓸 수 있습니다. 즉 유전자는 엄마의 것을 쓰고 미토콘드리아는 기증자의 것을 쓰는 것입니다. 이 수정란에는 결국 엄마 아빠의 DNA와 기증자 미토콘드리아 DNA의 세 가지 유전자가 들어가게 되는 것이지요. 이 시술도 디자이너 베이비만큼은 아니지만 과학계와 종교계에서 뜨거운 찬반 논쟁이 있었습니다만 2015년 영국에서 법적으로 허용했습니다.

합성 생물학

기존에 존재하지 않던 완전히 새로운 생물을 인간이 만드는 게 가능할까요? 이 질문에 대한 대답을 연구하는 학문이 있습니다. 합성 생물학이죠. 2010년 미국 대통령 직속 국가생명윤리연구위원회는 합성 생물학을 "기존 생명체를 모방하거나 자연에 존재하지 않는 인공 생명체를 제작 및 합성하는 것을 목적으로 하는 학문"으로 정의합니다.[6] 간단하게 말해서 DNA를 인공적으로 합성해서 새로운 생물을 만드는 거죠. 유전자 편집이 기존 DNA의 극히 일부를 기존에 존재하던 다른 유전자로 대체하는 것이라면 합성 생물학은 DNA 전체를 새로 합성하여 새로운 생명체를 탄생시키는 걸 의미합니다.

합성 생물학이라는 개념은 한참 전에 나왔지만 실제 실험을 해볼 수 있게 된 건 먼저 DNA 시퀀싱이 대량으로 아주 빨리, 그리고 정확하게 가능해진 것과 DNA 합성 기술이 눈부시게 발달한 덕분입니다. 지금은 DNA 시퀀싱과 DNA 합성은 전문업체에 의뢰하면 2~3일이면 가능합니다. 마치 설계에 필요한 자료는 언제든 요구만 하면 구해 주는 에이전시가 있는 상황에서 팹리스 업체가 그를 토대로 설계를 하면 파운드리 업체가 설계대로 제작해서 납품하는 것과 비슷합니다. 물론 실제 반도체를 만드는 과정이 쉽지는 않습니다. 마찬가지로 실제로 합성 생물학을 생명공학자들이 쉽게 연구하는 것도 아니고요. 하지만 기술 발달로 인해 이전에 비하면 훨씬 빠르고 편리하게 연구를 하게 된 것이죠.

2010년 5월 미국의 생화학자 크레이그 벤터(Craig Venter, 1946~)는 세상을 놀라게 할 만한 논문을 발표했습니다. 「화학적 합성 유전체에 의해 조절되는 세균 세포의 창조」라는 제목이었습니다. 그의 연구팀은 미코플라스마 미코이데스(Mycoplasma mycoides)라는 세균의 유전체 염기서열 107만 7,947쌍 전체를 해독합니다. 그리고 1,080쌍 길이의 DNA 조각 1,000개를 DNA 합성장치를 통해 만들어냅니다. 이들 조각을 효모에 집어넣어 인공적으로 합성하죠. 그래서 '화학적 합성 유전체'라고 합니다. 그리고 비슷한 종류의 세균인 미코플라스마 카프리콜룸(Mycoplasma capricolum)이 원래 가지고 있던 유전체, 즉 DNA를 제거하고 자신들이 합성한 인공 유전체를 이식합니다. 즉 인간에 의해 합성된 유전체만 가지는 생명체를 만든 것이죠. 이후 이 세균은 미코플라스마 카프리콜룸이 아니라 미코플라스마 미코이데스의 모습을 보입니다. 이 자체로도 대단히 놀라운 결과입니다. 그러나 인간이 합성한 것이긴 하지만 DNA 염기서열은 원래 존재하던 세균의 것을 그대로 본떠 만든 것이라 '새로운' 생명체라고 보기에는 무리라고도 할 수 있습니다.

그러나 2016년 벤터 연구팀은 또 다른 합성 생명체 신3.0(Syn 3.0)을 만들었습니다. 이 생명체의 유전자는 앞서 합성한 세균 유전체의 절반에 불과했습니다. 유전자로 따지면 500개가 채 되지 않고 염기 서열로는 53만 1,000개입니다. 이 정도의 유전자만 가지고 생명체를 구성하고 유지할 수 있다는 것이 놀라울 정도입니다. 사람의 경우 약 4만 개의 유전자를 가지고 있고, 대장균은 약 4,300개 정도의 유전자를 가지고 있습니다. 이제까지의 연구에 의하면 382개의 유전자가 생물이 살아가고 번식할 수 있는 최소한의 개수로 알려져 있습니다. 즉 신3.0은 거의 최소한의 유전정보로 구성된 것이죠. 또 이 생명체는 정말 기존에 존재하던 생명체와는 완전히 다른 '새로운' 생명체라고 볼 수 있습니다. 구성하고 있는 유전자가 달라졌으니까요.

그런데 신3.0이라고 이름 붙인 것은 그전에 2.0과 1.0도 있었다는 뜻이겠죠. 벤터 연구팀은 신1.0을 만들면서 염기서열에 "What I can not create, I do not understand"라는 말을 새겨 넣습니다. 미국의 물리학자 리처드 파인먼(Richard Feynman, 1918~88)의 말로 알려진, "만들어낼 수 없다면 이해한 것이 아니다"라는 이 말은 합성 생물학을 연구하는 중요한 이유이기도 합니다. 우리가 생명체를 만들어낼 수 없다면 진정으로 생명을 이해한 것이 아니라는 뜻이죠. 합성 생물학을 통해 생명을 창조함으로써 생명을 좀 더 깊이 이해할 수 있다고 믿는 것입니다.

벤터 연구팀은 2021년 신3.0에 세포분열에 관여하는 유전자 일곱 개를 포함한 19개의 유전자를 추가합니다. 이를 통해 세포분열을 통해 번식하는 신3A(JCVI-syn3A)를 만드는 데 성공합니다. 진정한 의미의 인공 생명체에 거의 접근하게 된 것입니다. 합성 생물학에는 거대한 또 다른 목표가 있습니다. 생물학에 대한 연구의 한 목표가 인간에 대한 이해이듯이, 합성 생물학이 더 깊은 이해를 하려고 하는 생명의 중심에는 인간이 있습니다. 2016년 미국 보스턴 하버드대학교 의과대학에서 비밀 협의가 있었습니다. 벤터와 라이벌 관계로 합성 생물학 분야의 거두 조지 처치(George Church) 박사가 주관한 모임으로 '향후 10년 내에 인간 유전체 합성이 가능한지'를 논의했습니다.[7] 인간의 몸은 다양한 물질을 만듭니다. 아밀로오스(amylose)나 펩신(pepsin)과 같은 소화효소, 아드레날린(adrenaline)이나 에피네프린(epinephrine) 같은 호르몬, 케라틴(keratin)이나 콜라겐(collagen) 같은 각종 단백질 등 우리 몸이 만드는 물질은 모두 DNA에 그 설계도가 있습니다. 바로 이 유전자 서열을 인공적으로 만들어내는 것이 합성 생물학의 목표입니다.

우리 몸에 있는 모든 세포는 모두 같은 유전자를 가지고 있습니다. 그런데 펩신이란 물질을 만들어내는 세포는 위에 있는 위샘세포뿐입니다. 마찬가지로 에피네프린이나 아드레날린, 콜라겐 같은 물질을 만드는 세포도 한정되어 있습니다. 또 아무 때나 만드는 것이 아니라 일정한 조건이 되어야 만들어내지요. 이 모든 것이 일종의 암호로 유전자에 새겨 있습니다. 따라서 유전체 합성이 가능하다는 것은 앞으로 이런 조절 기능에도 손댈 수 있다는 뜻이기도 합니다. 합성 생물학은 벌써 상용화되어 우리에게도 큰 영향을 주고 있습니다. 대표적인 것이 코로나19 백신입니다. 화이자나 모더나의 백신은 mRNA 계열인데 DNA 합성과 같은 방법으로 mRNA를 합성해서 백신을 만듭니다. 합성 생물학과 자동화 기술, 그리고 인공지능을 통해 이 과정을 대량으로 빠르게 진행하는 것이 가능했습니다. 그래서 기존에 백신 개발에 최소 5년 정도 걸리던 기간을 1년으로 단축할 수 있었죠.

이처럼 합성 생물학이 생물학의 주류로 떠오르자 세계 각국에 바이오 파운드리 구축 사업이 추진되고 있습니다. 바이오 파운드리란 합성 생물학을 가속화하기 위한 플랫폼을 구축하는 전략입니다. 대량으로 설계를 진행하고 이 과정에서 얻어지는 빅데이터를 인공지능을 통해 분석한 뒤 대량생산이 가능하도록 만드는 것이죠. 미국의 에너지청 산하 바이오에너지기술사무국에서 2,300만 달러의 기금을 투입해서 바이오 파운드리를 구성했는데 1억 달러의 비용으로 10년의 연구가 필요한 과제를 2,500만 달러 수준에서 5년 이내에 이끌어 낸다는 목표를 가지고 있습니다. 현재 미국, 영국, 중국, 일본, 싱가포르, 캐나다, 호주 등의 나라에 16곳 이상의 바이오 파운드리가 설립되었고, 다른 나라들도 경쟁적으로 바이오 파운드리를 설립 중에 있습니다. 우리나라도 여러 바이오 기업과 한국생명공학연구원의 합성 생물학연구센터가 바이오 파운드리 구축을 추진하고 있습니다.

한편, 합성 생물학과 인공 생물체에 대한 우려의 목소리도 큽니다. 먼저 인공 생명체가 생태계로 퍼지면 환경을 파괴할 수도 있고, 또 다른 세균과 결합하여 치명적인 병원균이 될 수도 있다는 우려입니다. 더구나 나쁜 마음을 먹으면 생체 병기로도 활용될 수 있다는 것이죠. 실제로 벤터 연구팀이 자신들이 조립한 염기서열과 유전자의 모든 비밀을 완전히 파악한 것은 아닙니다. 아직 밝혀야 할 것이 많다는 뜻이지요. 이런 상태에서 인공 생명체가 생태계에 노출되면 어떤 문제가 발생할지 모릅니다. 또한 합성 생물학을 충분한 검증 없이 사람에게 적용하려는 것에 대한 문제 또한 앞으로는 중요한 윤리적·사회적 논쟁이 될 것입니다.

2 GMO[8]

크리스퍼 가위를 이용한 유전자 편집은 인간만을 대상으로 하지 않습니다. 가장 민감한 것이 인간이지, 실생활에서는 이미 다른 생물에 대한 유전자 편집에 의한 제품이 우리 주변에 알게 모르게 퍼져 있습니다. 대표적인 것이 유전자 변형 생물(Genetically Modified Organism, GMO)입니다. 텃밭이라도 가꾸다 보면 가장 신경을 쓰게 되는 게 잡초와 해충입니다. 뽑아도 뽑아도 끝이 없는 게 잡초고, 어디선가 나타나 기껏 기른 작물에 병을 옮기고 잎을 갉아먹는 게 해충이지요. 텃밭도 이럴진대 제대로 농사를 짓는 이들에게는 여간 힘든 문제가 아닙니다. 여기에 유전자 편집기술이 하나의 해답을 내놓습니다.

GMO의 개발 과정은 세 단계로 나누어져 있습니다. 먼저 필요로 하는 유전정보를 가진 생물체에서 해당 DNA를 꺼냅니다. 두 번째 이 DNA를 박테리아에 집어넣습니다. 세 번째로 박테리아의 유전정보가 담긴 DNA 조각을 우리가 변형시키려는 생물체의 세포 안으로 집어넣습니다. 이런 방법을 아그로박테리움(Agrobacterium)이라고 합니다. 이외에도 유전자 편집에는 미세주입법이나 입자총법 등이 있습니다만 주로 이용하는 것은 아그로박테리움입니다.

현재는 옥수수·콩·면화 등 주로 식물에 적용되고, 동물의 경우는 연어만이 미국에서 허가된 상태입니다. 대부분의 GMO 식물은 제초제와 농약을 견디는 유전자를 가지고 있습니다. 그래서 강력한 제초제를 뿌려 주변의 잡초가 모두 죽어도 재배 작물은 굳건히 버틸 수가 있지요. 농약에 대해서도 마찬가지고요.

GMO는 농업뿐 아니라 의약품 등 생물을 소재로 하는 다양한 산업 영역에서도 사용됩니다. 대표적인 예가 최초의 GMO 물질인 인슐린입니다. 인슐린은 원래 위장 아래쪽의 이자에서 분비되는 호르몬인데, 인슐린의 분비량이 줄어들면 당뇨 현상이 나타납니다. 이 경우 인슐린을 주사로 투입하면 증상이 완화되고 별 무리 없이 일상생활을 할 수 있습니다. 하지만 한번의 주사로 끝이 아니고 지속적으로 투입해야 하죠. 20세기 초중반까지는 이 인슐린을 돼지의 이자에서 채취할 수밖에 없었는데 비용이 워낙 고가였습니다. 더구나 인슐린은 정기적으로 투여해야 하기 때문에 한 사람이 1년 동안 맞을 인슐린을 위해 돼지 70마리가 필요했습니다. 거기다 돼지 이자에서 추출한 인슐린은 알레르기 등의 부작용도 있었습니다.

여기에 길을 튼 것이 바로 GMO입니다. 1982년부터 판매된 의약품인 휴물린(Humulin)은 인간(human)과 인슐린(insulin)의 합성어로 대장균이 만들어낸 인간 인슐린입니다. 인간의 인슐린을 만드는 유전자를 대장균의 DNA에 삽입한 거지요. GMO를 이용한 휴뮬린은 기존 돼지 이자 인슐린에 비해 부작용도 적고 비용도 많이 싸졌죠. 당뇨병 환자들에게는 여간 희소식이 아니었습니다. 이후 다발성 경화증과 백혈병 등을 비롯해 다양한 질병을 치료하는 데에도 GMO가 이용됩니다. 그뿐이 아닙니다. 백신에도 GMO가 들어갑니다. B형 간염, 파상풍, 디프테리아, 뇌막염 백신은 GMO를 통해 생산합니다. 또한 화장품, 감미료, 바이오 플라스틱 등 다양한 분야에서 GMO를 이용해서 생산효율을 높이고 있지요.

산업용 미생물의 경우에도 생각보다 쓰임새가 다양합니다. 미국의 지노메티카와 듀폰은 플라스틱과 섬유의 원료인 부탄디올(Butanediol)을 GMO 대장균을 활용해 식물의 당에서 합성하고 있습니다. 미국의 바이오엠버사는 GMO 대장균에서 만들어지는 촉매를 이용해서 숙신산을 생산하고 있습니다. 이들은 원래 석유에서 만들던 물질인데 석유 대신 다른 물질을 사용해서 생산하고 있습니다. 또한 세제에 사용되는 효소인 프로테아제(Protease), 아밀라아제(Amylase), 셀룰라아제(Cellulase), 리파아제(Lipase) 등을 생산하는 과정에서도 GMO 미생물을 사용합니다. 이외에 식품첨가물로 사용되는 키모신(Chymosin), 아스파라기나아제(Asparaginase) 등이 있고, 미생물효소도 다수 존재합니다.

그래도 가장 많이 사용되는 분야는 농업입니다. 대표적인 것이 콩입니다. 우리나라의 경우 콩은 자급률이 꽤나 낮은 편에 속합니다. 2015년 기준으로 전체 자급률은 9.4%에 불과합니다. 그런데 식용 자급률은 32.1%로 전체 자급률에 비해 굉장히 높은 편입니다. 수입 콩은 대부분 GMO 작물이기 때문에 식용으로 쓸 수 없기 때문입니다. 수입 콩 중 80% 정도가 GMO 작물입니다. 하지만 식용이라도 콩기름이나 간장에는 사용할 수 있습니다. 그래서 국산 콩의 경우 대부분 두부나 두유 등 기름이나 간장이 아닌 곳에 사용됩니다. 콩기름이나 간장은 식용이지만 여기에는 GMO 식품의 DNA나 단백질 성분이 포함되지 않기 때문에 사용이 가능합니다. 그래서 수입 콩은 간장이나 기름, 그리고 가축용 사료로 사용됩니다.

또 다른 대표 GMO 작물은 옥수수입니다. 옥수수는 우리나라 자급률이 5%도 되지 않습니다만 역시 식용은 자급률이 높습니다. 마찬가지로 수입의 경우 GMO가 대부분이기 때문입니다. 옥수수는 전 세계 재배 면적의 35%가 GMO 작물을 재배하고 있는 것으로 알려져 있습니다. 콩과 마찬가지로 식용보다는 사료나 옥수수기름을 만드는 용도로 사용되지요. GMO 종자로 전 세계의 공적이 된 다국적 기업 몬산토사에서 판매하는 종자 가운데 절반 이상이 옥수수입니다. 세 번째는 면화입니다. 전 세계 재배 면적의 70% 이상이 GMO 종자를 사용합니다.

이렇게 작물 중에서도 콩·옥수수·면화가 GMO 비율이 높은 이유는 식용보다는 다른 용도로 더 많이 쓰이기 때문입니다. 우리나라를 비롯해서 유럽 다수의 나라가 아직 GMO 작물의 식용을 허용하지 않습니다.

GMO 문제

그런데 이런 GMO에 대해 수많은 환경단체가 사용을 반대하고 있습니다. 그러면 환경단체들은 어떤 측면에서 문제를 제기하는 걸까요? 먼저 GMO 작물로 만든 식품을 인간이 먹어서 과연 안전한가에 대한 문제입니다. 다양한 연구가 진행되었지만 사실 GMO 작물이 사람에게 해로운 영향을 끼친다는 결과는 아직 없습니다. 일부 동물실험에서 GMO 작물이 해를 끼친다는 결과가 있긴 하지만 사람이 일상적으로 섭취하는 양에 비해 비정상적으로 많이 그리고 역시 통제된 상황에서 섭취한 경우에 한정되고 그 외 동물실험 대부분도 GMO 작물의 부작용은 보고된 바 없습니다. 하지만 현재 GMO 작물 대부분은 가축용 사료인데 이런 사료를 섭취한 동물이 뭔가 부작용을 나타내는 경우도 현재까지는 발견되지 않았습니다.

그런데도 대다수 나라에서 GMO의 식용을 허가하지 않는 이유는 아직 GMO의 역사가 짧기 때문입니다. 20세기에 생산된 수많은 화학제품 중 나중에 그 부작용이 드러난 예가 적지 않습니다. 예를 들어 살충제로 개발된 DDT는 처음에 엄청난 각광을 받았습니다. 그러나 DDT를 20년 이상 지속적으로 뿌리자 해충뿐만 아니라 생태계의 다양한 생물까지 해를 입었고, 사람에게도 커다란 해를 끼치고 있다는 걸 알게 되었죠. 그래서 현재 DDT는 사용이 금지되었습니다. 냉장고나 에어컨의 냉매로 쓰이던 프레온가스도 마찬가지입니다. 개발 초만 해도 인간과 생물체에게 어떤 악영향도 끼치지 않는 안전한 물질이라고 여겼습니다. 그런데 프레온가스를 사용하고 수십 년이 지나자 이 때문에 오존층이 얇아지고 급기야 북극과 남극에 오존층이 사라져 구멍까지 생겨났습니다. 결국 프레온가스도 사용이 금지되었습니다. 결국 GMO가 아직까지는 큰 문제를 일으키지 않았지만 수십 년간 사용하다 보면 문제가 일어날 수도 있다는 겁니다. 과학자들 사이에서는 GMO 제품이 인체에 미치는 영향이 없다는 의견이 다수입니다만 환경단체나 소비자 입장에서는 미덥지 않은 이유이기도 합니다.

GMO가 인체에 미치는 영향은 아직 드러나지 않았지만 다른 문제도 있습니다. 생태계에 미치는 영향은 이미 확인되고 있습니다. GMO 종자로 작물 재배가 이루어지는 주변에는 GMO 작물의 꽃가루가 퍼져나갈 수밖에 없습니다. 곤충들이 꽃가루를 옮길 때 무작위로 옮기기 때문이지요. 그리고 그중 일부는 다른 종류의 식물과 만나 새로운 종류의 식물을 만듭니다. GMO 종자의 새로운 성질이 주변으로 퍼져나가는 겁니다. 현재는 그 현상이 많이 나타나지는 않지만, 지속적으로 GMO 작물을 재배할 때 그 영향이 확대될 수밖에 없습니다. 이렇게 GMO 작물이 주변 생태계에 미치는 영향이 어떤 결과로 나타날지는 아직 알 수가 없습니다.

사실 GMO의 가장 중요한 문제는 환경이나 건강상의 위험이 아니라 사회적 문제입니다. GMO 종자는 세계적인 거대 종자기업에 의해 판매되고 있습니다. 그리고 GMO 종자를 재배해서 얻은 종자로 농민들이 다시 재배하는 것은 엄격하게 금지되어 있습니다. 종자를 판매할 때 미리 계약을 하고 있습니다. 결국 농민들은 매년 새로 종자를 사야 합니다. 다른 곳에서 살 수도 없습니다. 해당 종자를 파는 곳은 전 세계적으로 한두 곳밖에 없기 때문입니다. 이렇게 몇몇 대기업에 의해 종자가 종속되는 것 자체가 문제입니다. 거대한 자본을 가진 기업이 전 세계적으로 재배에 더 유리한 종자를 독점적으로 공급하면 제3세계 농민이 그 영향에서 자유로울 수 없는 건 자명한 사실입니다.

유전자 드라이브

여름철이 되면 모기 때문에 적잖이 신경이 쓰입니다. 이놈의 모기

들 싹 다 멸종했으면 좋겠다는 생각도 하지요. 또한 쥐나 바퀴벌레에도 마찬가지 감정이 들고요. 하지만 귀찮음 정도가 아니라 심각한 생명의 위협을 느끼는 존재도 있습니다. 열대지방이나 아열대지방의 말라리아모기는 말라리아를 옮기는데, 이로 인해 한해 3~5억 명 정도의 환자가 발생하고 이 중 200만 명 정도가 사망합니다. 이 정도라면 진심으로 말라리아모기를 멸종해야겠다는 생각이 들지요. 실제로 말라리아를 근절하기 위한 다양한 시도가 있는데, 그중 유전자 드라이브가 있습니다.

유전자 드라이브라는 개념은 2003년 영국의 진화유전학자 오스틴 버트(Austin Burt)가 제안했습니다. 특정 유전자를 가진 개체의 분포 비율을 인위적으로 조절하는 것입니다. 예를 들면 현재 우리나라 사람 중 혈액형이 A형은 34%, B형은 27% 정도를 차지하는데 이를 유전자 편집으로 A형을 45% 정도로 올리고 B형을 16% 정도로 낮추는 식입니다. 그렇다고 모든 사람의 유전자를 일일이 편집하는 것이 아니라 개체의 번식 과정에서 자연스럽게 이루어지도록 만드는 겁니다.

이는 유전자가 전달되는 비율을 변화시킴으로써 가능합니다. 인간을 비롯한 대부분의 생물은 부계와 모계에서 각기 하나씩 유전자를 전달받습니다. 그래서 항상 유전자는 두 쌍을 가지게 되죠. 그리고 이를 자손에게 둘 중 하나를 전달하는데 두 유전자 중 어느 것을 줄지는 무작위적으로 정해지며 이론적 비율은 당연히 1:1입니다. 예를 들어 내가 혈액형이 A인 유전자와 B인 유전자를 가지고 있으면 내 자손에게 둘 중 하나를 물려주는데 그 비율이 1:1입니다. 그런데 유전자 편집을 통해 이 중 A형을 물려줄 비율을 80%로 올리고 B형을 물려줄 비율을 20%로 줄일 수 있습니다. 처음에 몇 명만 유전자 편집을 받게 되면 세대가 거듭할수록 A형 유전자를 가진 자손은 늘어나고 B형 유전자를 가진 자손은 줄어듭니다.

실제로 이를 적용한 실험이 있습니다. 2013년 영국의 연구팀은 모기의 임신 관련 유전자 세 개를 변형해 불임 돌연변이를 만들었습니다. 하지만 불임 유전을 받은 모기는 알을 낳지 못하니 후대로 유전자를 전달할 수 없고 따라서 모기 집단 전체에 퍼지기 어렵습니다. 예를 들어 모기가 불임 유전자와 정상 유전자 두 개를 가지고 있으면 임신을 할 수 있고, 불임 유전자 두 개가 있으면 불임이 된다고 가정합니다. 그러면 모기의 종류는 둘 다 정상 유전자를 가진 개체, 둘 중 하나가 불임인 개체, 둘 다 불임인 개체 세 가지가 됩니다. 이 가운데 둘 다 불임인 경우는 자손을 낳을 수 없으니 사라집니다. 그럼 결국 둘 다 정상인 개체와 둘 중 하나가 불임인 개체만 남게 됩니다. 이 경우 자손은 둘 다 정상인 경우가 더 높은 비율로 나타납니다. 그러니 세대가 지날수록 불임 유전자는 점점 감소하게 됩니다.

하지만 유전자 드라이브를 이용해 불임 유전자가 유전될 확률을 80% 정도로 높이면 이제 둘 다 정상 유전자를 가진 자손보다 불임 유전자를 하나 가진 자손이 늘어납니다. 그리고 세대가 지날수록 점점 둘 다 불임 유전자를 가져 사라지는 개체가 늘어나서 전체 개체수가 줄어드는 것이죠. 그래서 연구팀은 유전자 드라이브를 통해 실험한 결과 4세대가 지나면서 75%의 모기가 불임 유전자를 가지게 됨을 확인합니다. 그러나 실험이 25세대까지 이어지자 유전자 드라이브 효과를 상쇄하는 다른 변이가 만들어지고, 이 변이가 자연선택되면서 개체 수가 다시 늘어나기 시작했습니다.

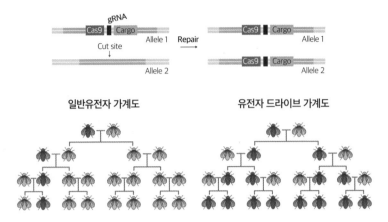

그림 33 유전자 드라이브를 통해 원하는 유전자를 가진 개체를 종 전체로 퍼지게 할 수 있다.

미국에서는 다른 유전자 드라이브를 실험합니다. 원래 말라리아는 말라리아 원충이 원인입니다. 이 원충이 모기에 기생하다가 모기가 사람의 피를 빨 때 사람의 몸으로 들어가는 것입니다. 그래서 연구팀은 말라리아 원충에 대항하는 항체를 생성하는 유전자를 모기에 이식했습니다. 그리고 이 유전자에 유전자 드라이브를 적용했습니다. 그랬더니 모기 자손의 99%에서 여전히 항체가 정상적으로 작용함을 확인할 수 있었습니다.

유전자 드라이브 원리에는 크리스퍼 가위가 있습니다. 먼저 유전자 조작으로 불임 유전자와 크리스퍼 가위를 가진 유전자 조작 모기를 만듭니다. 이 모기가 야생 모기와 짝짓기를 하면 자손은 유전자 조작 모기에서는 불임 유전자와 크리스퍼 가위 유전자를, 야생 모기에게서는 가임 유전자를 전달받습니다. 그런데 이 자손 모기에 들어간 크리스퍼 가위 유전자가 발현되면 가임 유전자를 잘라내고 불임 유전자를 붙이는 역할을 합니다. 그 결과 자손 모기도 유전자 조작에 의해 두 개의 불임 유전자를 가지게 됩니다. 이 자손 모기가 다시 야생의 다른 모기와 짝짓기를 하면 동일한 현상이 계속 일어납니다. 이런 식으로 크리스퍼 가위를 이용하면 특정 형질이 전체 개체군에 빠르게 전달될 수 있어서 '드라이브'라는 용어를 씁니다. 물론 크리스퍼 가위가 100% 발현되는 것은 아니지만 실험을 통해서 그 효과가 확인되기는 한 것이죠.

하지만 아직 이런 유전자 조작 모기가 생태계에 투입되고 있지는 않습니다. 생태계에 미치는 영향을 좀 더 정확하게 알아보는 과정이 필요한 거지요. 미국 국립과학원 산하 전문위원회가 2016년 6월 유전자 드라이브 기술의 적용은 아직은 시기상조라고 밝히기도 했습니다. 말라리아모기를 불임시켜 멸종하는 것이 언뜻 보기에는 인류에게는 바람직한 일이라는 생각이 들지만 그 여파는 쉽게 확인할 수 없습니다. 먼저 생태계에서 말라리아모기의 역할을 좀 더 명확히 밝혀야 합니다. 이들이 하는 일이 인간에게 말라리아를 옮기는 일만 있는 건 아니니까요. 말라리아모기를 먹고사는 종에게도 영향을 끼칠 것이고, 말라리아모기가 잡아먹는 종에게도 영향을 끼칠 수 있습니다. 생각 외로 생태계의 상호관계가 복잡하기 때문에 아직 우리 인간이 파악하지 못하는 경우가 무궁무진하다는 것이죠. 거기다 말라리아모기와 가까운 다른 종류의 모기에게도 이 유전자가 퍼질 수 있다는 점도 중요합니다. 이런 방식으로 불임 유전자가 다른 종에 퍼지면 그 부작용은 우리가 상상할 수 없을 정도로 막대할 수도 있습니다.

3 백신의 현재와 미래⁹

2023년 현재 코로나19가 3년을 넘게 전 세계를 휩쓸면서 백신에 대한 관심 또한 높아졌습니다. 백신의 작용을 이해하려면 우선 우리 몸의 면역체계를 알아야 합니다. 외부에서 들어온 우리 몸에 해로운 영향을 끼치는 물질을 제거하는 시스템을 면역체계라고 합니다. 외부 물질이 몸 안으로 들어올 수 있는 경로는 크게 네 곳입니다. 먼저 호흡기, 즉 기도와 기관지가 있고 다음으로 소화기, 즉 식도·위·소장·대장이 있습니다. 그 외 눈과 코의 점막으로 이루어진 부분이 있고 마지막으로 상처가 있습니다. 이곳으로 들어온 외부 물질은 혈관을 통해 온몸으로 퍼집니다. 따라서 면역체계가 해야 할 가장 중요한 일은 병원체가 온몸에 퍼지기 전에 침투한 곳과 그다음 혈관에서 제거하는 것입니다. 이 일을 담당하는 것이 백혈구입니다. 백혈구는 일단 외부 물질이라고 파악되면 그냥 삼켜버립니다. 삼켜진 물질은 백혈구 내부의 효소에 의해 분해됩니다.

백혈구는 일단 자신에게 등록되지 않은 외부 물질이라 생각되면 가차 없이 공격해서 먹어치웁니다. 그래서 외부에서 들어온 병원체가 얼마 되지 않을 때는 우리도 모르는 사이에 백혈구에 의해 처리되는 경우가 꽤 있습니다. 하지만 병원체라고 가만히 있지는 않습니다. 다른 생물의 몸속에서 영양분을 얻고 번식을 하는 병원체도 면역체계에 대응하도록 진화되었으니까요. 먼저 병원체들은 자신이 외부 물질임을 숨기도록 진화했습니다. 그래서 백혈구 눈에 띄지 않도록 잠입하지요. 또 일단 몸 안에 들어오면 최대한 빠르게 세포 안으로 들어갑니다. 백혈구는 혈관이나 조직액 사이에서만 일을 하고 세포 안으로는 들어갈 수 없으니까요. 세포 안에서는 최대한 빠르게 번식을 합니다. 충분한 숫자가 되면 세포를 터트리고 빠져나와서는 다시 혈관을 타고 다른 세포들 속으로 잠입합니다.

그래서 우리 몸도 이에 대해 대응을 합니다. 다양한 상황에 대비하기 위해 백혈구도 한 종류가 아니라 꽤 다양합니다. 호중구나 호산구, 호염기구 등의 백혈구도 있고 B림프구와 T림프구, 단핵구라는 백혈구도 있습니다. 이 중 백신과 관련된 부분은 체액성 면역에 관계하는 B림프구가 중심입니다. 몸에 처음 침입한 병원체를 잡아먹은 백혈구 중 일부는 그 병원체의 조각 일부—주로 세포벽이나 세포막 바깥쪽 물질입니다—를 남겨 B림프구에게 넘깁니다. B림프구는 이 병원체 조각에 맞는 단백질의 일종인 항체를 만듭니다. 항체는 혈액을 타고 온몸으로 퍼져나가서는 병원체에 달라붙어 일종의 표지가 됩니다. 이 표지로 병원체를 확인한 다른 백혈구들이 몰려들어 죽입니다. 그리고 B림프구의 일부는 기억세포가 되어 남게 됩니다. 그래서 같은 종류의 병원체가 다음에 또 침입을 하면 이전보다 빠르게 항

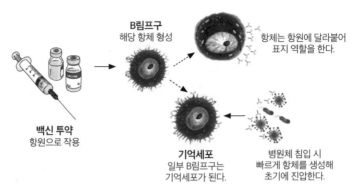

B림프구
해당 항체 형성

항체는 항원에 달라붙어
표지 역할을 한다.

백신 투약
항원으로 작용

기억세포
일부 B림프구는
기억세포가 된다.

병원체 침입 시
빠르게 항체를 생성해
초기에 진압한다.

그림 34 백신이 몸 안에서 작용하는 과정

체를 만들어 초기에 진압을 합니다. 우리 몸에 백신을 투약한 후 몸 안에서 일어나는 과정은 [그림 34]와 같습니다.

그래서 우리는 한번 걸린 병에는 다시는 잘 걸리지 않지요. 병원체와의 싸움은 시간싸움입니다. 체내에 들어올 때 100마리였던 병원체가 200마리가 되는 데 30분이 걸렸다면 1시간이 지나면 400마리, 다시 1시간이 지나면 1,600마리, 다시 1시간이 지나면 6,400마리, 이런 식으로 기하급수적으로 늘어납니다. 그래서 초기 진압이 중요합니다. 처음에 100마리일 때 백혈구가 90마리를 잡아버릴 수 있으면 그다음 나머지 10마리가 번식해서 20마리가 되어도 쉽게 제압할 수 있는 거지요. 하지만 처음에 제압을 하지 못해 몇 만, 몇 십만 이렇게 늘어나면 이제 백혈구가 잡는 속도보다 병원체가 늘어나는 속도가 더 빨라져 손을 쓸 수 없습니다. 그에 따라 병원체도 처음 몸에 침입하면 백혈구에게 들키지 않고 빠르게 번식하는 방향으로 진화가 되었고요.

그래서 항체가 중요합니다. 병원체가 처음 몸에 들어와 백혈구 몰래 번식할 시간을 주지 않기 때문입니다. 백신은 바로 이 항체를 미리 몸 안에 만드는 일을 합니다. 우리가 사는 세계에는 세균과 바이러스, 진균 등 병원체가 될 수 있는 물질이 아주 많습니다. 이들 모두에 대한 항체를 만든다면 아마 혈관이 항체로 가득 차게 될 겁니다. 그래서 우리 몸은 부모에게서 물려받은 몇 가지 중요한 항체와 살아가면서 우리 몸에 침입한 물질에 의해서 생긴 항체 정도만 가지고 있습니다. 좀 더 정확히 말하면 항체를 만드는 방법을 기억하고 있는 기억세포를 가지고 있는 거지요. 그러다 아는 병원체가 들어오면 기억세포가 바로 항체를 만들어내 대응합니다. 하지만 아직 우리 몸에 침입하지 않은 세균 등에 대해서는 항체도 기억세포도 없습니다. 그래서 새로운 감염병이 유행하면 아무도 기억세포를 가지고 있지 않으니 대다수 사람이 병에 걸리게 됩니다.

감염병과 인류의 관계는 역사 이전부터였습니다. 그러니 아주 옛날 사람들도 감염병이 무엇인가에 의해 옮는다는 사실을 대충은 눈치채고 있었지요. 그리고 한번 감염병에 걸렸다 나은 사람들은 같은 병에 다시는 걸리지 않는다는 사실도 알고 있었습니다. 그래서 감염병 환자를 돌보는 일은 한번 걸렸다 나은 사람들이 맡아 했습니다. 또 일부러 환자의 분비물을 자신의 몸에 발라 약하게 감염병에 걸렸다 낫는 방식을 써보기도 했습니다. 그러나 당시 의술 수준으로는 '약하게' 감염되는 방법을 알 수 없었으니 분비물을 바르다 제대로 걸려서 안타깝게 사망하는 경우도 많았습니다. 그래서 대부분의 경우 걸렸다 나으면 괜찮다는 것을 알았지만 일부러 걸리려 하진 않았지요.

그러다 18세기 말 영국의 의사 에드워드 제너(Edward Jenner, 1749

~1823)가 소가 걸리는 천연두—우두라고 합니다. 사람이 걸리는 천연두와는 다릅니다—에 걸린 여자가 사람이 앓는 천연두에는 걸리지 않은 사실을 알아내고 소의 분비물을 정제해서 사람에게 놓는 방법을 최초로 시도합니다. 그 뒤 19세기에 프랑스의 생물학자 루이 파스퇴르(Louis Pasteur, 1822~95)가 병원균을 분리해 배양하는 데 성공합니다. 그리고 이 병원균의 독성을 약화시키는 데도 성공하지요. 최초로 제대로 된 백신이 탄생하는 순간이죠.

이후 20세기 백신은 병원균을 약화시키거나 아예 죽인 후에 투입하는 방식으로 개발됩니다. 약화시켰지만 아직 살아 있는 백신은 약독화 생백신 혹은 간단히 생백신이라 하고, 죽은 병원체로 만든 백신은 사백신이라고 합니다. 홍역, 볼거리, 풍진, 수두, 황열 백신 등이 모두 약독화 생백신이고, 뇌염, 광견병, A형 간염, 인플루엔자, 유행성 출혈열 등은 사백신입니다. 하지만 20세기 후반부터 눈부시게 발전한 생명공학에 의해 이제 새로운 방법으로 만들어진 백신을 이용하는 비율이 높아지고 있습니다.

먼저 아단위 단백질 백신이라는 좀 어려운 용어의 백신이 있습니다. 또는 특이항원 추출백신이라고도 합니다. 기존 백신이 병원체 전부를 이용한다면 '아단위 단백질 백신'은 병원체의 껍데기나 세포막을 구성하는 단백질 조각이나 다당류를 주요 성분으로 개발된 백신입니다. 항체가 주로 세균이나 바이러스 표면에 있는 특정 단백질과의 반응으로 만들어진다는 점을 활용한 것입니다. '아단위' 단백질이란 단백질 전체가 아니라 단백질의 일부로 만든 백신이란 뜻입니다.

자궁경부암 백신인 서바릭스나 가다실의 경우 바이러스유사입자 백신입니다. 바이러스는 유전정보를 담은 RNA나 DNA를 단백질 결

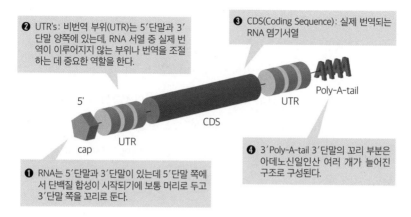

❷ UTR's: 비번역 부위(UTR)는 5′단말과 3′단말 양쪽에 있는데, RNA 서열 중 실제 번역이 이루어지지 않는 부나 번역을 조절하는 데 중요한 역할을 한다.

❸ CDS(Coding Sequence): 실제 번역되는 RNA 염기서열

5′

UTR

cap

CDS

UTR

Poly-A-tail

❹ 3′Poly-A-tail 3′단말의 꼬리 부분은 아데노신일인산 여러 개가 늘어진 구조로 구성된다.

❶ RNA는 5′단말과 3′단말이 있는데 5′단말 쪽에서 단백질 합성이 시작되기에 보통 머리로 두고 3′단말 쪽을 꼬리로 둔다.

그림 35 mRNA 백신 모식도(출처: Wikimedia Commons)

정으로 감싼 형태의 물질입니다. 감염과 증식은 RNA나 DNA에 의해 일어나지요. 그리고 항체는 껍데기인 단백질 결정에 의해 형성됩니다. 그래서 바이러스와 유사한 단백질 껍데기만으로 이루어진 백신을 투여하는 겁니다.

이렇게 만들어진 백신은 부작용이 적고 안전하지만 항체 형성이 조금밖에 이루어지지 않는다는 단점이 있지요. 그래서 보통 면역증강제를 함께 투여해서 항체 형성 비율을 높이지요. 독감 백신과 말라리아 백신이 대표적인 예입니다. 그리고 코로나19 백신 중에서도 미국 노바백스사의 백신이 이런 종류입니다. 이 두 종류의 백신은 재조합 백신이라고도 합니다. 실제 바이러스나 세균이 아니라 이와 비슷하게 흉내를 낸 재조합 단백질을 사용하기 때문입니다.

또 다르게는 톡소이드 백신이 있습니다. 파상풍이나 디프테리아의 경우 병원체인 세균이 아니라 그 세균이 만든 독소에 의해 질병이 생깁니다. 독소에 대해 면역이 형성되면 세균이 들어와도 안전합니

다. 그래서 독소를 변성시켜 독성을 일으키지 못하게 만든 톡소이드(Toxoid)를 만들어 백신으로 사용하는 거지요.

그리고 DNA 백신과 mRNA 백신이 있습니다. 합성 생물학을 이용하죠. 바이러스나 박테리아의 DNA 혹은 RNA에서 항체를 만드는 항원에 해당하는 부분만 잘라내 백신으로 이용하는 것이 DNA 백신과 mRNA 백신입니다. 이 경우 백신을 인체 내에 넣으면 세포 안으로 들어가 항원 단백질을 합성하고, 이 항원 단백질이 항체를 만드는 방식이죠.

그런데 DNA 백신과 mRNA 백신은 코로나19 이전에는 사람이 아닌 동물에 대한 백신만 상용화했습니다. 개발한 지가 20년이 훨씬 넘었지만 인간을 대상으로는 임상시험 중이었던 것이죠. 이들 백신의 장점은 개발기간이 짧고 대량으로 빠르게 만들 수 있다는 점입니다. 그러나 문제가 없는 것은 아니죠. 먼저는 항체 생산량이 적어 면역 반응과 예방 효율이 낮다는 점입니다. 그리고 또 하나 DNA 백신은 몸 안에 들어와 mRNA 백신에 의해 전사된 뒤 다시 단백질 합성이 이루어져야 합니다. 이렇게 두 차례의 과정을 거치다 보니 mRNA 백신에 비해 효율이 더 낮습니다. 반면 mRNA 백신은 효율은 DNA 백신보다 좋지만 쉽게 분해된다는 것이 약점입니다. 그래서 몸 안에 들어와 오랜 시간 동안 항체를 만들지 못합니다. 하지만 생명공학의 발달로 mRNA 백신의 안정성이 높아져 현재는 DNA 백신은 거의 개발되지 않고 주로 mRNA 백신이 이용되고 있습니다. 그렇다 하더라도 문제가 완전히 해결된 것은 아니지요. mRNA 백신은 분해가 쉽게 되고 사람 몸에는 이 mRNA 백신을 분해하는 효소가 인체 내 곳곳에 있습니다. 그래서 mRNA 백신을 보호하도록 세포막과 비슷한 지질로 둘러쌉니다. 이렇게 나노미터 크기의 지질에 둘러싸인 mRNA 백신을 주사하는 것인데, 상온에서는 쉽게 분해가 되어 보관과 이동 시 콜드체인을 이용해야 합니다. 따라서 유통 과정도 복잡해지고 전체적으로 백신 접종비가 오를 수밖에 없습니다. 그러나 코로나19가 워낙 빠르게 퍼지고 그로 인한 피해가 누적되니 빠르게 개발할 수 있는 mRNA 백신 개발을 서두르게 되었지요. 결국 코로나19 백신은 아단위 단백질 백신과 mRNA 백신이 주를 이루었습니다.

4 미래 식량

전 세계 온실가스 중 20% 정도가 농업에서 배출됩니다. 그중 70% 이상이 축산업 몫입니다. 20세기 이후 새로 개간된 농지의 절반가량은 가축에게 먹일 사료를 생산하고 있습니다. 바다에서 잡아올리는 혹은 기르는 수산물 또한 3분의 1 이상이 가축 사료로 이용됩니다. 100억 명의 인구를 목전에 두고 식량 위기가 닥치게 될 것에 대비해서 기존 가축 사료를 생산하는 농경지를 인간을 위한 곡물 생산으로 전환해야 한다는 주장에도 힘이 실립니다.

그리고 기존 공장식 축산에 대한 비판도 점점 커져 갑니다. 좁고 비위생적인 환경에서 오로지 도축될 날을 기다리며 고통 속에 버티는 가축의 동물권이 중요하다는 지적은 윤리적 측면에서 동의할 수밖에 없습니다. 하지만 이런 대량 사육이 다양한 육류의 가격을 낮춰 저소득층에게도 풍부한 단백질원에 접근할 수 있도록 했다는 지적 또한 틀리지 않습니다.

그리고 육식 자체가 확률적으로 건강에 좋지 않다는 점 또한 확인 되었습니다. 영국 옥스퍼드대학교 연구진에 따르면, 세계보건기구 (WHO)가 제안한 육식을 줄이고 채식을 늘린 권장 식단을 채택할 경우 2050년에는 연간 사망률을 6% 낮출 것으로 추산합니다. 보건 의료 비용도 735억 달러 정도 감소할 것이라고 예측합니다.

이런 여러 가지 요인으로 요사이 채식 위주의 식사를 하는 이들이 늘어나고 있습니다. 하지만 전 세계적으로 그리고 우리나라에서도 1인당 육류 섭취량 자체는 지속적으로 증가하고 있습니다. 그렇다고 채식을 강제할 수는 없습니다. 이에 대한 대책 중 하나로 요사이 대체육과 배양육이 관심을 받고 있습니다. 대체육은 식물 성분으로 고기를 만드는 것이고, 배양육은 가축의 세포를 인공적으로 배양하여 고기를 만드는 것입니다.

대체육

대체육의 역사는 꽤나 오래되었습니다. 라면에 들어 있는 작고 동그란 고기맛이 나는 고명이 바로 대체육입니다. 주로 콩으로 만들기 때문에 콩고기라고도 부릅니다. 하지만 기존의 대체육은 실제 고기와 맛이 많이 달라 컵라면의 고명 정도를 제외하면 크게 관심을 받지 못했는데 요사이 실제 고기와 구분이 어려울 정도로 잘 만들어진 대체육이 등장하고 있습니다. 흔히 스테이크나 삼겹살을 먹을 때 육즙이 터진다는 표현을 쓰곤 하지요. 이때 육즙의 성분은 크게 세 가지입니다. 먼저 단백질이 분해되면서 만들어진 아미노산 성분입니다. 감칠맛을 내지요. 두 번째는 지방 성분입니다. 부드럽고 고소한 맛이 납니다. 나머지는 체액 성분이죠. 물과 다양한 무기염류와 포도당 등이 포함되어 있습니다. 이렇듯 고기의 맛을 내려면 가장 중요하게는 단백질과 지방이 있어야 합니다.

그래서 대체육의 주성분으로 주로 콩을 많이 사용합니다. 식물 중에서 단백질이 가장 풍부한 편이니까요. 밀가루도 글루텐(gluten)이라는 단백질 성분이 있어서 일부 사용되고 상대적으로 단백질이 풍부한 버섯도 이용합니다. 그다음으로 코코넛오일이나 해바라기유 같은 식물성 지방이 첨가됩니다. 그리고 보기에도 고기 같아야 하니 붉은색도 중요합니다. 비트처럼 붉은색을 내는 채소를 이용하기도 하고 콩의 뿌리혹에 있는 레그헤모글로빈(leghemoglobin)을 이용하기도 합니다. 레그헤모글로빈은 그 자체로 단백질이기 때문에 고기맛을 더 강화해 줍니다.

요사이 대체육에서 각광받고 있는 미국의 임파서블 버거가 사용하는 레그헤모글로빈의 경우 콩의 뿌리혹에서 추출한 것이 아니라 유전공학 기술로 변형한 맥주 효모에서 추출합니다. 콩의 뿌리혹에서 추출하려면 비용이 너무 많이 들기 때문이죠. 일종의 GMO인데, 미국식품의약국(FDA)으로부터 인정은 받았지만 유기농 라벨을 붙이진 못합니다. 임파서블 버거가 유럽이나 우리나라에 들어오지 못하는 이유도 GMO 성분인 레그헤모글로빈 때문입니다.

현재 대체육은 소비자의 반응이 좋아서 점점 시장을 넓히고 있는 상황입니다. 미국의 경우 시장 규모가 2018년 14억 달러에서 2023년 25억 달러, 우리 돈으로 약 3조 원으로 커질 것으로 예상하고 있을 정도입니다. 맥도날드도 식물성 패티로 만든 버거를 팔기 시작했고, 네슬레도 대체육으로 만든 인크레더블 버거를 내놨습니다.

하지만 대체육은 좀 더 연구가 진행되어야 할 부분이 많습니다. 미국의 듀크대학교 연구진에 따르면 진짜 고기와 대체육은 구성성분이 많이 다르다고 합니다. 우리 몸에는 에너지 전환이나 생체 조직의 구축과 분해 등에서 중요한 역할을 하는 대사물질이 다양하게 존재합니다. 그런 물질 중 일부는 쇠고기에만 있고 또 일부는 식물성 대체육에만 있습니다. 또 공통적으로 발견된 물질도 구성비율이 다릅니다. 쇠고기에만 있고 식물성 대체육에는 없는 대사물질은 총 22가지였고 반대로 식물성 대체육에만 있는 성분도 31가지나 되었습니다.

또 하나 아직까지 대체육은 그 식감이 고기와 비슷하지 않습니다. 흔히 씹는 맛이라고 하죠. 아무래도 근육의 질감이나 조직까지 재현하기 힘들기 때문입니다. 그래서 대부분의 대체육은 햄이나 햄버거 패티, 소시지, 불고기, 만두속 등 가공육 형태로 제공되고 있습니다. 물론 원육 형태의 제품도 점차 나오고는 있습니다. 슬로베니아의 스타트업 주시 마블은 안심 스테이크 형태의 대체육을 개발해 미국에서 판매하기 시작했고, 캐나다의 스타트업 어바니 푸드도 등심 스테이크 형태인 미스테이크(Misteak)를 판매할 예정이라고 합니다.

배양육

대체육과는 달리 고기의 씹는 식감이 확실하게 느껴지는 배양육도 입지를 넓히고 있습니다. 실제 가축의 세포를 배양해서 만드는 배양육은 기존 축산업에 비해 토지 사용량은 1%, 온실가스 배출량은 4%에 불과합니다. 현재 육류를 만드는 방법 중 에너지 대비 생산 효율이 가장 높습니다. 또 기존 축산업에 의해 엄청난 고통을 받는 수십억 마리의 동물을 구할 수 있다는 장점이 있을뿐더러 식품 안전성이 매우 뛰어납니다.

기존 공장식 축산업의 경우 가축들이 병에 걸리지 말라고 항생제를 사료에 섞어 먹이기도 하지만 배양육은 항생제나 합성 호르몬과 같은 성분이 없고 유통구조를 단순화해 살모넬라와 대장균 같은 세균으로부터도 안전합니다. 또한 가축에게 먹일 사료를 생산하기 위한 곡물 재배지를 인간이 먹을 곡물 생산으로 전환하면 식량 부족 문제를 해결할 수도 있습니다. 거기다 공간을 적게 차지하니 소비가 있는 곳, 즉 도시에 공장을 지을 수 있고 따라서 수송과 유통에 드는 비용이 줄어들 수 있습니다.

최초의 배양육은 2013년 네덜란드 마스트리흐트대학교의 마르크 포스트(Mark Post, 1957~) 교수가 만들었습니다. 하지만 햄버거 패티 하나 만드는 데 든 비용이 32만 달러, 우리 돈으로 약 4억 원이 들었고 만드는 데도 수개월이 걸렸습니다. 상용화할 수 있는 단계가 아니었습니다. 실제 판매가 이루어진 건 2020년 말 싱가포르가 처음입니다. 물론 저렴해졌다고 해도 가격은 기존 고기에 비해 훨씬 비쌉니

그림 36 2013년 생산된 최초의 배양육 햄버거 패티(출처: Wikimedia Commons)

다. 약 0.5kg을 만드는 데 수십만 원이 들었죠. 하지만 이때부터 가격은 급격히 낮아집니다. 2021년 이스라엘의 퓨터미트가 100g당 2,000원이라는 놀라운 가격으로 판매를 시작합니다. 그리고 우리나라의 셀미트가 독도새우 배양육으로 시식회를 열었는데 생산단가가 100g당 500원에 불과했습니다.

배양육을 만드는 방법은 다음과 같습니다. 일단 배양하고자 하는 동물의 특정 부위 세포를 떼어냅니다. 두 세포를 이용하는데 하나는 배아줄기세포이고 다른 하나는 근육위성세포입니다. 배아줄기세포는 수정란이 태아로 커가는 과정에서 만들어지는 세포로 근육이나 혈액·뼈·피부 등 모든 종류의 세포로 분화할 수 있는 가능성을 가진 세포죠. 이 배아줄기세포를 화학물질을 통해 근육세포로 분화하게 만든 뒤 배양액에 넣어 몇 주 동안 배양을 하면 국수 모양의 단백질 조직이 만들어집니다. 이것을 틀에 넣어 모양을 만들면 햄버거에 들어가는 패티가 됩니다.

근육위성세포는 근육이나 피부에 상처가 나면 재생 역할을 하는 조직입니다. 이 세포는 근육조직으로만 발달하기 때문에 배양 과정에서 화학물질을 주입하지 않아도 됩니다. 화학물질에 대한 우려가 없는 것입니다. 이 세포를 배양액에 넣어 몇 주 동안 배양을 하면 역시 마찬가지로 국수 모양의 단백질이 만들어집니다. 여기에 고기의 맛을 높이기 위해 지방세포 등을 섞어줍니다.

이때 배양액으로는 소의 태아에서 추출한 혈청을 주로 썼습니다. 혈청은 혈액 중에서 적혈구나 백혈구 등의 혈구를 제외한 나머지 부분이지요. 소 태아혈청에는 영양분이 충분히 들어 있고, 다양한 요소로부터 배양액 내의 비타민을 보호해 주는 단백질이 있어 세포를 안정적으로 성장시키기에 적당합니다. 하지만 배양육 가격이 높은 이유 중 하나가 바로 소 태아혈청입니다. 생산량이 적어 아주 비싸기 때문입니다. 소 태아혈청은 1리터당 100만 원 정도인데 패티 한 개를 만들기 위해 약 50리터가 필요합니다. 햄버거 한 개당 5,000만 원 정도의 소 태아혈청이 필요한 것이죠.

하지만 2019년 미국의 모사미트가 무혈청 배양액을 개발했습니다. 기존 소 태아혈청 배양액에 비해 생산비용이 65분의 1에서 88분의 1까지 낮아집니다. 2019년부터 배양육 가격이 급격히 떨어진 이유입니다. 우리나라의 스타트업 씨위드는 배양세포를 해조류에서 키우는 방식을 개발했습니다. 이렇게 전 세계적으로 소 태아혈청 배양액 대신 쓸 수 있는 다양한 배양법이 등장하면서 배양육 가격도 뚝뚝 떨어진 것이죠. 더구나 기존 소 태아혈청 배양액은 임신한 소를 도축하고 태아를 꺼내 혈청을 추출하는 것이라 사실 윤리적인 문제가 제기되기도 했습니다.

배양육은 이제 2~3년 안에 각국 정부의 심사를 거쳐 시판될 것으로 보입니다. 그리고 대량생산 체제가 이루어지면 기존 고기와 가격 차이가 거의 없거나 오히려 싸지는 시점 또한 그리 멀지 않았습니다. 여기에 더해 기후위기 문제와 관련해서는 강력한 장점이 있습니다. 하지만 그렇기 때문에 오히려 기존 축산업의 입지가 크게 흔들릴 가능성 또한 생각해 봐야 할 문제입니다. 우리나라도 그렇지만 미국이나 아르헨티나, 오스트레일리아 등의 축산 농가와 기업이 대단히 큰 타격을 입을 수도 있습니다.

바이오칩 5

병은 이미 발병한 후에 치료하기보다는 미리 그 전조를 파악하는 게 중요하다고들 합니다. 또 초기에 미리 확인하면 치료가 쉽고 고통은 덜고 비용은 줄어들죠. 진단 사업이 점차 확대되는 대표적인 예가 암입니다. 우리나라 사망원인 1위인 암은 20세기에만 해도 한번 걸리면 낫기 힘든 불치병이란 이미지가 강했습니다. 하지만 이제 암에 걸려도 비교적 초기에 발견하면 많은 경우 어렵지 않게 치료할 수 있게 되었습니다. 고혈압이나 당뇨 같은 경우도 초기에 발견하고 적절하게 대처하면 큰 문제 없이 일상적 삶을 지속할 수 있습니다. 그래서 요사이 정기 건강검진이 중요하고 또 많이들 하고 있습니다. 그리고 이전보다 쉽고 빠르게 검진이 이루어지기도 하고요.

예전의 암 진단을 보면 내시경을 통해 직접 위나 대장 등의 상태를 확인하고 자기공명영상장치(MRI) 혹은 컴퓨터단층촬영장치(Computed Tomography, CT) 등의 영상장치를 통해 먼저 대략적으로 파악합니다. 그리고 의심 증상이 나타나면 해당 세포 조직을 떼어 내 다시 검사하는 과정을 거쳤습니다. 검사비용이 비싸고 시간도 오래 걸리고 환자도 힘들었지요. 위나 대장 같은 소화기관은 그나마 쉬웠지만 간이나 췌장 같은 내부 장기는 더 힘들었습니다. 더구나 초기 암은 크기가 워낙 작아 영상장치로 확인하기가 쉽지 않았습니다.

하지만 현재는 바이오 마커(bio-marker)를 통해 암을 진단하는 기술이 발달하여 초기 암의 확인이 훨씬 손쉽고 비용도 저렴해지고 있습니다. 바이오 마커는 미국국립보건원(NIH)에서 처음으로 세운 개념으로, "정상적인 생물학적 과정, 질병 진행 상황, 치료 방법에 대한 약물의 반응성을 객관적으로 측정하고 평가할 수 있는 지표"라고 정의했습니다. 예를 들어 전립선암의 경우 암세포에서 떨어져 나온 전립선 특이항원이란 물질이 혈액 속에 섞여 있는데 피검사를 통해서 이를 확인할 수 있습니다. 암뿐이 아닙니다. 최근에는 치매 질환 중 70% 정도를 차지하는 알츠하이머 또한 증상이 나타나기 전에 확인할 수 있습니다. 알츠하이머는 '아밀로이드 베타(Amyloid ß)'라는 단백질이 뇌에 과도하게 축적되는 것[10]이 핵심 원인 중 하나라고들 하는데, 이 아밀로이드 베타를 혈액에서 확인하는 방법을 우리나라에서 개발하기도 했습니다. 심근경색도 트로포닌이라는 바이오 마커로 진단할 수 있습니다. 급성 심근경색의 경우 발생 후 '골든타임'이 지나기 전 응급처치가 필수인데, 만약 심근경색을 진단할 수 있는 바이오 마커의 활용이 보편화된다면 발병을 예견하고 미리 대처할 수 있을 것입니다.

또 임산부의 혈액을 검사해서 태아의 염색체 이상을 확인하기도 합니다. 임산부 혈액에는 태아에서 유래한 DNA가 있는데 이를 검사하는 것입니다. 바이오 마커가 질병 진단에만 쓰이는 것은 아닙니다. 치료 과정에서 효과가 얼마나 나타나는지도 바이오 마커를 통해서 확인할 수 있습니다. 이렇게 혈액이나 소변, 침에 있는 바이오 마커를 분석해서 여러 가지 문제를 파악하는 기술이 활발하게 연구되고 또 상용화되고 있습니다.

하지만 바이오 마커를 통해 더 많은 질병을, 더 빠르게, 더 싸게 예측하기 위해서는 두 가지 문제를 넘어서야 합니다. 첫 번째로 질병의 표지가 되는 바이오 마커를 더 많이 발굴해야 합니다. 예를 들어 우리는 흔히 암이라고만 하지만 암도 그 종류가 대단히 많고, 각각의 암세포가 만들어내는 물질도 대단히 많습니다. 이들 물질 중 바이오 마커로 활용할 수 있는 물질을 좀 더 많이 그리고 상세히 알 수 있다면 암 진단이 훨씬 쉬워질 것입니다. 암뿐이 아닙니다. 인체 내에서 비정상적인 물질대사가 이루어지면 그에 따라 특정 물질의 농도가 올라가거나 내려가는데 이런 물질을 찾아내는 것이 해당 질병에 대한 예측을 좀 더 빠르게 만들 것입니다.

그리고 또 하나 이 바이오 마커를 분리하고 측정하는 기술의 발전도 대단히 중요합니다. 현재 주목하고 있는 진단기술은 바이오칩입니다. 예전에는 커다란 실험실에서 여러 명이 나눠서 며칠에 걸려 이루어지던 측정이 이제는 그저 작은 칩, 바이오칩 하나로 모두 이루어지고 있습니다. 바이오칩이란 유리나 플라스틱 등의 기판 위에 생물에서 유래한 여러 성분을 전자부품과 함께 담아 만든 진단기구입니다. DNA칩, 단백질칩, 바이오센서(biosensor), 랩온어칩 등 종류도 아주 많고 쓰임새도 여러 가지입니다.

DNA칩

DNA칩은 1989년 유고슬라비아의 라도예 드르마나크(Radoje Drmanac) 등이 처음 고안했고, 1995년 미국의 스탠퍼드대학교에서 처음으로 제작에 성공했습니다. 이후 상업화가 진행되면서 격자 모양으로 촘촘한 구멍이 있는 칩 위에 여러 종류의 유전자 염기서열을 격자마다 하나씩 집어넣어 만드는 현재의 방식이 정착되었습니다.

DNA칩에는 특정 유전자의 염기서열에 반응하면 형광이 나타나는 DNA 서열이 있습니다. 예를 들어 ACAGTCTAGA란 염기서열을 탐지하려면 그에 상보적인 TGTCAGATCT란 서열을 가진 DNA 사슬을 칩 위에 고정해 두는 것입니다. 이 위에 혈액이나 코 점막에서 채취한 시료를 넣습니다. 투입된 시료에 해당 염기가 있으면 두 DNA 사슬이 결합하고 형광이 나타납니다. 이런 DNA 시료는 크기가 워낙 작으니 칩 하나에 수백 개에서 수십만 개를 모아놓을 수 있습니다. 즉 한번에 여러 종류의 DNA를 확인할 수 있는 거지요.

이런 DNA칩은 유전병을 확인하는 데 탁월한 기능이 있습니다. 예를 들어 헌팅턴병(헌팅턴 무도병)이란 유전병이 있는데, 이는 상염색체의 특정 유전자 때문에 발생합니다. 그런데 서른 살이 넘어야 증상이 나타나고 특별한 치료법도 없습니다. 병이 진행되면 뇌세포가 줄어들면서 정신장애가 나타나고 몸이 틀어지거나 경련이 일어나는 증상이 생겨 약 15년 뒤에는 사망하게 됩니다. 1만 명당 1명꼴로 나타납니다. 유전자 검사를 통해 미리 확인하고 대비하는 것이 최선입니다. 이 경우 미리 DNA칩을 통한 유전자 검사로 확인이 가능합니다. 헌팅턴병 외에도 마틴 벨 신드롬, 고셔병, 혈우병, 신경섬유종증, 망막모세포종, 척수성근위축증, 테이삭스병, 낭포성섬유증 등이

DNA칩으로 검사가 가능합니다.

유전병만 진단이 가능한 것은
아닙니다. 우리 몸에 침입한 병
원균도 제각기 특유의 DNA 서
열을 가지고 있으니 진단이 가능
합니다. 예를 들어 코로나19 자
가진단키트의 경우 빠른 진단이

그림 37 DNA칩(출처: Wikimedia Commons)

가능하지만 항원-항체 반응 원리를 이용한 것이라 민감도가 떨어집
니다. 반대로 코로나19 바이러스의 RNA를 DNA로 역전사한 뒤 확
인하는 진료소의 검사법은 훨씬 정확하지만 진단을 위해서는 대형
장비가 있는 곳으로 검체를 운송한 뒤 처리되기 때문에 시간이 오래
걸리는 단점이 있습니다. 여기에 대응하기 위해 개발된 것이 한국과
학기술원의 '중합효소연쇄반응'을 이용한 나노 플라즈모닉 PCR칩입
니다. 이런 기술을 이용하면 작은 칩 하나로 현장에서 10분 안에 진
단이 가능합니다. 코로나19처럼 감염병이 대규모 유행을 할 때 사용
할 수 있는 거지요.

이런 DNA칩은 생명공학 이외의 다른 분야에서도 다양한 가능성
을 보여 주고 있으며, 산업에서도 필수적인 존재가 될 것입니다. 전
자공학에서는 나노 수준의 DNA칩을 저장매체로 이용하려는 연구
가 이어지고 있습니다. 또 유전자 조작 식품을 확인하는 작업에 사용
할 수 있고, 지하수나 토양의 미생물 오염을 확인할 수도 있습니다.
식품이나 의약품 공장에서는 뉴클레오티드(nucleotide)[11]나 유전자
의 순도를 파악하는 데, 제약회사에서는 의약품의 효능과 부작용을
분자 차원에서 이해하는 데 도움이 됩니다.

단백질칩

　DNA 사슬, 즉 유전자는 단백질의 설계도라고 할 수 있습니다. DNA칩이 DNA 설계도를 살펴보는 거라면, 실제로 만들어진 단백질을 확인하는 것은 실제로 지어진 집을 살펴보는 거라 오히려 더욱 더 유용할 수 있습니다. 인체에서 물을 제외하면 가장 많은 물질인 단백질은 생명활동의 중심이기 때문입니다. 콜라겐이나 케라틴 등 몸을 구성하는 물질도 단백질이고 펩신이나 아밀라아제 등 각종 효소도 단백질로 구성되어 있습니다. 각종 호르몬도 단백질로 이루어진 경우가 많고, 세포와 세포를 이어주는 물질 또한 단백질이지요. 세포막에 존재하는 막단백질은 세포 내부와 외부의 정보를 이어주고 물질교환에도 큰 역할을 합니다. 우리 몸의 다양한 물질대사는 모두 단백질을 매개로 이루어지고 있지요. 그래서 특정 단백질이 부족하거나 반대로 많아지면 몸에 이상이 생깁니다. 종류도 다양해서 인간의 유전자가 만들 수 있는 단백질 종류는 10만 개를 훌쩍 넘습니다. 따라서 어떤 사람의 체내에 있는 단백질의 종류와 농도를 파악할 수 있다면 건강과 관련한 다양한 정보를 얻을 수 있습니다. 이를 위해 개발된 것이 단백질칩(protein chip)입니다.

　단백질칩은 작은 기판 위에 여러 종류의 단백질을 고정한 후 시료와 상호작용하는 과정을 분석하는 장치입니다. DNA칩에 비해 연구와 개발이 쉽게 이루어지지 않아 현재 일부 제품이 겨우 상용화된 단계입니다만 앞으로 연구하고 개발할 것이 무궁무진한 유망 분야입니다.

　단백질칩의 개발이 늦어지는 것은 DNA와 달리 구조가 복잡하고 화학반응이 다양하게 이루어지기 때문입니다. 그래서 반응 자체가 단순한 DNA칩에 비해 개발하는 데 어려움을 겪는 것이죠. DNA의 경우 반응이 한 종류뿐입니다. 아데닌이란 염기를 가지면 티민이란 염기를 가진 DNA만 반응하죠.[12] 이에 반해 단백질의 경우 다양한 종류의 다른 단백질과 화학반응을 할 수 있습니다. 또 단백질은 온도와 산성도에 민감합니다. 온도가 변하면 구조가 변하고 산성도가 변해도 구조가 변합니다. 삶기 전 계란의 흰자는 점도가 높은 투명한 액체 상태이지만 삶은 계란의 흰자는 불투명한 흰색의 고체가 되죠. 식초 속에 넣은 달걀, 즉 초란(醋卵)의 흰자는 액체 상태에서 약간 말랑말랑한 고체 상태로 변합니다. 이렇게 온도와 산성도에 따라 구조가 변하면 화학반응도 달라집니다. 따라서 칩 위에 고정한 단백질을 안정된 상태로 유지하는 것이 중요한데 이게 쉽지 않습니다.

단백질칩의 가능성은 20세기 말부터 예견되었지만 21세기 들어서야 본격적인 개발이 시작됩니다. 그래서 이제 시작 단계이지만 단백질칩은 DNA칩에 비해 이용할 수 있는 영역이 훨씬 넓습니다. 단백질칩의 이용에는 크게 네 가지 영역이 있습니다. 첫 번째로 진단 분야입니다. 면역 반응에 관계하는 항원과 항체는 모두 단백질입니다. 따라서 혈액 샘플에서 항원 및 항체를 검출하는 데 이용할 수 있지요. 이를 통해 질병 상태를 파악할 수 있습니다. 또한 각종 식품을 비롯해 환경의 오염 상황에 대해서도 파악할 수 있습니다. 현재 사용되는 코로나19 자가진단키트는 단백질칩의 대표적인 예입니다.

두 번째로 새롭게 부상하고 있는 단백질체학(proteomics)에서도 중요한 쓰임새가 있습니다. 단백질체학은 하나의 생명체에서 나타나는 모든 단백질을 전체적으로 연구하는 분야입니다. 즉 인체 단백질체학이라고 하면 사람의 몸에 존재하는 모든 단백질을 연구하는 것입니다. 워낙 종류가 많고 또 같은 종류라도 변이체가 많습니다. 여기에 단백질 하나가 다양한 물질과 반응을 하는 데다 반응 조건에 따라 그 양상도 다양합니다. 이들의 성질과 기능, 다른 단백질과의 연관성을 종합적이고 집중적으로 분석하는 학문이 단백질체학인데, 당연히 단백질칩이 중요한 연구도구가 됩니다.

세 번째로 단백질 기능 분석은 단백질과 단백질, 단백질과 인지질, 효소와 수용체 리간드(ligand)의 관계를 파악하는 데 쓰일 수 있습니다. 생물체 내에서 단백질은 홀로 존재하는 것이 아니라 주변 물질과 끊임없이 반응을 주고받습니다. 이를 연구하는 데에도 단백질칩은 중요한 도구가 됩니다. 가령 단백질이 주성분인 인슐린이 인체 내 다른 세포와 어떻게 관계를 맺는지를 파악하는 것은 당뇨병 치료에 아주 중요한 부분인데, 이를 단백질칩을 이용해 보다 빠르고 폭넓게 이해할 수 있습니다.

네 번째로 치료제 개발과 관련해서도 중요한 역할을 할 수 있습니다. 특히 자가면역, 암, 알레르기 등에 대한 항원 특이적 치료법을 개발하는 데 도움을 줄 수 있지요. 또한 새로운 치료약으로 사용할 수 있는 물질을 파악하는 데도 도움이 됩니다. 약 성분에 단백질이 포함되는 경우, 임상실험을 하기 전에 단백질칩을 통해 다양한 반응을 미리 살펴보면 시간도 절약되고 개발비도 낮아집니다.

랩온어칩

랩온어칩(lab-on-a-chip)은 말 그대로 칩 위에 실험실의 구성요소 모두를 구축한 것입니다. DNA칩이나 단백질칩이 한 단계 발전한 개념으로, 아주 적은 양의 시료나 샘플만으로도 신속하게 실험을 진행할 수 있습니다. 1979년 스탠퍼드대학교에서 처음 시작했으나 21세기 들어 본격적으로 실용화되고 있는 분야입니다.

수천 분의 1밀리미터쯤 되는 아주 작은 관에 혈액이나 침, 소변 등을 투입하면 액체의 흐름이 일상적인 크기의 관과는 매우 다른 모습을 보입니다. 이렇게 적은 양의 액체를 미세 유체[13]라고 하는데 이를 적절히 제어하기 위해서는 마이크로 밸브나 마이크로 펌프 등 미세 유체를 제어할 수 있는 장치가 필요합니다. 이런 장치 기술을 미세전자기계시스템(Micro Electro Mechanical Systems, MEMS)이라고 하며, 1990년대 들어서야 본격적으로 개발되었습니다.

아무튼 21세기 들어 새로운 바이오칩으로 등장한 랩온어칩의 장점이라면 크기가 작다 보니 제작비가 싸다는 점도 있지만 이보다 중요하게는 시료가 작아도 검사가 가능하고 분석에 드는 시간이 훨씬 줄어든다는 점입니다. 그리고 워낙 작고 싸기 때문에 랩온어칩 수십, 수백 개를 동시에 가동하여 대규모 조사를 실시하면 기존 실험실보다 훨씬 빠르게 처리할 수 있습니다. 가령 혈액을 가지고 검사를 할 때 기존에는 주사기에 한 가득 피를 뽑아야 했지요. 하지만 랩온어칩이 상용화되면 피 한 방울만 가지고도 수십 가지의 실험을 하는 것이 가능해집니다. 이는 특히 의료 환경이 열악한 국가와 지역에서 큰 역할을 할 수 있게 됩니다. 그러나 아직 완벽하지 않고 마이크로미터 수준의 소재를 가공해야 하기 때문에 부품의 정확성이 떨어지는 측면이 있습니다. 하지만 일부 상용화된 제품도 있습니다. 가정용 임신 테스트 키트가 대표적입니다. 이외에도 세균 감염으로 인한 일반적인 감염병을 진단하고, 병의 진행 정도를 파악하는 랩온어칩도 개발 중입니다. 특히 후천성면역결핍증(HIV) 감염 여부를 확인할 수 있는

키트가 개발되어 6,000원 정도의 가격으로 진단할 수 있게 되었습니다. 앞으로 기존 DNA칩과 단백질칩이 랩온어칩으로 진전되면서 다양한 진단키트가 나올 것으로 예상됩니다.

이외에도 랩온어칩은 단백질체학, 유전체학 등의 생명공학 분야에서 주로 이용합니다. 그중에서도 가장 비중이 큰 것은 유전체학입니다. 앞서 살펴본 것처럼 DNA 시퀀싱은 의학 및 유전공학 등에서 점점 더 대규모로 진행되고 있는데 랩온어칩을 통해 낮은 비용으로 대량 분석이 가능하기 때문입니다.

그리고 앞으로 응용할 분야 중 대표적인 것이 휘발성 유기화합물을 파악하는 것입니다. 휘발성 유기화합물은 상온에서 기체 형태로 존재하는 유기화합물을 말하는데, 종류가 아주 다양합니다. 대표적으로 메탄이나 에탄(ethane), 프로판(propane)과 같은 가스가 있습니다. 이외에도 아세톤(acetone), 이소프렌(isoprene), 메탄올(methanol) 등이 있습니다. 이들은 대기 중에 퍼져나가면서 일부는 물에 조금씩 녹습니다. 이를 감지할 수 있으면 도시가스나 프로판가스의 누출을 탐지하는 데 사용할 수 있고 각종 배기가스 성분의 농도를 측정하는 데도 이용 가능합니다. 공장에서 유독가스가 누출되는지를 파악할 수도 있지요. 또 가정에서 인체에 유해한 포르말린과 같은 휘발성 오염물질을 확인하는 데도 이용할 수 있습니다.

바이오센서

당뇨병 환자는 하루에도 몇 차례씩 혈액의 포도당 농도를 체크해야 하는데 기존에는 스스로 혈당을 체크할 방법이 없었습니다. 그렇다고 혈당 체크를 하자고 하루에 몇 번씩 병원에 갈 수도 없고요. 하지만 20세기 중반 혈당측정기가 등장하면서 사정이 많이 나아졌습니다. 손가락에서 피를 한 방울 뽑아 혈당측정기에 갖다 대면 자동으로 혈당수치가 화면에 나타납니다. 대략 몇만 원 정도의 가격이면 구입할 수 있으니 경제적으로도 별 부담이 없습니다.

혈당측정기는 현재 바이오센서 중에서 가장 큰 시장을 차지합니다. 이외에도 임신진단용 키트나 코로나19 자가진단키트 등도 일종의 바이오센서라고 할 수 있습니다. 바이오센서란 생물학적 요소를 사용하거나 생물학적 요소를 모방하여 측정 대상물로부터 정보를 얻는 도구입니다. 또한 DNA칩이나 단백질칩 등도 일종의 바이오센서라 할 수 있습니다.

바이오센서의 구성요소는 크게 생물학적 반응이 일어나는 부분인 센서 매트릭스(sensor matrix)와 이를 사람이 알아볼 수 있는 정보로 바꾸는 신호변환기(biotransducer)로 나눌 수 있습니다. 센서 매트릭스에 사용하는 물질로는 효소, 항체, 항원, 수용체, 세포, 조직, DNA 등의 생물학적 요소가 있습니다. 초기에는 주로 효소를 센서 매트릭스로 사용했으나 분자생물학이 발달하면서 현재는 항체를 센서 매트릭스로 사용하는 경우가 늘어나고 있습니다. 신호변환방법으로는 전기신호, 발색, 광학, 형광, 압전[14] 등이 사용됩니다.

바이오센서가 작동하는 방식은 여러 가지가 있습니다. 먼저 온도 변화를 측정하는 방식이 있습니다. 생물학적 반응은 일종의 발열 반응이거나 흡열 반응으로 그 과정에서 온도 변화가 일어납니다. 이를 측정해서 해당 물질의 농도를 계산하는 것으로 열량계식 센서라고 합니다. 두 번째로는 중력 변화를 측정하기도 합니다. 세균이나 바이러스, 살충제, 농약, 마약, 유독가스 등이 생물학적 반응으로 인해 센서 매트릭스에 흡착되면 무게가 증가합니다. 이를 일종의 저울인 마이크로 중력계 센서로 측정하는 것입니다. 이를 통해 흡착된 물질의 함량을 알 수 있습니다. 세 번째로는 빛의 투과 정도를 측정하는 방식이 있습니다. 산소농도 측정에서 많이 쓰이는 것으로 액체 내의 산소농도에 따라 빛이 투과하는 정도가 달라지는 것을 이용하지요. 이 경우 광학센서가 됩니다. 또 특정 물질이 흡착하면 용액의 전기전도도가 달라집니다. 혹은 약한 전류가 생기기도 합니다. 이 경우 전류의 세기를 측정해서 해당 물질의 농도를 알 수 있는데, 이를 전기화학적 센서라고 합니다.

현재 혈당 측정과 임신 확인 등의 진단 분야에서 바이오센서가 가장 많이 쓰이고 있지만 그 밖의 분야에서도 바이오센서의 쓰임새는 점점 늘어나고 있습니다. 예를 들어 식품 용기의 환경호르몬을 측정하거나 토양과 하천의 오염도를 측정하는 데도 이용됩니다. 또 식품에 남아 있는 농약의 농도를 확인하는 데도 바이오센서가 이용됩니다. 독성 가스를 확인할 때나 각종 미생물을 확인할 때도 바이오센서를 이용하는 경우가 점점 늘고 있습니다. 앞으로 개인별 맞춤 진료 분야에서도 바이오센서의 사용은 지속적으로 늘어날 것으로 보입니다.

차세대 항암제 6

인간이 가장 두려워하는 질병이 암일 겁니다. 전 세계적으로 그리고 우리나라로 봐도 사망원인 1위를 공고히 하고 있지요. 따라서 암을 치료하는 방법에 대한 연구는 지속적으로 그리고 가장 많은 인력과 재정이 투입되고 있습니다. 암을 치료하는 데는 일단 조기 발견이 가장 중요하지요. 그리고 암이 발견되면 먼저 수술로 암세포를 제거하고, 방사선 치료를 병행하기도 합니다. 방사선 치료 또한 방사선으로 암세포를 제거하는 것이 주된 방법입니다. 하지만 암은 재발률이 높은 질병입니다. 암세포가 혈액을 타고 신체 내 곳곳으로 번지는 전이 현상도 많고, 또 암세포만 따로 제거하기가 쉽지 않기 때문입니다. 그래서 보통의 경우 항암제를 병행해서 치료를 하게 됩니다.

항암제는 크게 4세대로 나눌 수 있습니다. 1세대 항암제는 화학항암제 혹은 세포독성항암제라 불립니다. 주로 빠르게 분열하는 세포를 직접 공격하는 원리입니다. 암세포가 다른 세포보다 분열 속도가 빠른 것을 이용하는 것이지요. 최초의 항암제는 1943년 개발한 니트로겐 머스터드(nitrogen mustard)입니다. 이후 다양한 종류의 화학항암제가 개발됩니다. 대표적인 것은 알킬화제(alkylating agent)입니다. DNA를 파괴하는 방법이지요. 스클로포스파미드나 시스플라틴 등이 이에 해당됩니다. 안티메타보라이트(Antimetabolite)는 DNA 복제 등에 필요한 물질대사를 억제하는 항암제로 5-FU, 젬시타빈 등이 있습니다.

천연물질 유래 항암제로는 파크리탁솔이 대표적입니다. 세포가 분열할 때 필요한 튜블린 단백질에 작용합니다. 암은 세포분열이 활발한 세포이고 세포분열을 위해서는 DNA 복제가 먼저 이루어져야 합니다. 그에 따라 DNA 복제와 관련된 작용에 영향을 끼쳐 암세포의 분열을 막고, 죽이는 작용을 하는 것이 1세대 항암제의 기본 원리입니다. 그래서 암세포의 성장이나 진행이 빠른 종류의 암, 즉 림프종이나 백혈병 같은 경우 이런 항암제가 효과가 높습니다. 하지만 우리 몸에는 암세포가 아니더라도 세포분열이 활발한 곳이 있습니다. 머리카락이 자라나는 모낭세포, 백혈구 등을 만드는 조혈모세포, 입안과 소화기 내부의 상피세포가 대표적이죠. 1세대 항암제들은 암세포든 아니면 정상세포든 분열이 활발한 세포를 공격하니 이들 세포도 손상됩니다. 그래서 항암치료를 받게 되면 머리카락이 빠지고 백혈구가 부족해지며 소화기 장애가 생깁니다.

이런 부작용을 줄이기 위해 새롭게 등장한 것이 2세대 항암제, 표적항암제입니다. 1998년에 허셉틴이란 제품이 처음 등장했고 2001년에 나온 노바티스사의 글리벡은 2세대 항암제의 대표적인 약품이죠. 이들 항암제는 암세포가 직접 목표가 아니라 암세포가 성장하는

데 필요한 원인을 억제함으로써 암세포를 죽이는 방식입니다. 그래서 정상세포에서 나타나는 부작용은 이전 항암제보다 줄어들게 됩니다. 하지만 문제는 암세포가 한 종류가 아니라는 점입니다. 전립선암, 폐암, 림프종, 갑상선암, 유방암 등 정말 많은 종류의 암세포가 있지요. 그런데 표적 항암제는 이런 암세포 모두에 작용하는 것이 아니라 특정한 종류에만 작용한다는 한계가 있습니다. 더구나 계속 사용할 경우 항암제에 내성을 가지는 암세포가 등장하고 이들에게는 약이 잘 듣지 않았습니다. 그리고 1세대 항암제에 비해 줄어들긴 했지만 여전히 피부발진이나 손발톱 주변 염증, 고혈압 등의 부작용도 있습니다.

그래서 새로 개발된 것이 3세대 항암제, 즉 면역항암제입니다. 면역항암제는 우리 신체 내부의 면역시스템을 통해 암세포를 없애는 것이 기본 원리입니다. 면역세포에는 지나친 자가 활성화를 막는 일종의 브레이크 역할을 하는 것이 있습니다. 면역세포 중 가장 중요한 것 중 하나인 T세포 표면에 이와 관련된 물질인 CTLA4와 PD-1이란 단백질이 있습니다. 흔히 면역관문(immune checkpoint)이라고 합니다. 암세포는 이 두 수용체를 활성화해서 주변의 T세포를 무력하게 만듭니다. 면역항암제 중 많은 종류가 면역관문을 억제해서 T세포가 암세포를 공격하게끔 하는 면역관문 억제제입니다. 하지만 약점이 있습니다. 면역관문 억제제는 쉽게 말해서 T세포를 활성화하는 것으로, 자가 면역질환에 좋지 않은 영향을 끼칩니다. 대표적인 것이 류머티즘 관절염이죠. 즉 면역세포가 과잉면역반응으로 정상세포를 공격하는 경우가 많아집니다. 또 면역항암제는 반응하는 종양과 반응하지 않는 종양이 구분되는 약점도 있습니다.

다음은 면역세포 치료제입니다. 4세대 항암제로 불리기도 하죠. 환자 몸속의 면역세포를 채집한 뒤 몸 밖에서 암세포를 공격하는 효과를 높이게끔 강화하여 다시 몸에 주사하는 방식입니다. 하지만 아직 개발 초기죠. 앞으로 좀 더 다양한 종류의 면역세포 치료제가 더 저렴한 비용으로 출시될 것으로 보입니다. 또 하나는 면역바이러스 항암제입니다. 바이러스에 암세포를 타깃으로 하는 특정 유전자를 삽입한 치료제입니다. 이 바이러스는 일반 세포에서는 증식하지 못하고 암세포에서만 증식합니다. 바이러스가 암세포 내부에서 증식하게 되면 자연히 암세포가 사멸하게 되지요. 그리고 감염된 암세포는 우리 몸 안의 면역계에 노출되고 이에 따라 항암면역세포가 활성화되어 바이러스에 감염되지 않은 암세포까지 죽이는 효과도 볼 수 있습니다.

대표적인 면역바이러스 항암제로는 킴리아가 있습니다. 소아 및 성인 급성림프구성백혈병과 성인 림프종에 효과가 아주 좋습니다. 하지만 문제는 비싼 약값입니다. 환자의 몸 안에서 T세포를 채취한

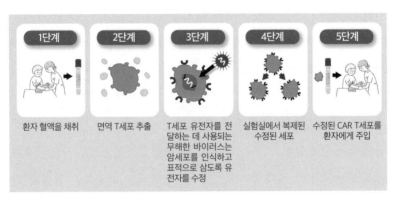

1단계	2단계	3단계	4단계	5단계
환자 혈액을 채취	면역 T세포 추출	T세포 유전자를 전달하는 데 사용되는 무해한 바이러스는 암세포를 인식하고 표적으로 삼도록 유전자를 수정	실험실에서 복제된 수정된 세포	수정된 CAR T세포를 환자에게 주입

그림 38 차세대 항암제 킴리아의 시술 과정

뒤 이를 미국으로 보냅니다. 미국의 연구소에서 이를 복잡한 과정을 거쳐 유전적으로 변형합니다. 개개인에 맞춘 약인 것입니다. 미국에서 킴리아 투약비용은 1인당 5억 원이 넘습니다. 우리나라에서는 3억 6,000만 원으로 책정되었으며 건강보험이 적용되어 환자가 부담할 금액은 총 1,000만 원이 넘지 않습니다.

그리고 또 하나 항암치료로 개인 맞춤형 치료가 주목을 받고 있습니다. 실제 암환자들은 개인에 따라 진행 정도와 항암제에 대한 반응 정도가 모두 다릅니다. 그래서 1세대 항암제부터 3세대 항암제까지 여러 가지 약물을 조합해서 사용하는 경우가 많지요. 여기에 약물유전체학(Pharmacogenomics)에 기반한 정밀의학이 등장합니다. 인간은 아주 다양한 유전형을 지니고 있고 이에 따라 기존 약물과의 궁합이 조금씩 다릅니다. 약물유전체학은 이런 유전체와 약물의 상관관계를 연구하는 학문입니다. 즉 새로운 약을 만드는 것이 아니라 기존 약물을 어떻게 이용하는 것이 환자 개개인에게 더 적합한지를 파악하는 것이죠.

이를 위해 최신 유전공학과 생명공학이 동원됩니다. 먼저 차세대 유전자 시퀀싱(Next Generation Sequencing, NGS) 기법을 통해 환자의 모든 유전정보를 파악합니다. 이를 통해 암환자 개개인의 정확한 유전자 변이를 확인하고 맞춤형 치료를 제공하는 것이죠. 이를 위해서는 굉장한 양의 임상 데이터가 필요하기 때문에 정보통신 기업과 제약회사, 그리고 병원이 다양한 협력관계를 이루고 있습니다. 또 하나는 표현형(phenotype) 기반 정밀의학입니다. 간단히 말해서 암세포를 떼어내 배양하여 실제 환자의 암조직과 비슷하게 만든 뒤 여러 약물을 실제 적용한 후 그 결과에 따라 환자에게 적용하는 것입니다.

이런 정밀의학은 면역항암 치료제와 함께 21세기 항암치료의 새로운 장을 열고 있습니다.

4장 되돌아보기

크리스퍼 혁명과 합성 생물학 21세기 초 시작된 크리스퍼 혁명은 여전히 진행 중이다. 유전자 편집, 유전자 드라이브, 합성 생물학 등 크리스퍼 혁명을 기반으로 하는 다양한 유전공학기술은 생명공학 전반에 대해 엄청난 영향력을 발휘하고 있다.

합성 생물학이란 이전에 존재하지 않던 새로운 생물체의 합성이라는 의미인데, 그 응용 범위가 날로 늘고 있다. 코로나19 mRNA 백신 생산과 세계 각국의 바이오 파운드리의 경쟁적 도입은 합성 생물학의 미래를 보여 준다.

GMO GMO는 사료용 곡물인 콩과 옥수수, 섬유용 작물인 면에 대규모로 사용되고 있으며, 앞으로 그 영향력이 더욱 커질 것으로 보인다. 또한 생명공학, 발효공학, 의약품 생산 등 다양한 분야에서 응용되고 있다. 다만 인간에게 공급할 목적으로 재배하는 작물에 대한 GMO 도입은 당분간 부정적 인식이라는 벽을 넘어서긴 힘들 것으로 보인다.

백신의 현재와 미래 코로나19는 백신 분야에 일종의 전환점이 되었다. 그간 인간에게 사용하는 것이 유보되어 왔던 mRNA 계열의 백신이 개발되어 유효한 효과를 보였으며 그 과정에서 백신 개발과 관련한 다양한 기술과 노하우가 축적되었다. 백신 개발 속도도 이전에 비해 훨씬 빨라졌다. 다만 백신 개발과 관련한 기반 기술을 몇몇 생명공학 기업이 독점적으로 소유하고 있는 점은 향후에도 사회적 문제가 될 것이다.

미래 식량 식물성 재료로 만든 대체육 시장이 빠르게 확대되고 있다. 이전에 비해 식감과 맛에서 기존 육류와 차이가 크게 줄어들었다. 배양육은 식물성 배양액이 개발되면서 초기에 비해 가격이 많이 내려 경제성을 갖추기 시작했다. 다양한 종류의 배양육이 본격적으로 출시되면서 2020년대 후반부터는 의미 있는 성장을 시작할 것이다.

바이오칩 전자공학과 생명공학의 융합으로 탄생한 바이오칩은 DNA칩, 단백질칩, 랩온어칩 등으로 다양해지면서 생물학과 의학뿐 아니라 음식료업, 의공학, 환경산업 등에서 좀 더 저렴한 비용으로 더 빠른 결과를 도출하는 모습을 보이고 있다.

차세대 항암제 1세대 항암제와 2세대 항암제, 3세대 항암제를 넘어 이제 유전공학을 이용한 개인별 맞춤 항암제가 등장하고 있다. 고비용으로 인해 아직은 사용이 제한적이지만 늘 그렇듯 10년 이내에 일반인들이 사용할 수 있는 혹은 감당할 수 있는 수준으로 비용이 내려가게 될 것이고, 기존 암치료의 패러다임을 바꿀 것이다.

기후위기와
재생에너지

기후위기는 현재 과학기술 트렌드 전반을 관통하는 가장 뜨거운 주제입니다. 2050년까지 탄소중립을 이루겠다는 것은 우리나라를 포함한 주요 국가의 기본적 방침이죠. 기후위기로 인한 영향은 매년 우리 앞에 이상기후와 해수면 상승, 북극해 빙상의 융해 등으로 크게 다가올 것이고 이로 인한 대중의 기후위기 극복에 대한 요구는 더 커질 것입니다. 2023년에도 기후위기에 대한 대응은 과학기술 전반에 가장 강력한 압력으로 작용할 것으로 보입니다.

재생에너지

기후위기에 대한 대응의 핵심은 이산화탄소와 메탄가스 배출 감소입니다. 현재 우리나라와 전 세계 모두 이산화탄소 배출의 핵심적 고리는 발전 산업입니다. 주요 국가에서 발전 산업은 전체 이산화탄소 배출량의 약 30~40%를 차지하고 있습니다. 발전 산업에서 이산화탄소 감소를 위해서 가장 힘을 기울이는 것은 재생에너지의 확대입니다. 재생에너지의 종류는 상당히 다양하지만 결국 태양광발전과 풍력발전이 전체의 90% 이상을 차지하고 있습니다. 이 두 부문에서의 기술 트렌드를 살펴보는 것이 가장 중요한 이유죠.

에너지 저장장치와 스마트 그리드

재생에너지가 전체 발전 산업에서 차지하는 지분이 커지면서 에너지 저장장치와 스마트 그리드 역시 주목받고 있습니다. 재생에너지의 간헐성과 경직성은 배터리를 이용한 단기 저장장치인 BESS와 장기 저장장치인 수소저장장치의 필연적인 확대를 가져오게 될 것입니다. 또한 재생에너지의 분산성과 지역적 시간대별 불균형은 현재의 송배전망으로는 극복하기 힘들기 때문에 분산전원과 이에 기초한 스마트 그리드로 송배전망을 혁신할 것을 요구하고 있습니다.

원전의 미래

기후위기에 의해 끊어지던 명맥이 다시 붙은 원자력발전 또한 긍정적이든 부정적이든 2023년 주목받는 부분입니다. 하지만 지금 운용되고 있는 원전과 같은 방식의 발전소를 대규모로 더 많이 짓는 것은 거의 불가능할 것으로 보입니다. 중국과 러시아 등 몇몇 나라에서 원자력발전에 대한 확장에 적극적이지만 주요 국가의 경우 기존 원전의 유지와 소규모 확장 정도에 그칠 수밖에 없습니다. 대신 소형모듈원전(SMR)이 주목받고 있습니다. SMR의 경우 부유식에 적합하며 거대 선박이나 우주선에도 이용할 수 있다는 점에서 활용가치가 크다는 주장이 조금씩 힘을 얻고 있습니다. 하지만 SMR 역시 기존 원전이 가지는 치명적 문제인 핵폐기물 문제에서 자유로울 수 없으며 경제적으로도 별 장점이 없다는 주장 또한 여전히 존재합니다.

수소환원제철과 탄소포집

발전과 더불어 우리나라 및 전 세계 이산화탄소 배출량의 30~40%를 차지하는 산업 부문의 온실가스 배출 감소 또한 발등에 떨어진 불입니다. 산업 부문 온실가스 배출은 크게 두 가지 영역에 걸쳐 이루어집니다. 먼저 연료로 석탄과 석유 등을 사용하는 과정에서 발생하는 온실가스 문제가 있는데, 이는 산업용 연료의 전기화와 수소화를 통해 해결해야 할 과제입니다.

두 번째는 산업공정에서의 이산화탄소 발생입니다. 제철산업, 시멘트 산업, 석유화학 및 플라스틱 산업이 대표적입니다. 철광석과 석회석, 석유는 제품 생산공정에서 이산화탄소를 배출하는 원료이기 때문이죠. 이와 관련하여 주목받는 것은 수소환원제철과 탄소포집(CCUS)입니다. 특히 시멘트 산업과 정유 및 석유화학, 플라스틱 산업에서 필수적인 기술이 탄소포집입니다.

핵융합발전과 우주 태양광발전

아직은 좀 더 미래의 일이라 여겨지지만 핵융합발전 역시 기존의 국가 주도형에서 민간 참여가 늘어나면서 주목받고 있습니다. 특히 연료가 무한하며 설치 장소에 크게 구애를 받지 않고 전기생산량을 조절하기 쉬우며, 배출되는 오염물질이 적은 다양한 장점 덕분에 상업화가 이루어진다면 기존 원전과 화석연료 및 재생에너지의 일부마저도 대체할 가능성이 큽니다.

핵융합보다 빠르게 현실화될 수 있는 분야가 우주 태양광발전입니다. 지상 재생에너지의 간헐성과 경직성을 극복할 수 있는 안정적인 에너지원으로 주목받는 이유입니다. 다만 경제성을 어떻게 확보할 수 있을 것인가가 과제입니다.

수소경제

기후위기의 대안으로 급속히 떠오르는 것이 수소입니다. 수소의 생산, 운송, 저장 및 이의 활용과 관계된 광대한 체계가 하나의 생태계로 구축되고 있습니다. 기술적 난관도 크게 높지 않습니다. 미래 에너지 주도권 확보를 위해 수소경제 구축에 주목하는 이유입니다.

태양광발전 ①

　기존의 전력생산은 어떤 식으로든 자석이 부착된 터빈을 돌리면 자기장의 변화가 생기고 이 변화가 주변을 감싸고 있는 전선의 전자를 움직이게 만드는 방식입니다. 이에 반해 태양광발전의 기본 원리는 광전효과죠. 광전효과란 빛이 전자에 닿으면 전자가 튀어나오는 현상입니다. 이 튀어나온 전자가 전선에 흐르면 그 자체가 전류입니다. 즉 빛에너지가 바로 전기에너지로 전환되는 방식이 태양광발전입니다. 그런 이유로 태양광발전은 터빈 등의 설비가 필요하지 않고 햇빛을 받을 패널만 준비되면 바로 전력을 생산할 수 있는, 비교적 구조가 간단한 발전방식입니다. 광전효과가 일어나는 태양광 패널을 어느 소재를 이용해 어떻게 제작할 것인가가 핵심적인 기술입니다.

　[그림 39]의 검은색을 띤 넓은 판 모양의 태양광발전 장치가 바로 태양광 패널입니다. 패널의 구조를 보면 패널 전체를 알루미늄으로 감싸고 있습니다. 판의 가장 위층에는 유리판이 있고 그 아래 빛

을 받아 전기를 만드는 태양전지, 즉 셀이 모여 있는 모듈이 있습니다. 맨 뒤쪽에는 백시트(back sheet)가 있습니다. 모듈과 유리, 모듈과 백시트 사이에는 밀봉재를 채워 태양전지를 보호합니다. 마지막으로 백시트 뒤쪽에는 생산된 전기를 모아 송전하는 정션박스(junction box)[1]가 있습니다.

패널에서 핵심장치는 셀입니다. 원래 광전효과는 금속에서 주로 발견되었습니다. 하지만 금속은 비싸기도 하고 효율적이지 않아 광전효과를 일으키는 광다이오드로 셀을 만듭니다. 광다이오드는 일종의 반도체로 빛이 다이오드를 때리면 이동전자와 정공이 생겨 전류가 흐르게 됩니다. 광다이오드 자체가 이미 반도체이니 당연히 기본

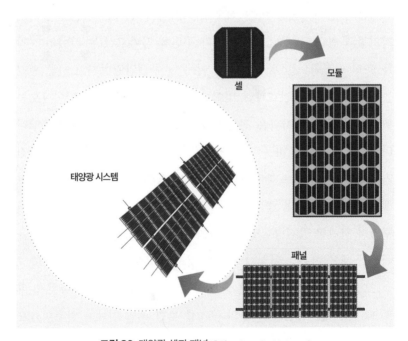

그림 39 태양광 셀과 패널(출처: Wikimedia Commons)

재료는 실리콘입니다. 셀의 재료는 다결정 실리콘, 단결정 실리콘, 비결정 실리콘 등이 있습니다. 하지만 비결정 실리콘은 전력으로 전환하는 효율이 낮아 쓰이지 않습니다.

결국 실리콘으로 태양광 전지를 만드는 방법은 다결정 실리콘과 단결정 실리콘의 두 가지가 있습니다. 처음에는 만들기 쉽고 가격도 저렴한 다결정 실리콘을 이용해서 태양전지를 만듭니다. 하지만 이 방식은 에너지 전환 효율이 18~20%밖에 안 됩니다. 여기서 에너지 전환 효율이란 빛에너지 중 얼마나 전기로 바꿀 수 있는가를 말합니다. 반면 단결정 실리콘은 이론적으로는 효율이 다결정 실리콘보다 4% 높지만 제작 비용이 더 많이 소요되어 초기에는 사용이 꺼려졌지요. 하지만 2010년 이후 단결정 실리콘 가격이 저렴해지면서 점차 다결정 실리콘 대신 쓰기 시작했고 요사이는 대부분 단결정 실리콘을 씁니다.

단 4%지만 이 차이를 무시할 수 없습니다. 효율이 높으면 설치면적을 줄일 수 있습니다. 태양광발전은 전기를 생산하기 위해 아주 넓은 면적이 필요합니다. 화력발전소 하나만큼의 전기를 만들려면 그 수십 배의 면적에 태양광 패널을 설치해야 합니다. 그런데 땅을 공짜로 빌릴 수는 없죠. 태양광발전을 위해 누군가의 땅을 임차하던가 구입해야 하는데 동일한 면적이라면 조금이라도 효율이 높은 편이 유리합니다. 또 태양광 패널의 수명은 최소 30년 정도입니다. 작은 차이지만 장기간 지속되면 그 결과 또한 커질 수밖에 없습니다. 더구나 우리나라처럼 좁은 국토에서는 면적 대비 생산량이 중요합니다. 더구나 단결정 실리콘 제작 기술이 발달하고 대규모 생산으로 단가가 다결정 실리콘과 비슷해지니 2010년 이후 대부분의 태양광 패널은 단결정 실리콘을 재료로 쓰게 되었습니다.

실리콘계 태양광 전지의 제작 과정은 폴리실리콘과 실리콘 잉곳(ingot)으로부터 시작합니다. 실리콘은 주로 모래에 많이 들어 있는데 대부분 이산화규소의 형태를 띠고 있습니다. 이를 여러 공정을 통해 고체 상태의 고순도 폴리실리콘으로 만듭니다. 그리고 이를 녹여 고순도의 실리콘 용액으로 만들고 균일한 둥근 막대 모양의 단결정으로 식히면 잉곳이 됩니다. 이를 가로로 얇게 자르면 태양광 셀의 원재료인 웨이퍼가 됩니다. 기본적으로 반도체의 원료인 웨이퍼와 공정이 거의 동일합니다. 그다음 웨이퍼 표면의 가공 처리 공정이 이어집니다. 빛의 흡수율을 높이고 전지의 변환 효율을 높이는 단계지요. 그리고 셀을 인쇄합니다. 셀 인쇄 공정 또한 반도체 공정과 유사합니다. 셀 인쇄까지 끝나면 셀을 모아 모듈을 조립합니다. 모듈은 단지 셀을 모아놓는 것이 아닙니다. 셀 하나하나가 만드는 전기는 전압이 낮습니다. 이런 셀들을 직렬로 연결하여 일정한 크기의 전압이 나오도록 구성하는 것이지요. 모듈이 완성되면 나머지 재료들과 합쳐 패널을 제작하게 됩니다.

제작비는 지속적으로 줄어들고 있고 앞으로도 몇 년간 계속 내려갈 것으로 예측하고 있습니다. 2010년 태양광발전시스템 설치 가격은 와트(W)당 3.24달러였는데 2018년에는 0.93달러까지 내려갔습니다. 현재의 추세대로라면 2025년에는 0.7달러까지 내려갈 것이라고 합니다. 즉 2010년 대비 5분의 1 가까이 하락하는 것이죠. 그리고 이런 가격 하락의 대부분은 태양광 모듈 가격이 내려간 것에 기인합니다. 2025년이면 기존 화력발전에 비해 가격 경쟁력이 더 높을 것이라고 예상하는 이유입니다.

하지만 실리콘 태양전지의 에너지 전환 비율은 29.4%가 이론적 한계입니다. 아무리 잘 만들고 새로운 방식을 적용해도 30% 이상의 효율을 가질 수 없습니다. 이 실리콘 태양전지를 대체하기 위해 2세대 태양전지를 개발했습니다. 아주 얇은 막으로 태양전지를 만들기 때문에 박막 태양전지라고 합니다. 대표적인 것이 갈륨-비소(GaAs) 박막전지인데, 이론적 효율은 50%가 넘습니다. 또 높은 온도에서도 실리콘보다 안정적으로 전기를 만들 수 있죠. 하지만 제작비가 실리콘보다 훨씬 높은 데다 내구성이 약합니다. 쉽게 부서집니다. 수명이 아주 짧아서 경제성이 실리콘에 비해 현저히 떨어집니다. 더구나 비소는 독성물질이라서 사용하기가 어렵고, 갈륨은 매장량이 적어서 대량생산이 되면 금방 부족해질 수 있습니다. 다른 종류의 박막 태양전지도 사정은 비슷합니다. 박막 태양전지는 인공위성 등 특수한 경우에만 사용하고 있습니다.

페로브스카이트 태양전지

이들 두 태양전지의 단점을 극복하기 위해 개발 중인 것이 3세대 태양전지입니다. 그중에서 가능성이 가장 큰 것이 페로브스카이트(Perovskite) 태양전지입니다. 대량생산이 가능해지면 기존의 실리콘보다 제작비가 훨씬 줄어들게 됩니다. 페로브스카이트는 원래 티탄산 칼슘(Calcium Titanate)이라는 광물에 붙은 이름이지만 지금은 [그림 40]과 같은 구조를 가진 물질을 모두 페로브스카이트라고 합니다. 원자 네 개로 이루어진 큰 사각형 구조 안에 여섯 개의 원자로 이루어진 팔면체가 있고 가운데 원자 하나가 들어 있는 구조입니다. 이런 구조의 화합물에 빛을 비추면 가운데 원소가 빛을 흡수해서 전자를 내놓죠. 즉 태양광발전의 기본 원리인 광전효과가 발생합니다. 이 세 가지 원소로 무엇을 쓰느냐에 따라 여러 가지 페로브스카이트를 만들 수 있습니다. 현재 가시광선 영역의 빛을 가장 잘 흡수하는 페로브스카이트 재질로는 메틸암모늄요오드화납($CH_3NH_3PbI_3$)이란 물질이 있습니다.

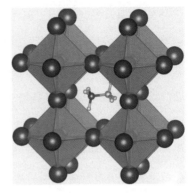

그림 40 페로브스카이트 결정구조
(출처: Wikimedia Commons)

그러나 페로브스카이트 태양전지를 실제로 사용하기 위해서는 몇 가지 과제를 해결해야 합니다. 먼저 페로브스카이트는 물이나 산소와 만나면 쉽게 분해되는 성질이 있습니다. 따라서 수명이 실리콘 태양전지에 비해 아주 짧습니다. 그리고 대면적으로 만들 때 품질이 떨어지는 단점도 있습니다. 소재로 사용하는 납도 문제입니다. 납은 대표적인 오염물질이지요. 유출되면 토양과 하천을 오염시키고 사람의 몸속에 들어가면 중독 증세를 일으키기도 합니다. 납 대신 쓸 수 있는 대체 물질을 확보하는 과제도 남아 있습니다.

페로브스카이트 소재 연구는 전 세계가 열정적으로 진행하고 있으며, 그중 우리나라가 선두에 있는 대표적인 차세대 태양광인데, 그래서인지 연구의 진척 속도가 상당히 빠른 편입니다. 연구 초인 2012년에는 효율이 14% 정도밖에 되지 않았는데 2021년에는 한국화학연구원 연구팀이 25.2%까지 높였습니다. 가장 많이 사용되는 단결정 실리콘 태양전지와 비슷한 수준입니다. 연구자들은 페로브스카이트 태양전지의 상용화 시점을 2025년 정도로 잡고 있습니다. 그런데 에너지 전환 효율이 단결정 실리콘 태양전지와 비슷하고 비용 말고는 별 다른 단점이 없음에도 불구하고—물론 비용도 대단히 중요합니다만—전 세계적으로 다양하고 과감한 연구가 이루어지는 이유는 다른 데 있습니다.

페로브스카이트와 실리콘을 이용해 하이브리드형 태양전지를 만들 수 있기 때문입니다. 실리콘 태양전지 위에 페로브스카이트 태양전지를 얹어 두 차례 전력을 얻을 수 있습니다. 이는 둘이 흡수하는 빛의 파장이 다르기 때문에 가능합니다. 앞서 광전효과에 대해 이야기했는데, 여기서 좀 더 보충하면 결정이나 분자에 속한 전자는 조건에 따라 흡수할 수 있는 빛의 파장이 다릅니다. 실리콘 태양전지는 가시광선 중에서도 비교적 긴 파장의 빛을 흡수하는데 이 파장의 범위를 조절하기가 힘듭니다. 하지만 페로브스카이트는 흡수할 수 있는 파장의 범위를 조절하기가 비교적 쉽습니다. 페로브스카이트 결정구조에는 세 가지 원소가 들어가는데, 이들 종류를 조금씩 바꾸면 그에 따라 흡수하는 파장이 달라집니다. 그래서 흡수하는 빛의 파장이 실리콘 태양전지와 달리 가시광선 중에서 비교적 짧은 페로브스카이트를 실리콘 태양전지 위에 덮으면 두 가지 파장이 각기 다른 태양전지에서 전력으로 바뀔 수 있습니다.

이렇게 두 가지 태양전지를 결합한 것을 탠덤(tandem) 태양전지라고 하는데, 이론적으로 에너지 전환 효율이 44%입니다. 같은 면적에서 지금보다 2배 가까이 전기를 생산할 수 있습니다. 이렇게 효율이 높은 전지가 상용화되면 태양광 산업 또한 새로운 전기를 맞이하게 될 것으로 보입니다. 효율이 높으니 초기 비용의 회수 기간이 짧고 좁은 면적에 설치하더라도 발전량이 많으니 아파트 베란다나 주택 지붕 등에 설치하더라도 경제성이 있어 대규모 태양광 사업자뿐 아니라 일반 시민의 수요도 늘어나게 될 것입니다.

하지만 태양광발전의 기본적인 단점은 차세대 태양광 전지가 개발된다고 하더라도 사라지지 않습니다. 일단 기후에 따라 전기 전환 효율이 들쑥날쑥하고, 사람이 통제할 수 없다는 점입니다. 또 전기생산량당 필요한 면적이 대단히 넓다는 점 또한 단점입니다. 차세대 태양광 전지가 개발된다면 사정이 조금은 나아지겠지만 기본적인 한계가 드러나는 영역입니다. 하지만 이런 단점에도 불구하고 태양광발전이 재생에너지에서 가장 큰 역할을 할 것이고, 나아가 전체 전력생산에서도 주류가 될 것이란 점에는 전문가들 대부분이 동의하고 있습니다. 그리고 이런 단점 중 일부는 스마트 그리드와 에너지 저장장치 등으로 해소할 수 있을 것으로 전망합니다.

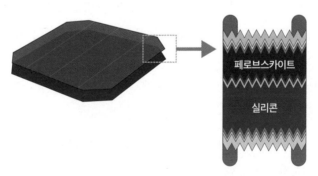

그림 41 탠덤 태양전지 구조. 위쪽에는 페로브스카이트 태양전지가, 아래쪽에는 실리콘 태양전지가 있다. (출처: 한국에너지기술연구원)

수상 태양광발전

앞서 말한 대로, 태양광발전의 가장 큰 약점 중 하나가 넓은 면적이 필요하다는 것입니다. 이 문제의 해결 방안으로 하천이나 저수지, 호수 그리고 바다에서의 태양광발전이 주목받고 있습니다.

2021년 발전을 시작한 합천댐 상류의 합천 수상 태양광발전은 국내 최대 규모를 자랑합니다. 합천댐 수면의 2%를 덮고 있는데 연간 5만 6,388메가와트시(MWh)의 전력을 공급할 예정입니다.[2] 수면에 부력체를 설치하고 그 위에 태양광 모듈을 설치하는 것이 기본적인 구조입니다. 여기에 고정을 위해 콘크리트 앵커를 바닥에 설치하고 탄성체로 연결합니다. 이런 계류장치는 태양광 패널이 수위나 바람의 영향과 상관없이 위치를 이탈하지 않고 정남향을 향하도록 만듭니다. 여기서 생산된 전력은 수중 케이블을 통해 지상에 설치한 인버터로 공급되고 인버터에서 교류로 변환된 전기는 수배전반을 통해 송전됩니다. 부력체 구조에는 포스코에서 개발한 물에 닿아도 녹이 슬지 않는 철을 이용했습니다. 이 수상 태양광발전의 장점은 아주 명확합니다. 일단 땅에는 주인이 있지만 대부분의 수면은 소유주가 없거나 국가 소유입니다. 즉 임차료가 없거나 저렴하다는 점이 경제적으로 가장 큰 장점입니다. 합천 수상 태양광발전을 한국수자원공사가 주도하는 이유이기도 합니다. 또 하나 설치 공사가 비교적 간단한 점도 장점입니다. 구조가 간단하기 때문에 토목공사나 삼림훼손 없이 설치할 수 있습니다.

이와 함께 수면의 온도가 일반적으로 육상보다 낮다는 점이 아주 중요한 장점입니다. 태양광 패널은 온도가 높아지면 효율이 낮아집니다. 따라서 가장 햇빛이 강렬한 여름에 오히려 효율이 낮아지는 문제가 있습니다. 하지만 바다나 호수, 강 등의 수면은 수증기가 증발하면서 주변의 열을 빼앗아 가기 때문에 지상에 비해 온도가 낮습니다. 또 수면에서 반사되는 빛도 태양광발전에 이용할 수 있죠. 그래서 지상과 비교해 10% 이상의 높은 효율을 보입니다. 거기다 온도가 낮다 보니 열에 의한 셀의 화학적 변성도 적어 수명이 늘어나는 효과도 있습니다.

또한 환경에 바람직한 영향을 끼칠 수 있습니다. 여름에 주로 발생하는 녹조나 적조는 강한 햇빛이 주요 원인입니다. 태양광 패널이 이 햇빛을 일부 차단해 녹조와 적조의 발생을 줄일 수 있습니다. 물론 수상 태양광의 단점에 대한 지적이 없지 않습니다. 명확하게 확인된 바는 아니지만 물로 들어가는 태양광이 줄어들면 수중 생태계가 교란될 수 있다는 지적이 있습니다. 여기에 더해 설치비와 유지보수비가 지상에 설치할 때에 비해 상대적으로 높고 철새나 바닷새의 배설물로 패널이 오염되면 효율이 낮아질 수도 있습니다. 하지만 수중 생태계 교란에 대해서는 아직 부작용이 보고된 바가 없습니다. 또 설치공사를 진행하는 과정에서는 일부 생태계가 교란될 수도 있지만, 설치가 끝난 뒤에는 원래 상태로 돌아가는 경우가 대부분입니다. 합천호에 수상 태양광을 설치한 후 이어진 환경평가에 따르면, 수질에 영향을 거의 끼치지 않고 있으며, 중금속이 사용되지 않기 때문에 중금속 오염도 나타나지 않고 있습니다.

또 높은 설치비와 유지보수비는 높은 발전 효율과 긴 수명으로 상쇄되며 임차료가 저렴하거나 거의 들지 않기 때문에 경제적으로 유리하다는 반론이 있습니다. 거기에 철새나 바닷새의 배설물 등에 대해서는 대책이 충분히 세워져 있다는 주장도 있습니다. 한국수자원공사의 '수상 태양광 상용화를 위한 기반 연구'에 따르면, 패널 설치 각도를 조절하거나 와이어, 빛, 음파, 홀로그램 등을 사용해 조류의 접근을 실제로 차단하는 성과를 거두었다고 합니다. 또한 나노 단위 물질을 표면에 코팅하고 자동 세척 시설을 통해 조류의 배설물에 의한 오염을 최소화하고 효율을 증대할 수 있다고 주장합니다. 세계은행은 수상 태양광이 육상 태양광, 건물 태양광과 함께 태양광발전의 3대 축이 될 것으로 예상하고 있습니다.

2 풍력발전

태양광발전과 함께 재생에너지의 한 축이 되는 풍력발전은 현재 해상풍력이 대세입니다. 왜일까요? 전력생산에 영향을 주는 중요한 요소는 바람의 질입니다. 일정한 방향으로 일정한 세기의 바람이 지속적으로 부는 곳이 당연히 효율이 높습니다. 바람의 질은 고도가 높을수록 좋습니다. 또한 주변에 방해하는 지형지물이 없는 것이 중요합니다. 지상에서는 산등성이나 고원지대가 가장 선호하는 장소입니다. 또 하나 풍력발전기는 점점 거대화되고 있습니다. 우리나라에서 볼 수 있는 풍력발전기는 날개가 세 개입니다. 전 세계 어디든 대부분 이 모델을 채택하고 있습니다. 이런 발전기는 날개 길이의 제곱에 비례한 전기생산 능력이 있습니다. 즉 날개 길이가 2배이면 전력생산량은 4배가 되고, 날개 길이가 3배이면 전력생산량은 9배가 됩니다. 날개 길이가 커진다고 해서 풍력발전기 제작 단가가 제곱으로 상승하지는 않습니다. 당연히 날개가 더 긴 편이 유리하기 때문에 점점 더 긴 날개를 가진 풍력발전기가 등장하고 있습니다. 현재 가장 큰 풍력발전기의 경우 에펠탑보다 더 거대합니다.

그런데 거대한 풍력발전기를 한 대만 설치하는 것이 아니라 한번 세울 때 최소한 수십 대를 한꺼번에 세우는 것이 좋습니다. 송배전망을 새로 만들어야 하고 유지보수가 필요한데 일정 규모 이상의 단지로 조성할 때 이에 드는 비용을 절감할 수 있기 때문입니다. 그래서 대부분의 풍력발전은 대규모 단지를 형성합니다. 인구밀집 지역에 설치하기가 힘든 이유입니다.

따라서 육상에서는 특히 우리나라처럼 국토가 좁고 인구밀집도가 높은 경우 설치 장소를 구하기 힘들죠. 육상에서 바람의 질이 좋고 사람이 살지 않는 곳은 넓은 평야지대나 산등성이인데 우리나라에서 이에 해당하는 곳은 태백산맥 줄기를 따라 이어지는 지역뿐입니다. 기존 풍력발전소들이 제주도나 대관령, 영덕 등에 건설된 것도 이러한 이유 때문이죠. 하지만 이렇게 산 위에 풍력발전단지를 조성하면 산림훼손 등의 문제가 발생합니다. 지속적으로 이루어지기 힘들죠. 반면 바다는 이 모든 제약조건에서 자유롭습니다. 수십 대가 아니라 수천 대, 수만 대를 세울 넓은 면적에 바람의 질도 육상보다 훨씬 좋습니다. 사람이 살지도 않지요. 해상풍력이 대세가 될 수밖에 없습

그림 42 북해 알파 벤투스 해상풍력 터빈 및 변전소(출처: Wikimedia / SteKrueBe)

니다. 해상풍력은 크게 해저에 단단한 받침대를 세우고 그 위에 풍력발전기를 설치하는 고정식 풍력발전과 해저에 닻을 내리듯 서너 개의 지지대만 연결해서 해수면에 떠 있는 부유식 풍력발전으로 나눕니다. 이 가운데 부유식 풍력발전이 앞으로 대세를 이룰 것으로 전문가들은 예상하고 있습니다.

고정식 풍력발전은 수심이 비교적 얕은 해안 지역에 설치가 가능한데, 대부분 어장이 형성되어 있습니다. 따라서 어민들과의 협상 과정이 필요하고 어장 손실에 대한 배상이 필요합니다. 설치 이후에도 어민과의 마찰이 예상되기도 하죠. 거기다 고정식 풍력발전소 설치는 부유식에 비해 해양 생태계에 끼치는 영향이 더 큽니다. 해저 밑바닥에 기초 구조물을 세우는 과정에서 해저 생물들의 터전을 빼앗게 되고, 또 공사 과정에서 주변 생태계에 끼치는 영향도 큽니다. 거기다 해안 주변보다는 해안에서 먼 수심이 깊은 바다 쪽이 바람의 질이 더 좋다는 점도 부유식 풍력발전이 매력적인 이유입니다.

문제는 비용입니다. 현재 부유식 해상풍력발전 설치비는 고정식에 비해 2배 정도 높습니다. 하지만 기술이 발달하고 공급망이 개선되면 빠르게 낮아질 것으로 예상합니다. 미국 국립재생에너지연구소는 2030년쯤이면 고정식과 비슷해질 것으로 예측하고 있죠. 해상 부유식 풍력발전 설비 기술은 이미 갖추어져 있습니다. 기존 반잠수식 석유시추선의 원리가 그대로 적용되기 때문입니다. 바다 밑바닥에 여러 개의 닻을 내려 고정하는 방식이지요. 다만 기존 석유시추선은 한 대가 고립되어 있었다면 풍력발전은 수십 대, 수백 대가 대규모 단지를 이룬다는 점입니다. 이런 시추선은 대부분 조선소에서 주문을 받아 만들어 납품하던 방식입니다. 한 해에 고작 한두 대가 전부였죠.

하지만 해양 부유식 풍력발전이 활발해지면 이제 표준공정을 통한 대량생산 방식을 적용할 수 있게 되고 당연히 가격이 내려갈 수밖에 없습니다. 소량 주문 제작에서 대량생산 방식으로 바뀌는 거니까요.

풍력발전에서 또 다른 문제는 블레이드입니다. 끊임없이 움직여야 하고, 소금기 가득한 해양 환경에 노출됩니다. 거기에 태풍이나 폭풍에도 견뎌야 합니다. 또 거대하다 보니 가벼워야 합니다. 이런 조건 때문에 탄소섬유와 각종 기능성 플라스틱을 주소재로 만듭니다. 한 20~30년 정도 사용하면 폐기해야 합니다. 풍력발전 규모가 커지면 이 또한 문제가 될 수밖에 없습니다. 현재의 추세라면 2030년쯤 되면 매년 수십만 톤 이상의 블레이드 폐기물이 나올 것으로 예상됩니다. 현재 독일 등에서는 매립이 법으로 금지되어 있고, 우리나라와 같은 다른 지역에서도 매립은 선택지가 될 수 없습니다. 소각도 쉽지 않은 것이 60% 정도는 재로 남지만 나머지는 공기 중으로 빠져나가기 때문에 이산화탄소 배출도 문제가 되고 그 외 각종 대기오염물질이 발생합니다. 여기에 블레이드 제작 과정에서 나오는 폐기물도 전체의 10%를 조금 넘습니다.

블레이드의 재활용이 필수적일 수밖에 없습니다. 하지만 이 또한 쉬운 문제는 아닙니다. 블레이드를 이용해 가구를 만든다든가 벽면 페인트로 활용한다든가 섬유로 만들어 재활용하는 등의 다양한 방법이 제시되어 개발되고 있기는 합니다. 하지만 아직 경제성에서 높은 점수를 받지 못하고 있으며 재활용 과정에서 사용되는 에너지가 과다하다는 지적에서도 자유롭지 못한 상황입니다.

다른 형태의 풍력발전

풍력발전이 대규모로만 이루어지는 것은 아닙니다. 외딴섬이나 외진 곳에서는 자체적인 전력수요를 감당할 소규모 풍력도 필요합니다. 또한 뒤에서 다룰 분산전원시스템에서 각 지역별로 소규모 풍력발전의 이용을 고려할 사항입니다. 이에 쓰이는 풍력발전기로는 기존의 블레이드형은 적합하지 않습니다. 초기 설치비도 비싸고, 주변 생태계에 끼치는 영향이 크기 때문입니다. 블레이드형보다 에너지 전환 효율은 떨어지지만 소규모 발전에 적합한 새로운 풍력발전이 주목을 받고 있습니다.

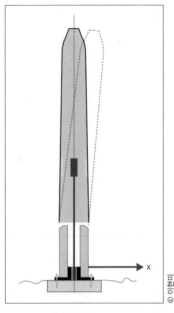

그림 43 보텍스 블레이드리스의 풍력 터빈 기본 구조. 아래쪽은 지면에 고정되어 있으며 위쪽 실린더가 바람에 흔들린다.(참조: https://vortexbladeless.com)

대표적인 것이 날개 없이 기둥만 있는 타워형 풍력발전기입니다. 스페인의 스타트업 보텍스 블레이드리스가 개발했습니다. 형태는 원기둥이 하나 서 있는 단순한 모습입니다. 원기둥은 지면에 고정된 아랫부분과 바람에 따라 흔들리는 윗부분으로 나뉘어 있습니다. 원형의 윗부분이 바람에 의해 흔들리면 와류가 형성됩니다. 와류방출(vortex shedding)이라는 현상이 일어나지요. 내부에는 탄성 있는 실린더가 수직으로 서 있습니다. 이 실린더가 진동에너지를 전기에너지로 바꾸게 됩니다.

또 하나의 방식은 영국의 스타트업 알파311이 개발한 68cm 크기의 소형 풍력발전기입니다. 작은 물레방아처럼 생겼습니다. 도로 주변에 설치하면 자동차가 지나가면서 일으키는 바람으로 전력을 만들수 있습니다. 철로 주변에 설치해도 마찬가지입니다.

이 두 가지 형태의 풍력발전기는 기존 풍력발전기에 비해 발전 효율이 30~40% 수준밖에 되지 않습니다. 대규모 풍력발전용으로는 적합하지 않습니다. 그렇다고 가치가 없지는 않습니다. 일단 기존 블레이드형 풍력발전기와 달리 새들이 부딪치는 경우도 없고 저주파 소음도 없습니다. 또 구조가 간단하니 제작비도 싸고 유지보수도 그리 어렵지 않습니다. 대규모 태양광 단지나 베란다 혹은 지붕에 설치한 소규모 태양광발전처럼 풍력도 대규모 풍력과 더불어 전력이 필요한 곳 주변에서 전력을 공급하는 소규모 발전기로도 가능성은 충분합니다. 이렇게 전력이 필요한 도시 주변에 설치하면 전력 공급 과정에서의 손실도 줄어들고, 송배전망 운영의 부하를 줄이는 역할도 할 수 있습니다.

3 에너지 저장장치와 스마트 그리드

    재생에너지의 가장 큰 약점을 경직성과 간헐성이라고 지적합니다. 필요할 때 필요한 양만큼 발전할 수 없는데, 이를 경직성이라고 합니다. 날씨에 따라 발전량도 들쑥날쑥하지요. 이를 간헐성이라고 합니다. 재생에너지 총 발전 용량을 필요한 양보다 훨씬 크게 만들면 되지 않겠냐는 의견도 있지만 그렇게 할 수는 없습니다. 일단 경제적으로 손실이 너무 큽니다. 더구나 대부분의 재생에너지는 민간 부문이 책임집니다. 그런데 전체 용량이 필요한 전력량보다 훨씬 크면 평상시에는 돌아가면서 전력 공급을 중단시켜야 하는데 전체 발전 용량이 커지면 그 손실 전부를 정부에서 메워줄 수는 없는 노릇입니다. 또 필요 이상으로 많은 설비를 구축하는 과정에서 생기는 재정적 손실도 만만치 않습니다.

    간헐성과 경직성을 예를 들어 살펴봅시다. 우리나라에 태풍이 들이닥치는 상황을 생각해 보죠. 남해 서쪽으로 상륙해서 강원도 북쪽으로 관통하는 경우, 이틀 정도는 태양광발전량이 뚝 떨어질 수밖에 없습니다. 그리고 바람이 워낙 거세 풍력발전도 쉽지 않습니다. 일정 속도 이상의 바람이 불면 블레이드를 손상시킬 우려가 있기 때문에 가동을 중단하는 경우가 많습니다. 이렇게 되면 재생에너지 발전량 전체가 상당 부분 감소하겠죠. 지금처럼 재생에너지가 전체 전력에서 차지하는 비중이 10% 미만일 경우에는 별 문제가 없지만 앞으로 전체 전력의 30% 이상 그리고 궁극적으로 50% 이상을 차지한다면 심각한 문제가 아닐 수 없습니다.

또한 늦봄에서 초가을까지는 태양의 고도도 높고 낮의 길이도 길어 발전량이 늘어나지만 늦가을에서 초봄까지는 태양의 고도도 낮고 낮의 길이가 짧아 계절적으로 태양광발전량의 차이가 큽니다. 겨울을 중심으로 재생에너지 전력이 주기적으로 감소하는 문제가 생깁니다. 이 문제를 해결하기 위해서 전기에너지 저장장치가 필요합니다. 에너지 저장장치로는 현재 두 가지가 주목받고 있습니다. 하나는 리튬이온 배터리를 이용한 에너지 저장장치(BESS)[3]이고 다른 하나는 수소저장장치입니다. BESS는 설치는 물론 관리도 쉽습니다. 또한 설치비와 운영비도 상대적으로 저렴하죠. 하지만 휴대폰을 사용하지 않아도 며칠 지나면 방전되어 배터리 충전량이 줄어들 듯이 동일한 종류의 리튬이온 배터리를 쓰는 BESS도 장기 저장 시 방전이 지속적으로 이루어지는 단점이 있습니다. 또한 추운 겨울에는 저장 용량이 줄어듭니다. 따라서 BESS는 하루나 이틀, 길어도 일주일 정도의 단기간에 사용할 전기를 저장하는 장치로서는 가치가 있습니다만 계절적 수요를 감당할 장기 저장장치로는 적합하지 않습니다.

수소저장장치는 설치비뿐 아니라 유지관리비도 많이 들지만 오래 저장해도 저장된 에너지가 줄어들지 않기 때문에 장기 저장장치로는 BESS에 비해 훨씬 적합합니다. 또한 수소경제가 본격화하는 시점에서의 활용도는 기존 BESS에 비해 더 클 것으로 여겨집니다.

또 하나 전력 시스템이 재생에너지를 중심으로 운영되면 전력 송배전망의 대대적인 변화가 불가피해집니다. 현재 우리나라의 경우 전력의 90% 이상이 원전과 화력발전으로 생산되는데, 이들 발전소는 민간 발전소를 포함해도 100개가 조금 넘는 정도입니다. 영남지방에 집중된 원자력발전소는 영남지방과 수도권으로 전력을 공급하고 나머지 화력발전소는 각기 광역 권역의 전력을 담당합니다. 그 외 충청지역의 화력발전소가 수도권으로 전력을 송출합니다. 송배전망이 비교적 단순합니다.

하지만 재생에너지가 주가 되면 발전소가 전국에 산재하게 되고 개별 발전량은 기존 발전소 대비 줄어듭니다. 즉 소규모 다지역 생산 체제가 되는 것이죠. 여기에 재생에너지는 시간대별 발전량이 들쭉날쭉하고 날씨의 영향이 클 수밖에 없습니다. 오늘은 영남지역 발전량이 영 시원치 않다가 내일은 강원도 날씨가 나빠 태양광발전량이 줄어드는 식입니다. 따라서 송배전망 또한 완전히 다른 개념으로 접근해야 합니다. 일단 소규모 발전량에 맞춰 지역분산전원이 기본 단위가 됩니다. 그리고 각 지역별 편차에 대한 유연하고 즉각적 대응이 가능하도록 전국적 송배전망이 구축되어야 합니다.

또한 중요한 것은 전력사용량이 지속적으로 늘고 있다는 점입니다. 그런데 전력사용량은 시간대에 따라 상당한 차이가 납니다. 그리고 전체 전력생산량은 항상 전력 에너지 소모가 가장 클 때를 기준으로 확보하게 됩니다. 예를 들어 전력사용량이 평균 100이라 할 때 피크타임의 전력사용량이 150이 되면 그 150에 여유량을 더해 180 정도의 전력생산량을 유지해야 합니다. 만약 평균 전력사용량이 100일 때 피크타임 전력사용량이 120 정도로 억제할 수 있으면 전체 전력생산량을 150 정도로 맞춰도 되니 실제 설비량을 줄일 수 있습니다. 따라서 재생에너지 사용량을 늘리는 것 못지않게 피크타임의 소비전력량을 줄이는 노력이 필요합니다. 이를 위해서도 에너지 저장장치의 대규모 설치와 스마트 그리드의 도입이 요구됩니다.

분산전원

재생에너지를 이용한 발전시스템이 기존 화력발전소와 원자력발전소를 중심으로 한 시스템과 근본적으로 다른 것은 발전소가 전국에 산재해 있다는 점입니다. 현재 한국전력 자회사를 중심으로 꾸려진 대형 발전소는 전국에 100개가 조금 넘습니다. 즉 소수의 공급자로부터 다수의 소비자에게 전기를 전달하는 방식이죠.

하지만 재생에너지 위주의 발전시스템이 되면 이는 완전히 바뀌게 됩니다. 전국에 수천 개의 태양광 및 풍력발전소가 생깁니다. 다수의 공급자로부터 다수의 소비자에게 전기를 공급해야 합니다. 더구나 다수의 공급자는 지역에 따라, 시간대에 따라 생산하는 전력량이 달라집니다. 이를 제대로 제어하기 위해서는 현재의 중앙공급식 전원시스템을 분산전원시스템[4]으로 바꾸는 것이 필수적입니다. 우리나라의 경우 2040년까지 분산전원시스템 비중을 30%로 높이는 것을 목표로 하고 있습니다.

분산전원시스템은 일정한 규모의 지역에서 내부적으로 필요한 전기를 자체적으로 생산하고 저장하며 소비하는 시스템을 말합니다.

이때 전기를 생산하는 시설은 대부분 재생에너지 시스템이 담당하고, 일부는 LNG 발전이 담당하게 됩니다. 물론 당연히 내부적으로 모든 것을 완결할 수 없으니 광역 송배전망과 연결되기는 합니다. 하지만 수요의 일정량 이상을 내부적으로 소화할 수 있다면 여러 장점이 생깁니다. 발전소에서 소비지까지의 송전 거리가 짧아지므로 전력 송출 과정에서 소비되는 전력을 줄일 수 있습니다.[5] 또한 공급예비율[6]을 줄일 수 있고 전압조정이 쉽고 안정도도 향상됩니다. 특히 분산전원 자체의 규모가 작다 보니 전원 시설의 입지를 확보하기가 쉽습니다.

하지만 재생에너지 발전의 간헐성 문제는 여전히 남습니다. 이 문

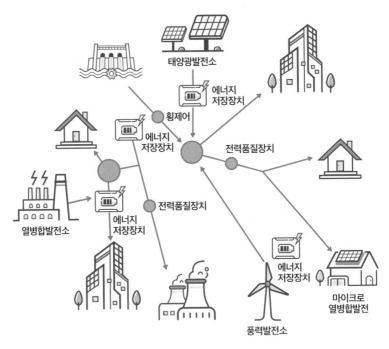

그림 44 분산전원

제를 해결하기 위해서는 에너지 저장장치 등의 백업 설비가 확보되어야 합니다. 또한 발전 효율이 중앙집중형 에너지 시스템에 비해 낮습니다. 규모의 경제를 갖추기 힘든 것이 첫 번째 이유입니다. 또 다른 이유는 설비이용률이 떨어지기 때문입니다. 최대 발전 가능 용량 대비 실제 발전량의 비율을 설비이용률이라 합니다. 기존 발전소가 50~70%인 데 비해 재생에너지를 중심으로 하는 분산전원시스템은 15~20% 수준일 수밖에 없습니다. 이는 재생에너지가 가지는 근본적 한계입니다. 예를 들어 1MW 용량의 태양광발전 설비가 있다고 가정합시다. 이 발전설비는 일단 해가 지면 가동이 중단됩니다. 50%가 날아가는 거지요. 해가 뜰 때나 질 때는 햇빛에너지가 충분하지 않아 발전량이 충분하지 못합니다. 거기다 날씨가 흐리거나 비가 올 때도 발전량이 줄어듭니다. 풍력발전기의 경우도 바람이 불지 않으면 돌지 않고, 불어도 그 세기가 충분하지 못하거나 방향이 자꾸 바뀌어도 발전량이 떨어집니다. 그래서 설비이용률이 떨어질 수밖에 없습니다.

분산전원시스템은 먼저 태양광발전이나 풍력발전과 같은 재생에너지 발전원이 기본이 되는데 간헐성과 경직성 때문에 에너지 저장장치가 덧붙게 됩니다. 이때 일주일 이내의 단기적으로 필요한 전력은 배터리 에너지 저장장치에 저장했다가 쓰고, 계절적 수요 등 장기적으로 필요한 전력은 수소저장장치에 저장했다가 쓰게 되지요. 기본적으로 이 둘이 핵심적 저장장치가 되지만 그 외의 보조 저장장치도 있습니다. 전기자동차는 그 자체로 에너지 저장장치의 효과가 있습니다. 일반적으로 중형 전기자동차의 배터리가 완전히 충전되어 있을 경우 3인 가구가 일주일 정도 사용하는 전력을 공급할 수 있습니다. 전기자동차 보급이 일정 비율 이상이 되면 급한 경우에 유용한 에너지 저장장치로 사용될 수 있습니다. 또 지역에 따라 자가발전이나 수전해기, 축열조, 전기차 충전소 등이 보조 전원으로서 역할을 할 수 있습니다.

이와 관련해 눈여겨볼 것이 에너지 슈퍼스테이션입니다. 기존 주유소에 수소연료전지를 설치한 것이죠. 현재 시범 설치된 주유소에는 50kW급 여섯 개로 300kW를 공급할 수 있습니다. 또한 옥상에는 태양광 전지판도 설치해 이를 통해 약 20kW의 전기를 생산할 수 있습니다. 일종의 작은 발전소 역할을 하는 거지요. 2018년 현재 우리나라에는 주유소가 1만 1,000개가 넘습니다. 전국적으로 분포된 주유소를 수소연료전지와 태양광을 통한 발전원으로 활용할 수 있다면 분산전원시스템을 구축하는 데도 도움이 될 것입니다. 현재는 생산된 전기를 한국전력에 판매하지만 향후 전기자동차 충전과 분산전원 공급을 동시에 시도할 수 있을 것으로 전망하고 있습니다.

스마트 그리드

전기가 발전소에서 최종소비자에게 전달되는 과정을 송배전망이라고 합니다. 송전망과 배전망을 합친 용어입니다. 송전망은 10만 V 이상의 높은 전압으로 발전소에서 전국의 주요 거점까지 이어지는 전력망입니다. 아주 높은 철탑에 굵은 전선이 여러 개 걸쳐 있는 것이 바로 송전망입니다. 송전망이 아주 고압인 것은 두 가지 이유 때문입니다. 전기가 전달되는 동안 전선의 저항 때문에 전력소모가 있습니다. 전력소모량은 전류의 제곱에 비례합니다. 그러니 되도록 전류가 적게 흐르는 것이 낫습니다. 같은 전력을 공급할 때 전압을 높이면 전류가 줄어듭니다. 따라서 고압으로 전기를 공급하면 소모량이 줄어듭니다. 또 하나 동일한 굵기의 전선으로 보낼 수 있는 전류의 양은 정해져 있습니다. 그러니 전압이 높을수록 동일한 굵기의 전선으로 보낼 수 있는 전기에너지의 양이 많아집니다. 고압으로 송전하는 또 다른 이유입니다.

그렇다고 무조건 높은 전압을 쓸 수는 없습니다. 전압이 높을수록 주변으로 방전되는 현상이 발생하여 사고의 우려가 커지기 때문입니다. 이들 조건 속에서 송전망의 전압이 정해집니다. 그리고 송전망은 일반적인 전선보다 훨씬 굵은 전선을 씁니다. 전선의 단면적이 클수록 저항이 줄어들어 전력 손실을 줄일 수 있고, 더 많은 전력을 공급할 수 있기 때문입니다. 하지만 전선의 무게가 무거울수록 중력에 의해 처지는 현상이 발생하니 무작정 굵게 만들 수는 없습니다. 물론 구리보다 가벼운 알루미늄을 전선으로 쓰기도 하지만 그래도 한계가 있지요.

배전망은 송전망으로부터 받은 전기를 배분해서 최종소비자에게 보내는 망입니다. 보통 2만 3,000V 이하의 전압으로 보내집니다. 집으로 들어오는 전압은 보통 220V이고 공장으로 가는 전압은 380V입니다. 하지만 이 경우도 한번에 수만 볼트의 전압을 220V로 낮추진 않습니다. 예를 들어 서울시로 송전된 전기는 배전망에서 2만 V 정도로 낮춰서 각 거점 변압기로 보내집니다. 그러면 각 거점이 다시 전압을 낮춰서 주상변압기로 보내게 됩니다. 그리고 주상변압기가 마지막으로 220V나 380V로 낮춰서 가정이나 공장에 공급합니다. 이렇게 여러 단계를 거치는 것은 가능한 높은 전압을 유지해서 전기에너지의 낭비를 줄이고 전송망에 들어가는 전선의 개수도 줄이기

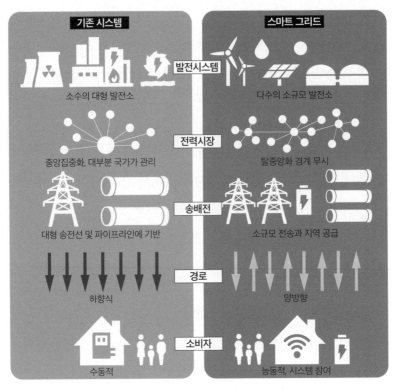

그림 45 기존 시스템과 스마트 그리드(출처: Wikipedia)

위함입니다. 배전망은 예전에는 주로 전봇대를 중심으로 만들어졌지만 신도시에서는 대부분 지하에 묻습니다.

전력망에서 가장 중요한 과제는 안정적인 전기 운용입니다. 전기는 독특하게도 생산과 소비가 실시간으로 이루어집니다. 물론 저장장치가 없는 것은 아니지만 지금까지의 전력운용에서 저장장치는 거의 고려되지 않았습니다. 그러니 소비에 생산을 맞춰야 하는데 쉬운 문제가 아닙니다. 예를 들어 심야에는 우리나라 전체에서 소모하는 전력량이 발전소 중 50% 정도만 돌려도 맞출 수 있다고 가정해 보죠. 그럼 전국에 산재한 발전소 중 절반 정도는 운전을 중단합니다. 그러다 새벽이 되면서 점차 전력소모량이 늘어나면 운전을 중단한 발전소 중 몇몇이 운전을 시작합니다. 아침이 되면 전력소모량이 급속히 늘어나고, 이를 예상하면서 다시 더 많은 발전소 운전을 개시합니다. 오후가 되면 전력소모량이 하루 중 최대가 되고 전체 발전소 중 80~90% 정도가 전력을 생산합니다. 그러다 다시 저녁이 되면 전력소모량이 줄어들고 이에 맞춰 다시 운전하는 발전소를 줄입니다. 그리고 이렇게 늘고 줆에 따라 전력망 운영도 달라집니다. 매일 이런 변화가 있고, 또 시기별로도 변화가 있습니다. 전국의 수천만 가구와 상점, 빌딩, 공장, 열차와 지하철, 가로등 등 다양한 시설로 전기를 보내면서 실시간으로 전력량이 얼마나 변하는지를 체크하고, 만일에 사고가 생기면 그도 수습해야 하니 송배전망을 운영하는 것이 쉬운 일이 아닙니다.

이렇게 설명을 하니 우리나라의 그리드가 굉장히 복잡해 보이죠. 물론 복잡하지 않은 것은 아니지만 그래도 앞으로 요구되는 스마트 그리드에 비할 바가 아닙니다. 현재 우리나라 발전소는 크게 원자력발전소와 화력발전소로 나눌 수 있습니다. 이 중 원자력발전소는 경상남북도의 해안 지방의 울진, 월성, 고리와 전라남도의 영광에 건설되어 있습니다. 이곳에서 만들어진 전기는 전국망을 타고 주요 공업단지와 수도권으로 배달됩니다. 이외에 화력발전소는 수도권과 충남 지역, 그리고 경상남도에 집중되어 있습니다. 가장 전력수요가 많은 지역이니까요. 그리고 각 도마다 몇 개 정도씩 자리 잡고 있지요. 이들 화력발전소는 각 지역에 전기를 공급하고 있습니다. 우리나라의 발전소는 모두 100곳 조금 넘습니다. 송전망은 이들 발전소를 중심으로 지역의 중심 거점으로 이어지지요. 그리고 배전망은 거점에서 다시 주변으로 퍼지는 구조를 그리고 있습니다. 그리고 혹시 모를 사고에 대비해서 지역 간에도 전기를 보낼 수 있도록 보조망이 깔려 있습니다. 전체적으로는 100개가 채 되지 않는 발전소를 중심으로 송전망이 뻗어나가고, 이 송전망의 끝 지점에서 다시 배전망이 뻗어나가는 모습이 현재의 송배전망입니다.

하지만 재생에너지가 주가 되면 사정은 달라집니다. 일단 전기를 만드는 곳이 전국적으로 수천, 수만 곳이 됩니다. 이렇게 수많은 곳에서 생산되는 전기를 효율적으로 관리하는 것을 분산전원 관리라고 합니다. 이제까지는 대형 발전소에서만 전기를 만들었는데 이제는 전국의 모든 공공건물, 아파트, 빌딩 등에 태양광발전 설비가 설치되고, 각 지역의 빈 공간에도 태양광이 들어섭니다. 해안을 따라서는 풍력발전 단지가 들어서겠지요.

그런데 소규모 태양광발전은 전압이 그리 높지 않습니다. 가정에서 쓰는 전기는 상관없지만 이런 소소한 전기를 모아서 쓰려면 전압을 높여야 합니다. 전국 곳곳에 이렇게 소소한 전기를 모아 전압을 높여 송전하는 장치가 있어야 합니다. 더구나 태양광과 풍력은 우리가 그 발전량을 제어할 수 없습니다. 구름 낀 날에는 태양광 효율이 떨어지고 먹구름이 잔뜩 끼거나 비가 오면 거의 제로가 됩니다. 바람도 우리 인간이 어찌할 수 없는 부분이지요. 거기다 지역적 편차도 생깁니다. 오전에는 경기도에 구름이 잔뜩 몰려와 그쪽 태양광발전이 줄어들더니 오후에는 경상도에 비가 내릴 수도 있는 거지요. 그러니 이렇게 실시간으로 그리고 지역에 따라 계속 변하는 전기 발생량을 확인하면서 전국적으로 전기를 배분하기란 무척 어렵습니다.

또 계절적 요인도 고려해야 하고 시간대별 발전량 추이도 고민해야 합니다. 예를 들어 2021년 여름의 하루 전력소모량은 이전과는 다른 형태를 보였습니다. 여름철 전기를 가장 많이 쓰는 시간대는 오후 2~4시 사이입니다. 가장 더울 때이니 모두가 에어컨을 틀고 그만큼 더 많은 전력이 소모됩니다. 그래서 한국전력도 이런 소모량 변화에 맞춰 운영계획을 세웁니다. 하지만 2021년에는 전력수요가 가장 높은 시간대가 오후 5시였습니다. 이유는 꾸준히 설치한 태양광 설비 때문입니다. 집집마다 혹은 공공건물에 설치된 태양광발전 설비는 워낙 넓게 분산되어 있고 또 한곳에서 생산하는 전기량도 많지 않아 기존 배전망에 연결되지 않습니다. 그러니 통계에도 잡히지 않았지요. 하지만 그래도 엄연히 전기를 생산하고 있었고 여름 한낮에 그 효율이 최고로 높아져 각 가정의 전기수요 중 꽤 많은 부분을 감당한 것입니다. 그러다 해가 질 때쯤 되어 태양광발전의 효율이 떨어지면서 다시 한국전력의 배전망에서 흘러들어 가는 시점인 5시에 가장 전력수요가 높았던 것이지요.

또 하나 제주도의 경우 태양광과 풍력이 아주 풍부합니다. 그래서 때에 따라 제주도 내 전력수요보다 더 많은 전력이 생산되기도 합니다. 그런데 이것이 꼭 좋은 것은 아닙니다. 전력이 송배전망에 과도하게 들어갈 경우 고장이나 사고가 발생하기 쉽기 때문입니다. 그래서 이 경우에는 일부 태양광발전을 중단하는데, 이를 출력제한이라고 합니다. 2021년에는 65건이 발생했습니다. 5일에 하루꼴로 일어난 거지요. 물론 방법이 없는 것은 아닙니다. 제주도 내 에너지 저장장치를 대규모로 설치할 수 있죠. 또 제주도와 한반도를 잇는 송배전망이 현재는 한반도에서 제주도로만 전력을 공급하고 있고 역방향은 되지 않습니다. 이것을 양방향으로 주고받을 수 있게 만들면 됩니다.

제주도만의 문제는 아닙니다. 2021년 현재 송배전망에 연결되기를 기다리는 재생에너지 발전이 전국적으로 3기가와트(GW)에 이릅니다.[7] 물론 정부와 한국전력이 손을 놓고 있는 것은 아닙니다. 전력계통을 혁신하기 위해 계속 투자도 하고 끊임없이 구축하고 있습니다. 그래서 전국 재생에너지 발전이 계통에 접속되는 비율은 계속 높아지고 있습니다. 2018년에는 47%였지만 2021년에는 84%까지 높아졌습니다. 그러나 제주나 전남, 전북, 강원 등은 아직 접속률이 낮습니다. 산업통상자원부와 한국전력은 이를 극복하기 위해 78조 원을 송전망 건설에 투자하겠다는 방침입니다. 또 이와 관련해서 산업통상자원부는 재생에너지 발전량을 실시간으로 모니터링하고 원격제어가 가능한 통합관제시스템을 2025년까지 구축한다는 입장입니다. 스마트 그리드의 한국적 적용이죠. 스마트 그리드의 또 다른 중요한 목표는 전기에너지의 절약입니다. 현재 우리나라는 매년 3% 정도 전력사용량이 증가하고 있습니다. 이런 상황에서 아무리 재생에너지가 증가해도 기존 화력발전을 줄이기가 쉽지 않습니다. 물론 재생에너지 발전을 늘리는 것도 중요하지만 전기에너지 사용량을 줄이는 것 또한 중요한 과제입니다.

전기는 거의 저장이 되지 않습니다. 즉 발전소에서 만든 전기는 몽땅 사용해야 하고, 사용되지 않은 것은 버려집니다. 한국전력은 대략적인 전력소모량을 예측하긴 하지만 1초 뒤, 1시간 뒤 우리나라 전체 전력사용량이 얼마일지를 정확히 알 수는 없습니다. 따라서 항상 예상되는 수요보다 좀 더 많은 양의 전기를 생산합니다. 이렇게 소비되는 전기 대 생산하는 전기의 비율을 '전력 예비율'이라고 합니다. 이

예비율은 보통 10% 이상으로 유지됩니다. 즉 생산된 전기의 10% 이상이 버려집니다. 혹시나 갑자기 전력소모량이 폭증할 수도 있고 또 다른 사고가 생길 수도 있으니 어쩔 수 없는 측면이 있습니다.

그리고 설비 예비율도 있습니다. 우리나라는 통상 여름에 전력소비량이 가장 많습니다. 그런데 전기는 저장이 되지 않으니 가장 소비량이 많을 때를 기준으로 발전용량을 설계합니다. 또 매년 전기소비량이 늘어나니 앞으로 늘어날 것에도 대비해야 합니다. 보통 발전소 하나 건설하는 데 최초 기획부터 10년은 걸리니 이 점을 고려해 여유를 두어야 합니다. 발전소 건설 과정에서 문제가 생겨 연기될 수도 있으니까요. 거기다 발전소 몇 개가 고장이 날 수 있으니 또 여유를 더 둡니다. 그러다 보니 전기사용량이 적을 때는 아예 발전을 중단하는 발전소가 많습니다. 이 비율을 설비 예비율이라고 합니다. 만약의 사태에 대비하려면 어쩔 수 없습니다만 기껏 지어놓고 놀린다는 것은 아까울 수밖에 없지요.

스마트 그리드가 중요한 것은 바로 이 지점입니다. 전력이 피크를 이룰 때 쓰는 전력량을 낮출 수 있다면 앞으로 전체 전력소비량이 늘어도 발전소를 덜 지어도 되는 거지요. 예를 들어 밤에는 전력소모가 시간당 50기가와트시(GWh)이고 낮에는 80기가와트시이고 오후 2~4시 사이에는 100기가와트시라고 가정합시다. 그럼 우리나라 발전소의 총 규모는 최대 소모량에 전력 예비율을 적용해 110기가와트시만큼의 전력을 생산할 수 있어야 합니다. 여기에 혹시 사고가 생길 경우를 대비하면 130 정도의 총 전력생산능력을 갖추고 있어야겠지요. 거기다 앞으로 전력소모가 더 늘어날 것을 대비하자면 140기가와트시 정도의 생산능력을 갖추어야 합니다. 그런데 에너지 저장장치(ESS)와 스마트 그리드를 이용해서 가장 전력소모가 심할 때의 소비량을 80기가와트시 정도로 줄이고 대신 심야의 전력소모를 60~70기가와트시 정도로 늘린다면 총 전력생산능력을 120기가와트시 정도로만 유지해도 됩니다. 그러면 20기가와트시에 해당하는 양만큼 발전소를 덜 지어도 되고, 또 이미 지어진 발전소를 최대한 이용할 수 있습니다.

그럼, 스마트 그리드는 어떻게 피크타임의 전력사용량을 줄이는 걸까요? 아직 우리나라에는 도입되지 않았지만 미국의 스마트 그리드 시범 사업에 그 답이 있습니다. 스마트 그리드의 말단에는 스마트 계량기(Advanced Metering Infrastructure, AMI)가 있습니다. 이 계량기는 단순히 전기사용량을 실시간으로 확인하여 전달하는 것만이 아니라 그 전기를 사용하는 각종 전기기구를 제어하기도 합니다. 예를 들어 여름철 전력사용량이 급증할 때 스마트 계량기는 집에서 운전 중인 에어컨을 잠시 껐다가 다시 켭니다. 또 전등의 밝기를 낮추기도 합니다. 이렇게 각 가정에 설치된 스마트 계량기가 각각의 전력소모량을 줄이는 거지요. 물론 그 집에 거주하는 일반인의 사전 동의를 받는 것은 필수입니다.

이렇게 각 가정과 계약을 맺고 전력소모량이 높아질 때 전력회사가 각 가정의 전력소모량을 일정 정도 낮출 수 있으면 피크타임의 전력소모를 줄일 수 있습니다. 대신 각 가정에는 전기요금을 할인해 주는 등의 혜택을 줍니다. 또 전기요금을 실시간으로 변경하는 것도 가능합니다. 전체 전력소모가 높아질 때는 전기요금도 올라가고 전력소모량이 낮을 때는 전기요금을 낮추는 것입니다. 현재 심야 전기 할인 정책을 펼치는 것과 비슷하지만, 실제 전력소모량에 연동한다는 점이 다릅니다. 이런 요금제를 계시별(계절별·시간별) 요금제라고 합니다. 현재 계시별 요금제는 1977년 도입된 이후 산업용과 일반용으로 나누어 대용량 사용자에게 일괄 적용하고 있습니다. 그런데 앞으로는 모든 전력 사용자에게도 적용하겠다는 것입니다. 이렇게 되면 가정에서도 에너지 저장장치를 구축해서 전기요금이 저렴할 때 전기를 저장했다가 전기요금이 오르면 사용하는 등 전체 전기요금을 낮추는 시스템을 도입할 필요가 있습니다.

현재는 제주에서 우선 계시별 요금제를 시범적으로 실시하고 있는데, 전국으로 확대할 준비를 하고 있습니다. 하지만 계시별 요금제를 일반 가정에까지 확대하려면 스마트 계량기가 필수입니다. 실시간으로 실제 전력사용량을 파악해야 하니까요. 하지만 현재 우리나라 스마트 계량기 도입은 약 절반 정도만 이루어져 있습니다. 한국전력의 계획에 따르면 2024년까지 총 2,250만 호에 스마트 계량기를 보급할 계획입니다. 하지만 실제 도입은 생각보다 더디게 이루어지고 있는 실정입니다. 이에 따라 계시별 요금제의 도입도 원래 계획보다 늦어질 가능성이 큽니다.

4 원자력발전

　원자력발전은 체르노빌 사태와 후쿠시마 사태 이후 완전히 사멸한 줄 알았는데, 기후위기로 회생의 기운을 보이더니 러시아-우크라이나 전쟁이 좀 더 살려놓은 형국입니다. 하지만 기존의 대규모 원전은 이미 지고 있는 해라고 볼 수 있죠. 일단 원전이 왜 지는 해인지 알아보기 전에 원자력발전소의 구조를 살펴보도록 하겠습니다. 원자력발전소는 크게 격납로와 그 외부 시설로 나눌 수 있습니다. 격납로 안에는 원자로와 가압기, 증기발생기, 냉각재, 펌프가 있습니다. 그 바깥에는 터빈과 발전기, 복수기가 설치됩니다. 핵연료봉이 들어가서 핵분열을 통해 에너지를 생산하는 곳이 원자로입니다. 여기서 발생한 열이 1차 냉각재인 물(경수)의 온도를 끌어올립니다. 하지만 물은 100도가 넘으면 끓어서 수증기가 되는데 이를 막아주는 장치가 가압기입니다. 높은 압력을 가해 100도가 넘어도 끓지 않고 액체 상태를 유지하게 만드는 것입니다. 이런 방식의 발전을 가압 경수로라고 하는 이유입니다. 우리나라 원자력발전소는 대부분 이런 형태입니다. 증기발생기로 1차 냉각재가 이동하면 1차 냉각재의 열이 그 상부의 물(주급수)을 끓이게 됩니다. 이때 아래 1차 냉각재의 물과 그 위쪽의 증기가 될 물은 분리되어 직접 만나지 않습니다. 격납로 안에 있는 냉각재 펌프는 1차 냉각재인 물을 순환시키는 역할을 합니다.

증기발생기에서 만들어진 증기는 터빈을 돌리고, 터빈과 연결된 발전기가 전기를 생산합니다. 터빈을 거친 물은 다시 식혀지고 주급수 펌프를 통해 다시 증기발생기로 순환합니다. 이때 해수가 증기 상태의 물을 식혀 주는 작용을 하는데 이 또한 배관으로 주급수와 분리되어 있습니다. 이렇게 배관을 통해 냉각재와 주급수, 해수를 분리하는 과정을 통해 원자로에서 발생한 방사능이 외부로 누출되는 것을 차단하고 있습니다.

그럼, 이제 본격적으로 원전의 문제를 살펴봅시다. 핵심은 폐연료

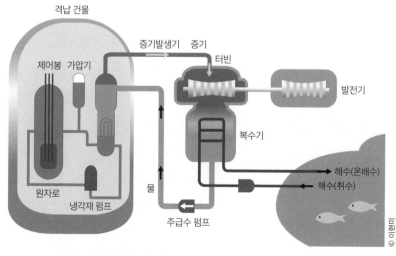

그림 46 원자력발전소의 기본 구조. 발전 형태에 따라 다소 차이가 있다.

봉 처리입니다. 원자력발전의 연료인 우라늄은 그냥 놔둬도 핵분열이 이루어집니다. 하지만 흩어져 있는 상태에서 핵분열 속도는 대단히 느립니다. 더구나 우라늄은 우라늄-235와 우라늄-238의 두 가지가 있는데 이 중 연료로 가치가 있는 것은 우라늄-235입니다. 하지만 천연 상태에서는 그 비율이 0.72%에 불과하여 효율적으로 발전할 수 없습니다. 그래서 우라늄-235의 비율을 높인 연료봉을 만듭니다. 모여 있는 우라늄은 연쇄반응을 일으킵니다. 즉 우라늄 원자 하나가 핵분열을 하면서 중성자 둘을 내놓습니다. 이 중성자는 이웃의 우라늄 둘을 타격해 다시 핵분열을 일으킵니다. 이 두 개의 우라늄이 핵분열을 하면 다시 네 개의 중성자가 나오고, 이 중성자가 다시 주변의 우라늄 원자핵을 타격하는 식으로 연쇄반응이 일어납니다. 이를 통해 단위시간당 높은 열에너지가 전기를 만들어냅니다. 이처럼 중성자에 의해 핵분열이 일어나는 것이 우라늄-235입니다. 우라늄-238은 이런 식으로 핵분열을 일으킬 확률이 매우 낮습니다. 그래서 우라늄-235를 농축하는 거지요.

하지만 연료봉의 우라늄-235는 핵분열을 통해 다른 원소가 되니 시간이 지나면 농축률이 떨어질 수밖에 없습니다. 이런 연료봉은 꺼내고 새 연료봉을 넣어주는데 이제 폐기해야 할 연료봉에도 농도는 낮지만 우라늄이 꽤 많이 남아 있습니다. 우라늄이 약 95.4%, 플루토늄이 0.9%, 기타 물질이 3.1% 정도 존재합니다. 아니 우라늄이 95.4%나 남아 있는데 재활용하면 되지 않느냐는 생각이 들지요. 물론 가능합니다. 남은 우라늄 중 대부분을 차지하는 우라늄-238과 플루토늄을 이용하는 원자력발전 방식이 있습니다. 바로 고속증식로라는 겁니다. 하지만 결론적으로, 이론적으로나 기술적으로는 가능하지만 몇 가지 이유로 실제 운영하지 않습니다. 일단 고속증식로에 대해 먼저 알아보겠습니다.

플루토늄은 핵발전 과정에서 우라늄-238로부터 만들어집니다. 플루토늄은 고속중성자에 의해 핵분열을 일으키며 열에너지를 내놓습니다. 원래 일반적인 원자력발전소는 중성자의 속도를 줄이기 위해 감속재를 씁니다. 그래서 속도가 줄어든 열중성자라는 중성자를 이용해 우라늄-235를 분열해 열에너지를 얻는 식이었지요. 하지만 고속증식로는 중성자의 속도를 줄이지 않고 그대로 사용합니다. 그러면 우라늄-238도 반응을 합니다. 즉 중성자가 가진 에너지가 워낙 커서 상대적으로 안정적인 우라늄-238도 핵분열을 하게 만드는 것입니다. 그런데 이 우라늄-238이 분열을 하면 플루토늄이 됩니다. 즉 원자력발전을 하면 할수록 플루토늄이 늘어납니다. 그래서 이름도 '고속'중성자를 사용하고 발전 과정에서 플루토늄이 '증식'된다고 해서 고속증식로라고 붙었습니다. 하지만 고속증식로에는 세 가지 약점이 있습니다. 먼저 핵발전 결과물로 나오는 플루토늄이 바로 '원자폭탄'의 재료라는 점입니다. 그래서 현재 '원자폭탄'을 가지고 있는 몇몇 나라를 제외하면 고속증식로를 만드는 것 자체를 금기시하고 있습니다. 미국 등이 매의 눈으로 감시하고 딴지를 걸지요. 그래서 실제로 고속증식로를 가진 나라가 몇 없습니다. 우리나라도 기술이 부족한 것이 아니라 이런 국제 역학적 문제 때문에 고속증식로를 만들 생각도 하지 않고 있고요.

두 번째로 경제성이 별로 없습니다. 원자력발전에서 연료가 차지하는 비중은 아주 낮습니다. 대부분의 원가는 초기 건설비와 운영비가 차지하지요. 그런데 고속증식로는 일반 원자력발전소에 비해 훨썬 까다로워서 건설비뿐만 아니라 유지 및 운영비도 많이 듭니다. 그러니 굳이 고속증식로를 만들 이유가 별로 없지요.

세 번째로 관리가 까다롭습니다. 일반 원자로는 감속재를 통해 중성자의 속도를 느리게 만듭니다. 이유는 핵연료봉의 대부분을 우라늄-238이 차지하는데 고속중성자는 이 우라늄-238과 반응을 잘하기 때문이죠. 문제는 우라늄-238이 고속중성자와 반응해서 플루토늄을 만들 때 열에너지가 별로 나오지 않는다는 점입니다. 그러니 우라늄-238과 반응하지 않도록 속도를 늦추는 거지요. 하지만 고속증식로는 우라늄-238과 반응시키려는 것이니 감속재를 쓰지 않습니다. 그런데 물이 바로 감속재입니다. 그래서 기존 원자로에서 냉각재로 사용하던 물을 사용할 수 없습니다. 이게 문제를 까다롭게 합니다. 결국 고속증식로에는 액체 금속을 냉각재로 사용합니다. 수은, 나트륨, 나트륨-칼륨 합금, 납 등입니다. 하지만 수은은 매우 유독한 물질이고, 납은 녹는점과 끓는점이 높아 유지 및 관리가 까다롭습니다. 그리고 나트륨과 칼륨은 공기나 물과 접촉하면 폭발이 일어납니다. 산 너머 산이죠. 물론 그 물질들을 다룰 수 없는 것은 아닙니다. 하지만 일반 원자로도 위험하다고 하는데, 그보다 더 위험한 고속증식로를 개발하여 운영할 이유가 없겠죠.

결국 현재 고속증식로는 일부 연구용과 군사용, 즉 핵폭탄 원료인 플루토늄을 만드는 용도로 운영하는 외에 상업적 목적으로 운영하는 곳은 전 세계 어디에도 없습니다. 그러니 폐연료봉 문제가 꼬일 수밖에 없습니다. 더구나 핵분열 과정에서 만들어진 새로운 방사성 물질도 있죠. 루테늄-106, 바륨-140, 세륨-144, 루테늄-103, 세슘-137 등입니다. 이들은 계속 핵분열을 하고, 그 과정에서 열에너지를 내놓습니다. 따라서 아무 조치도 취하지 않으면 계속 온도가 올라가고, 일정 온도 이상이 되면 녹아버립니다. 이런 현상을 멜트다운(meltdown)이라고 합니다. 폐연료봉을 모아놓은 장소에서 연료봉이 녹아버릴 정도가 되면 연료봉을 보관하던 용기도 같이 녹습니다. 연료봉들이 녹아서 모이면 더 빠르게 핵분열이 일어나고 마침내 폭발하게 됩니다. 일종의 핵폭탄이 터지는 것이죠. 후쿠시마 원전사고가 거의 이 상태에 이르던 상황이었습니다.

따라서 이 폐연료봉을 안전하게 저장할 장소가 필요한 것은 당연합니다. 하지만 현재 전 세계에서 폐연료봉을 저장할 장소를 건설 중인 곳은 핀란드가 유일합니다. 미국도, 중국도, 러시아도 물론 우리나라도 폐연료봉을 저장할 장소—고준위 핵폐기물 저장소라고 합니다—를 건설한 곳도, 건설하고 있는 곳도 없습니다. 모두 계획은 있습니다만 프랑스와 스웨덴 정도를 제외하면 건설할 지역도 정하지 못하고 있습니다. 원자력발전소에서는 폐연료봉 말고도 방사성을 띠는 물질이 나오는데, 이를 중·저준위 핵폐기물이라고 합니다. 폐연료봉에 비하면 위험도는 훨씬 낮죠. 이를 처리하는 곳이 경주에 있습니다. 처음 계획을 세울 때는 목적 그대로의 이름 '중·저준위 방사성 폐기물 처리장'이었던 것이 어느 사이에 '월성원자력환경관리센터'로 이름이 바뀌긴 했지만요. 어쨌든 이 중·저준위 핵폐기물 처리장을 건설하는 데도 한참 걸렸고 그 과정에서 엄청난 반대에 직면했습니다. 부지를 선정하는 과정에만 20년 정도 걸렸죠. 1986년부터 부지 선정에 들어가면서 영덕, 영월, 태안 안면도, 인천 굴업도 등에 부지 확보를 시도했지만 주민들 반대가 극심했습니다. 결국 특별지원금 3,000억 원 지원, 한국수력원자력 본사 이전 등 파격적인 조건을 걸고서야 2005년에 경주로 확정지을 수 있었습니다. 중·저준위도 부지를 구하는 데도 이리 어려웠는데 그보다 훨씬 위험하다고 알려진 핵연료봉 폐기물 처리장을 선정하는 게 쉬울 리가 없습니다.

현재 우리나라 정부의 고준위 방사성 폐기물 관리계획에 따르면, 시설 부지를 2028년까지 확보할 예정이고 2042년까지 중간 저장시설을 건설하고 인허가용 지하연구시설(Underground Research Laboratory, URL)[8]을 건설하고 실증 연구를 진행하며 2052년까지 영구처분시설을 건설해서 2053년에 가동을 시작한다고 되어 있습니다. 이미 가동한 원전이 있고 폐연료봉이 각 원전마다 가득 들어차 있으니 고준위 방사성 폐기물 처리장이 필요하기는 합니다. 그런데 앞으로 원자력발전소를 더 많이 짓고 거기서 전기를 생산하겠다면 당연히 폐연료봉도 더 많이 나올 텐데 이는 폐기물 처리장의 규모가 기존보다 서너 배 이상 더 커야 한다는 뜻입니다. 새 원전 건설을 위해서는 고준위 핵폐기물 처리장 문제가 먼저 해결되어야 한다는 말이 나오는 이유입니다.

원자력발전의 또 다른 문제도 있습니다. 현재 원자력발전은 전체 발전량의 30% 정도를 담당하고 있습니다. 그리고 2050년까지 전력 소비량은 현재의 2.5~3배 정도 더 늘어날 겁니다. 그리고 기존에 지어진 원자력발전소 중 수명을 다한 발전소는 폐로의 과정을 겪어야 합니다. 원자력발전이 현재 수준, 즉 전체 전력의 30% 정도를 앞으로도 계속 담당하려면 현재의 2.5~3배 정도가 더 필요합니다. 쉽게 말해서 원자력발전소를 25기에서 30기 정도 더 건설해야 한다는 뜻입니다. 하지만 그 정도를 유지하기 위해 원전을 계속 짓는다는 것에 의문을 표하는 전문가들도 있습니다. 원전이 전체 전력의 절반 정도를 감당할 수 있어야 의미가 있다는 것이죠. 이 경우 원전을 약 50기 정도 더 지어야 합니다. 이를 감안하면 대략 25기에서 50기 정도의 원전을 새로 지어야 합니다.

이게 가능할까요? 우선 부지를 선정하는 문제부터 쉽지 않습니다. 원전 부지는 일단 해안가이어야 합니다. 원전에서 나오는 열을 식힐 냉각수가 다량으로 필요하기 때문이죠. 물론 한강 주변도 가능합니다만 서울과 경기도에 원전을 지을 리가 없지요. 그리고 어업 활동이 활발한 곳은 제외합니다. 냉각수가 다량으로 나오면 주변 생태계가 망가져 어업 활동이 힘들기 때문입니다. 또한 쓰나미나 해일 등에 대비하기 위해서는 고지대이어야 합니다. 즉 해안이 절벽으로 이루어진 곳이 적당하죠. 여기에 인구밀집 지역을 피해야 합니다. 이런 조건을 갖춘 해안은 일단 남해와 서해에는 없습니다. 남해와 서해는 거의 대부분이 어장이고 또 갯벌이 발달한 지형이지요. 인구밀집도에서도 낮은 곳이 별로 없고요. 선택지는 강원도와 경상북도 사이의 해안 일부입니다. 그리고 그중에서도 사람들이 많이 사는 강릉 주변, 휴전선에 가까운 강원도 북부지역을 피해야 합니다. 결국 동해시, 삼척시, 울진군, 영덕군이 가능한 후보지입니다. 과연 이곳에 사는 시민들이 흔쾌히 혹은 어쩔 수 없이 동의할까요? 그것도 하나 짓는 게 아니라 수십 개를 지어야 하는데 말이죠.

두 번째로 원전 건설에 걸리는 시간도 문제입니다. 우리나라의 경우 외국과 비교해서 굉장히 빠른 속도로 짓는 데도 부지 선정이 끝난 후 10년 정도 걸립니다. 지금 부지 선정이 끝난다 해도 2033년에나 가동이 가능한 것이죠. 그렇다고 한꺼번에 20기를 지을 수도 없습니다. 원전을 지을 수 있는 회사가 이미 정해져 있고 그곳에서 건설할 수 있는 인력에 한계가 있으니까요. 매년 두세 기씩 짓는 식으로 늘려야 하는데 이런 식으로는 2040년까지도 다 지어지지 않는다는 결론입니다. 더구나 이는 가장 빠른 경로를 잡은 것이고 부지 선정에 몇 년 걸리면 완공되어 전력을 만드는 것은 2030년대 후반에나 비로소 가능해지고 2040년대 중반이 되어야 절반 정도 되는데 이래서는 애초의 전체 전력의 30%를 유지한다는 계획 달성이 의문시됩니다.

세 번째로 비용입니다. 원전 하나 짓는 데 드는 돈이 11조 원 정도 됩니다. 최저로 25기 정도 짓는다 해도 260조 원가량 듭니다. 이 정도 비용을 들여야 한다면 재생에너지와 에너지 저장장치에 투자를 해도 충분한 성과를 보일 수 있습니다. 더구나 태양광발전이나 에너지 저장장치 등에는 민간 부문의 투자를 유치할 수 있고 현재 계획으로는 민간 투자가 전체의 70% 이상 될 것으로 보입니다. 반면 원전은 온전히 한국수력원자력 단독으로 돈을 대야 합니다. 결국 원전은 안전 문제와 환경문제가 아니라 경제논리에 의해서도 증대는 불가능하다고 보아야 합니다. 반대로 원전을 몇 기 정도 지어 봐야 전체 전력 수급에 큰 영향을 끼치지도 못합니다.

소형모듈원전

요사이 주목받고 있는 소형모듈원전(Small Modular Reactor, SMR) 또한 기본 구조는 기존의 원자력발전소와 대동소이합니다. 소형이라는 말에서 알 수 있듯이 최대 출력 300MW로 최신 국내 원전이 1,000MW인 데 비해 상당히 작습니다. 하지만 초기 모델인 고리1호기가 587MW였던 것과 비교하면 그리 작은 편은 아니죠. 현재 SMR 업계에서 가장 주목받는 곳 중 하나인 미국의 뉴스케일파워(NuScale

Power)는 300MW에 한참 미치지 못하는 77MW짜리 SMR을 계획하고 있는데 높이 23.2m, 지름 약 4.6m, 무게는 약 700톤 정도입니다. 대략 9층 아파트 높이죠. 소형이라는 말이 기존 원전 대비 그렇다는 이야기지, 그리 '소형'인 것이 아님을 알 수 있습니다. 다만 기존 원전 대비 소형이기 때문에 원전의 모든 기능을 하나의 격납고 안에 설치할 수 있습니다.

그렇다면 SMR의 장점은 무엇일까요? 먼저 기존 대형 원전 대비 안전하다는 점을 SMR 개발자들은 강조하고 있습니다. 크기가 작다 보니 사고로 냉각기능이 중단되어도 열을 식히기 쉬워 노심 손상 같은 최악의 상황으로 진행될 가능성이 낮다는 것입니다. 여기에 자연적으로 냉각되는 피동형 냉각시스템을 갖춰 전력 공급이 끊겨도 냉

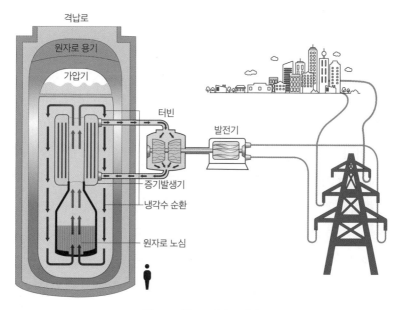

그림 47 소형모듈원자로 개념도

각장치가 작동합니다. 또한 모듈 구조도 단순화되어 있어 배관 손상 등에 의한 사고 가능성도 줄어들었다고 합니다. 관련 전문가에 따르면, 대형 원전에 비해 위험 확률이 100분의 1 정도로 낮습니다. 노심 손상 확률이 10억 분의 1 정도로 낮아졌다는 것입니다. 경제성도 장점이라고 주장합니다. 모듈 형태로 설계·제작되기 때문에 대형 원전에 비해 건설기간도 짧고 비용도 저렴하다는 주장이죠.

SMR의 가장 큰 장점은 유연성입니다. 재생에너지가 주가 될 미래 발전시장에서 가장 큰 문제는 재생에너지의 간헐성과 경직성입니다. 태양광과 풍력발전은 인위적으로 출력을 조절할 수 없습니다. 날씨에 따라 출력량이 정해지고 또 변화도 큽니다. 여기에 더해 지역별 변동성도 크죠. 따라서 나머지 발전원이 발전량을 조절해 전체 전력망을 안정해 주어야 합니다. 이렇게 전력수요와 공급 변화에 맞춰 빠르게 출력을 조절하는 것을 '부하추종운전(負荷追從運轉)'이라고 합니다. 유럽의 원전에는 이 기능이 적용되어 있지만 국내 원전은 이 기능이 약합니다. 그리고 이처럼 출력을 조절하면 원전의 내구성에도 좋지 않은 영향을 끼치고 발전단가도 올라갑니다. 하지만 SMR은 처음 개발 단계에서 빠른 출력 조절이 가능하도록 준비 중입니다. 우리나라가 개발 중인 I-SMR은 최저 30~100% 범위에서 분당 5% 속도로 조절 가능하도록 계획하고 있습니다. 이 정도라면 LNG 발전에는 미치지 못하지만 상당히 유연성을 가진 발전이라고 볼 수 있지요.

하지만 SMR의 개발에는 몇 가지 치명적인 문제가 있습니다. 먼저, 우수한 경제성을 장점으로 꼽을 수 있지만, 이는 건설비가 싸고 기간이 짧다는 것에만 한정됩니다. 현재 한국의 대형 원전 건설단가는 세계에서 가장 싼 1kW당 2,000달러에서 3,000달러 수준입니다.[9]

그러나 I-SMR의 경우 1kW당 4,000달러를 '매우 도전적인 목표'로 잡고 있습니다.[10] I-SMR 개발을 담당하고 있는 한국원자력연구원의 SMR 연구개발 책임자는 "직간접적인 비용을 줄여 경제성을 대형 원전에 맞추는 것이 목표"라고 이야기합니다.[11] 원자력발전소의 경우 건설비가 발전단가의 50% 정도를 차지합니다. 그러니 SMR이 기존 원전에 비해 경제성을 가지고 있다고 이야기하기에는 무리가 있습니다.

두 번째로 SMR이 대형 원전보다 오히려 핵폐기물을 더 많이 만들 것이라는 연구 결과도 있습니다. 스탠퍼드대학교와 브리티시컬럼비아대학교 연구진에 따르면, 일본 도시바와 미국 뉴스케일파워, 캐나다 테레스테리얼에너지가 개발 중인 세 가지 유형의 SMR에서 핵폐기물이 기존 원전에 비해 최소 2배에서 최대 30배 많을 수 있다는 결과를 내놓았습니다.[12] 더구나 핵폐기물 중 가장 처리가 곤란한 사용후 핵연료, 즉 고준위 핵폐기물이 기존 원자로에 비해 최대 5.5배에 달하는 것으로 분석되었습니다. 결국 폐기물 처리비가 높아지기 때문에 SMR이 과연 경제성이 있을지에 대해 또 하나의 의문 부호가 붙게 됩니다.

세 번째는 언제 가동할 수 있느냐의 문제입니다. 지금 발전 부문은 시간과의 싸움입니다. 2050년 탄소제로를 달성하기 위한 전력질주가 시작된 상황이죠. 그런데 현재 가장 앞서 있다고 평가받는 뉴스케일파워의 경수로형 SMR은 아이다호주에 2029년까지 건설할 계획입니다. 즉 아무리 빨라도 2030년은 되어야 상용화가 가능하다는 뜻이죠. 우리나라가 개발 중인 I-SMR의 경우 2028년 표준설계 인가를 받는 것이 목표입니다. 인가를 얻으면 부지를 선정하고 건설을 시작하는데 SMR이 기존 원전에 비해 건설기간이 짧다고 해도 5년은 잡아야 합니다. 최대한 빨라도 2030년대 중반이 되어야 상용화가 가능하다는 뜻이죠.

거기다 뉴스케일파워나 I-SMR은 모두 프로토타입입니다. 처음 짓는 것입니다. 이 경우 처음부터 여러 대를 지을 수 없습니다. 프로토타입을 몇 년 정도 시범운행을 하여 데이터를 모아야 합니다. 대규모 건설은 그다음 이야기입니다. 즉 대규모 상용 SMR 건설은 빨라도 2030년대 후반 아니면 2040년대 초반에 가능하다는 뜻입니다. 그러니 부지 선정기간과 건설기간을 포함하면 실제 SMR이 의미 있게 운영될 수 있는 시기는 2040년대 중후반일 겁니다. 2050년을 마감시한으로 놓고 시간싸움을 벌이는데 SMR이 본격적으로 참전할 수 있는 시기는 2050년 마감을 불과 몇 년 남기지 않은 상황인 것입니다.

문제는 또 있습니다. 우리나라 I-SMR의 목표 출력은 177MW입니다. 기존 원전은 1,000MW짜리 두 개를 같이 지으니 한번에 2,000MW의 출력을 갖춥니다. I-SMR로 이 정도 출력을 갖추려면 11기 정도가 필요합니다. 원전이 전체 전력에서 의미를 가지려면 최소한 지금 정도의 비율, 즉 전체의 30% 정도를 차지할 수 있어야 한다고들 이야기합니다. SMR로 이 정도를 충족하려면 250기에서 330기 정도는 지어야 합니다. 아무리 기존 원전 대비 소규모라고 하더라도 우리나라 어디에 핵발전소를 수백 개씩 지을 수 있을까요?

결국 SMR은 경제성에서도 그리고 시기적으로도 재생에너지의 대안도, 기존 원전의 대안도 되기 힘듭니다. 그럼, 이런 사실을 모를 리 없는 우리나라와 미국, 유럽, 일본은 왜 SMR에 투자를 하는 것일까요? 여러 다양한 이유가 있겠지만 SMR이 애초에 원자력 잠수함과 원자력 항공모함용으로 개발된 소규모 원전에 그 기원이 있다는 사실에 주목할 필요가 있습니다. 즉 군사용으로 매우 적합하죠. SMR이 탑재된 자율주행 잠수함은 1년 365일 내내 표면에 떠오르지 않고 전 세계 대양에서 작전이 가능합니다. 또한 자율 군함에 SMR을 탑재하면 작전 범위는 전 세계 모두가 됩니다. 그리고 향후 우주 분야에서도 SMR은 효용이 있는 도구입니다.─물론 SMR을 탑재한 발사체가 무사히 우주로 갈 수 있다는 전제가 있어야 합니다. 공중에서 SMR이 터지기라도 한다면 그만한 재앙이 없겠죠─SMR이 탑재된 우주선이 지구 상공의 우주정거장과 달, 화성 사이를 정기적으로 오가는 모습을 상상하고 있을지도 모릅니다.

마지막으로 SMR 중 일부 타입은 고속증식로입니다. 앞서 이야기한 플루토늄과 우라늄-238을 연료로 이용하는 것입니다. 이런 SMR이 세워지면 아주 자연스럽게 핵무기의 원료인 플루토늄을 얻을 수 있다는 것도 장점이 아닐까요?

5 산업 부문 탈탄소 전략 1
_제철산업

우리나라 이산화탄소 발생량 관련 자료에 의하면, 산업 부문이 약 30%, 산업공정이 약 8%를 차지합니다. 이 둘은 어떤 차이가 있을까요? 답은 의외로 간단합니다. 산업 부문 이산화탄소 발생량은 연료에 의한 것입니다. 즉 제철소에서 용광로의 온도를 높이기 위해 석탄을 땝니다. 시멘트를 만들 때도 석탄이나 폐기물을 때야 합니다. 제지산업에서 필요로 하는 다량의 증기를 만들 때도 석탄이 주원료입니다. 석탄이 주원료인 이유는 단 하나입니다. 가장 저렴하기 때문이지요. 이렇게 산업 현장에서 연료로 사용하는 석탄이나 석유 등에 의해서 발생하는 이산화탄소를 산업 부문 이산화탄소 발생량이라 합니다.

그렇다면 산업공정에서 발생하는 이산화탄소는 뭘까요? 연료가 아닌 원료에 포함되어 있는 이산화탄소가 빠져나오는 것을 말합니다. 대표적인 예가 석유화학 산업과 플라스틱 산업입니다. 석유화학 산업은 석유를 원료로 플라스틱 제품의 원료를 만드는 산업이고, 플라스틱 산업은 플라스틱을 원료 삼아 플라스틱 제품을 만드는 산업입니다. 석유는 다양한 종류의 탄소화합물이 섞여 있는 혼합물이죠. 즉 원료에 탄소가 포함되어 있습니다. 이를 정제하고 플라스틱 원료를 만드는 과정과 플라스틱 원료로 제품을 만드는 과정은 고온에서 진행됩니다. 이때 제품 외에 다양한 부산물이 나오는데, 그중에는 이산화탄소와 메탄 같은 온실가스가 있습니다.

마찬가지로 철광석으로 철을 제련하는 제철산업에서도 이산화탄소가 발생합니다. 철광석은 철과 산소가 결합된 형태로, 산소를 제거하는 데 코크스(cokes)라는 석탄 가공물이 들어갑니다. 이 탄소가 철광석의 산소와 결합하면 이산화탄소가 만들어집니다. 시멘트 산업도 마찬가지입니다. 석회석은 탄산칼슘으로 이루어져 있고, 이를 가공한 시멘트가 산화칼슘입니다. 탄산칼슘에서 이산화탄소를 떼어내면 산화칼슘, 즉 시멘트가 만들어지는 것이죠. 당연히 이산화탄소가 발생합니다. 알루미늄 제련 역시 마찬가지입니다. 녹아 있는 보크사이트(bauxite), 즉 알루미늄 광석에서 산소를 떼어낼 때 전기분해 방식을 씁니다. 이때 탄소가 음극 소재로 쓰이는데, 알루미늄 광석에서 떨어져 나온 산소가 탄소와 만나 이산화탄소가 됩니다.

이렇게 다양한 산업에서 원료로 제품을 만드는 과정 자체에서 이산화탄소가 발생하는데 이를 '산업공정'에서의 이산화탄소 발생이라고 합니다. 어쩔 수 없는 일이지요. 산소는 대기 중에 풍부하게 존재하고 또 화학적으로 예민합니다. 따라서 지구상의 다양한 광물이 산소와 결합한 형태로 존재하는 것은 당연합니다. 그리고 산소를 떼어내는 과정에서 가장 손쉽고 값싼 방법이 탄소를 이용하는 것입니다. 그러니 기존의 산업공정 곳곳에는 연료가 아닌 원료에서 이산화탄소가 발생할 수밖에 없습니다. 하지만 기후위기 시대에는 이런 방식을 사용할 수 없습니다. 비싸고 복잡하더라도 다른 방식이 필요하죠. 그래도 어쩔 수 없이 발생하는 이산화탄소를 포집하는 탄소포집기술이 또 중요하고, 조명받는 이유이기도 합니다.

산업 부문 온실가스 발생량 1위 제철산업

기후위기를 극복하기 위해서는 이산화탄소 발생량을 줄이는 것이 무엇보다 중요합니다. 그렇다면 이산화탄소를 가장 많이 배출하는 영역은 어디일까요? 나라마다 조금씩 다르지만 전기를 만드는 발전 부문과 제품을 만드는 공장, 즉 산업 부문이 1, 2위를 다투고 있습니다. 모두 전체 발생량의 약 3분의 1 정도를 차지합니다. 그리고 산업 부문 중에서 가장 이산화탄소 발생량이 많은 분야가 제철산업입니다. 우리나라의 경우 포스코에서 발생하는 이산화탄소가 우리나라 전체 발생량의 10%를 넘게 차지합니다. 우리나라 전체 이산화탄소 발생량이 2018년 기준으로 총 6억 8,639만 톤인데, 포스코가 8,000만 톤을 가뿐히 넘습니다.

철을 제련하는 과정에서 왜 이렇게 이산화탄소 발생량이 많은지를 살펴봅시다. 광산에서 캐낸 철은 철광석, 즉 산화철(Iron Oxide, Fe_2O_3) 상태입니다. 이를 우리가 쓰는 철로 만들려면 산소를 제거해야 합니다. 용광로(고로)에서 이 작업이 이루어집니다. 먼저 철광석을 구워서 덩어리인 소결광으로 만드는 과정(소결 과정)과 석탄의 일종인 역청탄을 구워서 덩어리인 코크스로 만드는 과정(화성 과정)이 선행됩니다. 여기에서도 에너지가 많이 소비됩니다만 현재 포스코의 경우 용광로에서 만들어지는 부생가스(by-product gas)를 이용해서 약 60% 정도를 자체적으로 해결하고 있습니다.

준비가 끝나면 용광로 위쪽에 소결광과 코크스를 켜켜이 쌓습니다. 그리고 아래에서 아주 높은 온도의 바람을 불어넣습니다. 높은 온도에서 소결광이 녹아서 액체 상태가 되고, 코크스가 타기 시작합니다. 코크스의 연소가 일어나면서 온도는 더 높아집니다. 즉 코크스는 철광석에서 산소를 빼앗는 환원제 역할도 하면서 동시에 아주 높은 온도를 만드는 연료 역할도 합니다. 그런데 코크스 성분은 거의 탄소로 이루어져 있습니다. 이 탄소가 고온에서 산소와 만나 일산화탄소를 만들고 다시 철과 만나 산소를 빼앗으니 당연히 이산화탄소가 만들어집니다.[13] 결국 용광로에서 철 1톤을 생산할 때 이산화탄소가 2톤가량 나옵니다.

용광로는 하루 24시간, 1년 365일 항상 불이 꺼지지 않고 계속 철을 만듭니다. 그러니 이산화탄소도 끊임없이 나올 수밖에 없습니다. 물론 철을 만드는 방법이 용광로만 있는 것은 아닙니다. 전기로라고 해서 전기를 사용해 철을 녹이는 시설도 있습니다. 하지만 현재의 전기로는 원료로 고철만 사용할 수 있습니다. 즉 이미 철로 만들어진 뒤 버려진 것만 수거해서 쓸 수 있고 철광석을 쓸 수 없습니다. 전기로는 철광석에서 산소를 떼어내는 작업을 하지 못하기 때문입니다. 하지만 필요한 철의 양은 원료가 되는 고철보다 항상 더 많습니다. 전기로만 가지고는 필요한 철을 모두 생산할 수는 없습니다. 또한 전기로는 만들 수 있는 제품이 용광로보다 적습니다. 품질이 뛰어난 제품은 용광로에서만 만들 수 있습니다.

코크스 대신 수소로

따라서 전기로가 아닌 현재의 용광로를 대체할 새로운 제련방식이 필요합니다. 그 대안으로 나온 것이 수소를 환원제로 이용하는 수소환원제철로입니다. 기존 전기로와는 달리 철광석을 사용할 수 있는 전기로입니다. 일단 철광석을 녹이는 데 석탄 대신 전기를 이용합니다. 물론 전기는 재생에너지로 만든 것으로 쓴다는 전제입니다. 그러면 철광석을 녹이는 과정에서 더는 이산화탄소가 나오지 않습니다. 이제 녹은 철광석에서 산소를 떼어내는 데 기존의 코크스 대신 수소를 씁니다. 수소와 산소가 만나면 이산화탄소 대신 물이 발생하니 이 방법으로도 이산화탄소 발생을 막을 수 있습니다.[14] 물론 이때 사용

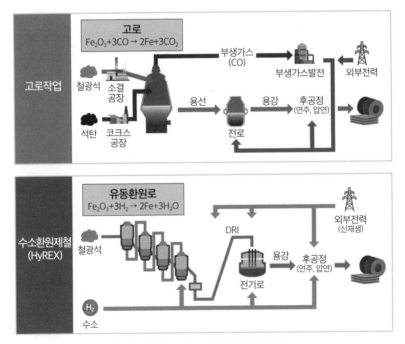

그림 48 용광로를 이용한 작업과 수소환원제철 작업의 비교(출처: 포스코 뉴스룸)

하는 수소도 제조 과정에서 이산화탄소가 발생하지 않는 블루수소나 그린수소를 씁니다.

화학 반응식으로 살펴봅시다. 기존 용광로에서 고온에서 탄소와 산소와 만나면 일산화탄소가 생깁니다. 이 일산화탄소와 삼산화이철이 만나 사산화삼철과 이산화탄소가 발생하죠. 일산화탄소 네 분자와 사산화삼철이 반응하면 철과 함께 이산화탄소 네 분자가 발생합니다.

$$CO + 3Fe_2O_3 \rightarrow 2Fe_3O_4 + CO_2$$

(일산화탄소)　　(삼산화이철)　　(사산화삼철)　　(이산화탄소)

$$4CO + Fe_3O_4 \rightarrow 4CO_2 + 3Fe$$

(일산화탄소)　　(사산화삼철)　　(이산화탄소)　　(철)

하지만 수소환원제철 방식을 쓰면 수소와 삼산화이철이 반응하여 사산화삼철과 물(수증기)이 발생합니다. 이 사산화삼철과 수소가 다시 반응하면 이때도 철과 함께 물이 나오게 됩니다.

$$H_2 + 3Fe_2O_3 \rightarrow 2Fe_3O_4 + H_2O$$

(수소)　　(삼산화이철)　　(사삼화삼철)　　(물)

$$H_2 + Fe_3O_4 \rightarrow 4H_2O + 3Fe$$

(수소)　　(사산화삼철)　　(물)　　(철)

하지만 현재 사용하고 있는 용광로는 수소환원제철에 이용할 수 없습니다. 즉 수소환원제철을 하려면 기존 용광로 대신 새 용광로를 만들어야 합니다. 수소환원제철로를 하나 짓는데 약 6조 원 정도의 비용이 들 것이라고 포스코는 예상하고 있습니다. 포스코가 현재 가동하는 용광로가 아홉 개이니 합하면 54조 원이라는 재정이 필요합니다. 어마어마한 돈이 들어가는 거지요. 더구나 포스코가 제철기업 중에서는 비교적 신생기업이라는 점이 또 문제입니다. 유럽과 미국의 제철회사들은 포스코보다 역사가 오래되었습니다. 이들이 만든 고로는 비교적 크기도 작고 또 오래되었습니다. 따라서 이미 감가상각이 상쇄되었고 남아 있더라도 그 비용이 크지 않습니다. 반면 포스코는 규모도 크고 감가상각이 상쇄되려면 한참 남은 고로들입니다.

물론 포스코는 잘나가는 대기업으로 2021년 연간 순이익이 6조원이 넘는 회사입니다. 그러니 현재도 쌓고 있을 감가상각액과 순이익의 일부를 통해 교체비용을 충당하는 것이 문제는 아닐 터입니다. 문제는 포스코가 독점기업이 아니라는 점이지요. 세계에서 다른 철강회사와 경쟁을 벌이는데 수소환원제철에 들어가는 비용은 고스란히 원가 상승분이 되고, 이는 경쟁력이 떨어지는 원인이 될 수 있기 때문입니다.

이외에도 문제가 있습니다. 기존 용광로는 용광로 자체에서 일산화탄소나 이산화탄소 등의 부생가스가 발생합니다. 그래서 제철회사는 부생가스를 이용해서 자체적으로 전력을 만듭니다. 포스코의 경우 자체 사용 전력의 73%를 부생가스를 통해 해결합니다. 그런데 수소환원제철을 할 때는 부생가스가 거의 발생하지 않습니다. 그러니 제철소에서 사용하는 막대한 전기를 따로 공급받아야 합니다. 더구나 수소환원제철 방식이 더 많은 전력을 필요로 합니다. 현재 우리나라 전력사용 1위는 현대제철인데, 만약 포스코가 모든 용광로를 수소환원제철로 바꾸게 되면 가뿐하게 현대제철을 뛰어넘어 1위가 될 겁니다. 이렇게 막대한 전력을 화석연료발전소에서 이산화탄소를 발생시키며 만든 것으로 충당한다면 수소환원제철 방식을 택하는 의미가 상당 부분 사라지게 됩니다. 따라서 제철기업이 사용하는 전력을 재생에너지로 충당해야 합니다.

마지막으로 수소 문제가 있습니다. 결국 이산화탄소를 없애려고 수소를 쓰는 것인데 수소환원제철 방식에서 소비되는 양이 엄청납니다. 이 수소를 어떻게 공급하느냐도 상당한 문제가 됩니다. 현재 가장 많이 사용되고 있는 방식이 천연가스에서 수소를 뽑아내는 것으로, 이를 천연가스 개질(reforming) 방식이라고 합니다. 천연가스의 주성분인 메탄을 고온의 수증기와 반응시키면 수소가 만들어집니다. 그런데 이때 이산화탄소도 같이 발생합니다. 결국 이런 방식의 수소를 쓰는 것은 '눈 가리고 아웅'인 셈입니다. 이 수소는 재생에너지를 이용한 발전으로 만들어진 전기로 물을 분해하는 수전해 방식으로 만들어야 합니다.

하지만 현재 우리나라 재생에너지 발전량으로는 포스코가 요구하는 수소를 만들 만큼 충분하지 않습니다. 마찬가지로 포스코가 요구하는 수소환원제철 방식에 필요한 전력도 충분히 공급하기 힘들 것입니다. 따라서 상당 부분은 수입 수소에 의존하게 됩니다. 미국의 남부 건조지역, 중동과 북아프리카의 사막지역, 남아메리카의 사막과 건조지역 등에서의 태양광발전은 우리나라에 비해 효율이 3배 정도 높습니다. 이런 곳에 대규모 태양광발전 기업체를 건설하고, 그 전력으로 수전해수소를 만든 뒤, 이를 해상수송을 통해 수입하는 거지요. 그 수소를 환원제로도 사용하고, 또 발전에도 이용하는 것이

현실적인 대안일 겁니다. 이는 포스코뿐 아니라 이산화탄소 배출량이 많은 시멘트 산업이나 다른 산업 분야의 대기업도 적극적으로 검토 중인 방식입니다.

산업 부문 탈탄소 전략 2 _탄소포집 ⑥

시멘트 산업은 2019년 기준 한 해 동안 약 23억 톤의 이산화탄소를 배출해 전체 배출량의 7%를 차지하고 있습니다. 제철산업 다음이지요. 더구나 시멘트 산업은 건축 산업이 지속적으로 성장하면서 계속 커지고 있습니다. 국제에너지기구는 시멘트 산업이 2050년까지 12~23% 정도 성장할 것으로 예상하고 있죠. 우리나라의 경우 국내 소비량은 다소 성장세가 주춤하지만 대신 수출 물량이 차츰 늘어나고 있습니다. 시멘트 산업에서 배출되는 온실가스는 시멘트 원료인 석회석이 분해되는 과정에서 발생하는 가스가 약 60%를 차지하고 화석연료를 태울 때 발생하는 양이 40%를 차지합니다. 즉 산업공정에서 발생하는 양이 60%이기 때문에 화석연료를 다른 방식으로 대체한다고 해도 여전히 많은 양의 이산화탄소가 나올 수밖에 없습니다. 따라서 시멘트 산업의 경우 화석연료의 대체뿐 아니라 산업공정에서 발생하는 이산화탄소를 잡아 가두는 탄소포집기술도 활용해야만 합니다.

먼저 화석연료 연소에 의한 이산화탄소를 줄이기 위한 부문부터 살펴보겠습니다. 시멘트 업계에서는 연료로 사용하는 유연탄을 플라스틱 폐기물인 폐합성수지와 폐타이어로 대체하려는 시도를 다양하게 진행 중입니다. 이 방식도 온실가스를 일부 줄일 수 있는 장점이 없지는 않습니다. 또한 소각로에서 폐합성수지를 연소할 때 온도가 대단히 높아 일반적인 소각로보다 유해물질이 덜 나온다는 장점도 있습니다. 플라스틱 폐기물 중 많은 양이 재활용되지 않고 매립되는 것도 문제가 많으므로 어차피 소각할 바에는 시멘트 산업에서 활용하겠다는 것이죠.

특히나 시멘트 생산원가의 30%가 연료비인데 폐플라스틱과 폐타이어를 사용하면 이 비용도 줄일 수 있습니다. 타이어의 경우 타고 남은 재는 시멘트 원료 중 하나인 클링커(clinker)로도 쓸 수 있고, 타이어 안의 철심도 원래 시멘트를 만들 때 들어가는 철을 대신할 수 있어 유용합니다. 타이어 회사의 자료에 의하면, 폐타이어 재활용의 70% 정도가 이렇게 사용되고 있습니다. 또 반도체 공정의 화학물질 찌꺼기도 점토 등을 대신한 시멘트 원료로 재활용합니다. 또한 이렇게 소각하면 쓰레기 매립지 운영에도 숨통이 트일 것입니다. 매립할 걸 소각하는 거니까요.

하지만 이렇게 소각한다고 문제가 완전히 사라지지는 않습니다. 미세먼지 주성분인 질소산화물이 대량으로 생기는 게 가장 심각한 문제죠. 국내에서 질소산화물을 가장 많이 배출하는 분야가 시멘트 산업입니다. 화력발전소보다 더 많지요. 더구나 플라스틱 폐기물에는 염소 성분이 있습니다. 염소가 연소하는 과정에서 석회석에 포함된 칼륨과 결합해서 시멘트 킬른 더스트(Cement Kiln Dust, CKD)가 만들어지는데, 이 또한 유해물질이라 지정 폐기물로 등록되어 있습니다. 일반 폐기물과 달리 따로 처리해야 합니다. 그리고 가장 중요한 것이 과연 이산화탄소 발생량이 정말 획기적으로 줄어들 수 있냐는 것이죠. 유연탄의 경우 1kg당 이산화탄소가 2.27kg 발생합니다. 어떻게 유연탄 1kg에서 이산화탄소가 2.27kg 발생하는지에 대해 의문을 가질 수 있습니다. 이유는 탄소에 공기 중의 산소 두 개가 덧붙은 이산화탄소가 나오기 때문입니다. 탄소 원자 한 개는 질량비가 14이지만 이산화탄소 분자는 질량비가 46입니다. 당연히 더 많습니다. 폐합성수지의 경우 1kg 연소할 때 이산화탄소를 2.15kg 내놓습니다.[15] 물론 유연탄을 채굴하고 운반하는 과정에서 이산화탄소가 또 발생하니 이미 만들어진 폐기물을 연소하는 것이 전체적으로 보면 이산화탄소 발생량을 줄이는 것은 사실입니다. 그러나 이는 반쪽만 사실입니다. 또 하나 결국 플라스틱 자체도 앞으로는 연료가 아닌 원료로 재활용하는 방향으로 나갈 터이니 지속가능한 연료가 아닌 점도 있습니다. 결국 시멘트 산업에서 첫 번째 과제는 석회석을 포함한 원료를 높은 온도로 가열할 때 필요한 열에너지를 기존의 화석연료 대신 무엇을 사용할지 여부입니다. 이 부분은 결국 전기와 수소가 대안일 수밖에 없습니다. 물론 이는 시멘트 생산원가를 높이게 될 겁니다. 유연탄을 사용하는 것도 그 대안으로 폐플라스틱과 폐타이어를 사용하는 것도 사실 생산원가를 줄이기 위함이니까요.

그리고 또 하나 연료만 바꾼다고 이산화탄소 발생량을 줄일 수는 없습니다. 원료의 가공 과정 자체에서 이산화탄소가 발생하니까요. 이 부분에 대해서도 다양한 모색이 이루어지고 있습니다.

먼저 석회석 대신 산화칼슘을 함유한 산업부산물을 활용하는 방안입니다. 석회석, 즉 탄산칼슘을 시멘트, 즉 산화칼슘으로 바꾸는 것이 시멘트 산업의 핵심 공정인데 이미 산화칼슘이 포함된 물질을 사용하면 석회석의 사용량을 줄일 수 있고 결과적으로 이산화탄소 배출량을 줄일 수 있다는 것입니다. 이런 부산물로 대표적인 것이 석탄재입니다. 화력발전소에서 석탄을 연소하는 과정에서 만들어집니다. 또 하나 제철소의 용광로에서 부산물로 나오는 슬래그(slag)도 이용할 수 있습니다. 실제로 현재 사용 중입니다. 하지만 그렇다고 석회석, 즉 탄산칼슘을 아예 쓰지 않을 수는 없습니다. 거기다 화력발전소도, 제철소의 용광로도 앞으로 다른 방식으로 대체될 테니 원료 수급도 갈수록 힘들어지겠지요. 그래서 나온 대책이 탄소포집입니다. 즉 이산화탄소 발생을 막을 수 없다면 아예 발생하는 이산화탄소가 대기 중으로 빠져나가지 않게 모두 잡아버리자는 것입니다. 탄소포집은 시멘트 산업만 아니라 다른 영역에서도 다양하게 활용할 수 있으니 각국 정부도, 연구기관도 그리고 기업도 큰 기대를 가지고 연구와 개발에 매진하고 있습니다.

탄소포집

기존 화력발전소를 모두 없애고 재생에너지로만 전기를 만드는 것은 장기적으로 반드시 필요하지만, 당장 필요한 전기를 만들기 위해서는 당분간은 화력발전소를 운영할 수밖에 없습니다. 또 재생에너지에는 간헐성과 경직성이라는 문제가 있습니다. 미래에는 다양한 에너지 저장장치를 통해, 그리고 수소를 에너지원으로 사용해 이를 극복하기 위해 애쓰고 있지만 당분간은 이에 대한 대책으로 유연성이 뛰어난 LNG 발전소를 일정 비율로 운영할 필요가 있습니다.

또 제철산업, 석유화학 산업, 시멘트 산업처럼 제품을 만드는 과정에서 온실가스가 발생하는 산업 분야에서는 재생에너지 이용만 가지고 이산화탄소 발생을 막을 수는 없습니다. 그리고 이들 산업 분야는 현대 자본주의에서 핵심적인 부분이니 문을 닫거나 생산량을 줄이기도 쉽지 않습니다. 그래서 연구와 개발이 집중적으로 이루어지는 기술이 이산화탄소 포집, 이용, 저장기술(Carbon Capture, Utilization, and Storage, CCUS)입니다. 배출되는 이산화탄소가 대기 중으로 빠져나가지 못하도록 잡아두고 가능한 한 활용하고 나머지는 안전하게 저장하는 기술을 말합니다.

가장 먼저 필요한 것은 발생한 이산화탄소가 대기 중으로 빠져나가지 못하도록 거둬들이는 기술입니다. 화석연료를 태우는 과정에서 발생하는 배기가스나 산업공정에서 발생하는 가스에는 질소와 이산화탄소, 수증기가 가장 많습니다. 질소는 공기 중에 가장 많이 있는 기체인데 연소 과정에서 들어왔다가 배출됩니다. 이산화탄소는 연소 과정과 공정에서 발생하고, 수증기 또한 다양한 경로로 만들어집니다. 그 밖의 배출가스에는 소량이지만 일산화탄소나 황화합물, 질소산화물 등이 포함되어 있습니다. 이 중 미세먼지나 황화합물은 필터 등으로 걸러낼 수 있고 지금도 분리하고 있습니다. 수증기는 온도를 낮추면 물(액체)이 되니 이 또한 걸러내는 것이 크게 어렵지 않습니다. 그러나 이산화탄소와 질소가 문제입니다. 둘 다 화학적으로 대단히 안정적인 물질이고 액화하기도 어렵습니다. 그래서 이산화탄소 포집에서 핵심적 기술은 이 두 기체를 분리하는 것입니다. 현재 개발된 방법은 언제 분리하느냐에 따라 크게 연소 후 포집기술과 연소 전

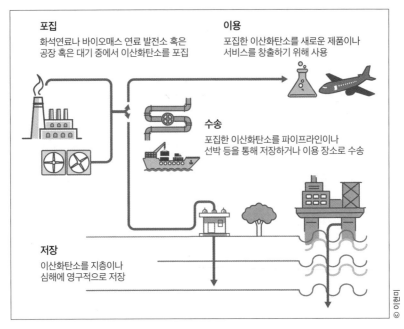

그림 49 탄소포집 이용 및 저장기술 개요도(참조: https://www.iea.org)

포집기술, 연소 중 포집기술로 나눌 수 있습니다.

연소 후 포집기술은 주로 화석연료를 사용하는 곳, 즉 석탄발전소 등에서 주로 사용하고 있습니다. 대표적인 것은 화학흡수기술입니다. 질소나 이산화탄소는 다른 물질과 화학반응이 잘 이루어지지 않습니다. 하지만 질소보다는 이산화탄소가 다른 물질과 반응하는 정도가 아주 조금이지만 더 높습니다. 질소와는 거의 반응하지 않지만 이산화탄소와는 좀 더 반응하는 에탄올아민(ethanolamine) 화합물 같은 액체물질을 이용합니다.

배기가스 중 이물질을 필터로 걸러내고 다시 온도를 낮추어 물을 빼냅니다. 그러면 이산화탄소와 질소만 남게 됩니다. 이 혼합 기체를 에탄올아민 등의 액체에 통과시키면 이산화탄소만 결합해서 남고 질소는 그냥 빠져나갑니다. 이 방식은 수십 년 전에 개발되어 현재 발전소나 이산화탄소가 다량 발생하는 공장 등에서 사용하고 있습니다. 그러나 이 경우 이산화탄소 포집 과정에서 다량의 에너지를 사용한다는 문제가 있습니다. 비용이 많이 든다는 이야기지요. 그래서 연소 전 포집기술이 필요합니다. 일반적으로 석탄이나 석유 등을 태울 때 필요한 산소는 모두 공기를 이용했습니다. 공기에는 질소가 약 3분의 2, 산소가 3분의 1 비율로 섞여 있습니다. 이 중 산소는 연소 과정에서 탄소와 결합해 이산화탄소가 되지만 질소는 거의 대부분 아무 반응을 하지 않고―일부는 고온에서 산소와 반응해 질소화합물을 만듭니다―남습니다. 그래서 배기가스에는 원래 공기에 있던 질소와 연료가 타면서 만들어낸 이산화탄소가 섞여 있어서 이 둘을 분리하기가 쉽지 않습니다. 순산소 분리기술은 연소가 일어나기 전 공기에서 질소를 미리 분리하는 것을 말합니다. 이렇게 되면 거의 순수한 산소만으로 연료를 연소시키니 배기가스에는 질소는 없고 수증기와 이산화탄소만 남게 됩니다. 따라서 수증기만 액화시키면 고순도의 이산화탄소를 얻을 수 있습니다. 주로 석탄 기반 발전소와 시멘트 공장에서 현재 시범적으로 운영 중입니다.

두 번째는 연소 후 분리기술의 일종인 분리막 기술입니다. 분리막은 아주 가는 긴 호스 모양으로, 배기가스가 이 호스 안을 통과하게 됩니다. 이 과정에서 이산화탄소는 분리막 바깥으로 빠져나가지만 질소는 나가지 못해 자연히 분리됩니다. 바이오 가스나 합성가스 연소에서는 이미 사용되고 있고 석탄발전소용 분리막 기술은 현재 개발 중입니다. 이 방식은 에너지가 거의 들어가지 않기 때문에 비용이 굉장히 낮고 환경오염물질을 만들어내지 않는다는 장점까지 있습니다. 하지만 아직 효율이 좋지 못해서 상용화가 늦어지고 있지요.

이외에도 칼슘을 이용한 칼슘루핑(Calcium Looping)도 있습니다. 시멘트 산업에서 가장 큰 관심을 보이는 기술입니다. 먼저 시멘트 원료에 함유된 소석회(CaO)가 있는 탄산화기에 배기가스를 통과시키면 이산화탄소가 소석회와 결합하여 탄산칼슘을 만듭니다. 질소는 그냥 빠져나갑니다. 이 탄산칼슘을 다시 소성로로 옮겨 고온으로 가열하면 소석회와 이산화탄소로 분리됩니다. 이때 질소가 제거된 순수 산소를 이용하면 질소가 없기 때문에 순수한 이산화탄소만 얻을 수 있습니다. 여기서 생성된 소석회는 다시 탄산화기로 옮겨 재사용할 수 있습니다.

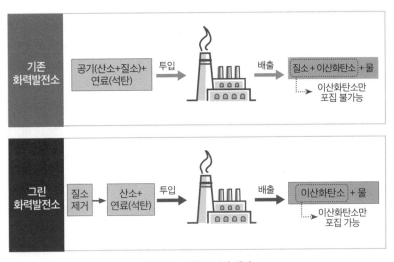

그림 50 순산소 분리 개념

이산화탄소의 이용과 저장

이렇게 포집한 이산화탄소는 이제 다른 용도로 사용하거나 아니면 영구히 저장하게 됩니다. 이산화탄소를 활용하는 방법 중 하나는 연료로 만드는 것입니다. 재생에너지로 생산한 수소와 이산화탄소를 합성해 메탄을 만드는 것이죠. 우리나라에서도 한국전력연구원 등이 2020년에 미생물을 이용하여 메탄을 만드는 기술을 개발하는 데 성공했고, 현재 실제 사용 가능한지 실증작업 중입니다. 비슷한 연구가 독일이나 덴마크에서도 이루어지고 있습니다. 또 다르게는 빛을 이용해 화학반응을 촉진하는 광촉매를 이용해서 연료를 만드는 방법도 개발 중입니다. 광촉매법을 이용하면 수소 대신 물을 사용해서 메탄이나 에탄 같은 물질을 만들 수 있습니다.

식물의 광합성을 이용하는 방법도 개발 중입니다. 식물은 광합성을 통해 물과 이산화탄소로 포도당과 산소를 만듭니다. 이를 응용해서 포집한 이산화탄소로 물속에 사는 조류(algae)[16]를 대량생산하고 이들이 만든 포도당으로 바이오 연료를 만드는 방법이죠.

또 이산화탄소로 연료가 아니라 에틸렌 카보네이트(ethylene carbonate)[17]나 폴리우레탄(polyurethane)[18]과 같은 고분자 원료를 만들기도 합니다. 일본의 아사히 카세이사가 에틸렌 카보네이트를 만드는 데 성공하여 제품화했고, 유럽연합의 코베스트로는 폴리우레탄 합성에 성공했습니다. 우리나라는 그린케미칼에서 알킬렌 카보네이트(alkylene carbonate)를 만들었고, SKI는 폴리프로필렌 카보네이트(polypropylene carbonate)[19]를 합성하는 데 성공하여 상용화 직전에 있습니다.

이산화탄소는 배기가스에만 포함된 것이 아닙니다. 철광석을 제련

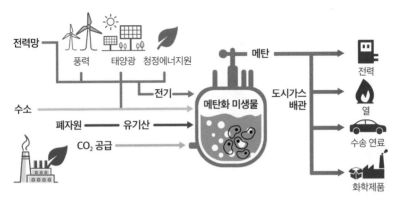

그림 51 이산화탄소로 메탄을 만드는 방법

하거나 시멘트를 만드는 과정에서 슬래그가 발생하는데 여기에도 이산화탄소가 포함되어 있습니다. 슬래그는 이미 고체화되어 있기 때문에 기체 상태인 배기가스보다 오히려 활용하기가 쉽습니다. 먼저 슬래그에서 다른 물질을 빼내고 탄소만 남깁니다. 나무를 태워 숯을 만드는 것과 비슷한 과정입니다. 탄화된 슬래그로는 시멘트를 대신할 수 있는 건설자재를 만들거나 시멘트와 결합하여 콘크리트를 만듭니다. 미국 실리콘밸리의 스타트업 칼레라사나 솔리디아, 캐나다의 카본큐어사 등이 이를 개발했습니다. 또는 이를 원료로 탄산칼슘이나 중탄산나트륨 등의 무기화합물을 만드는 기술도 개발되어 실증중입니다. 우리나라의 경우 대우건설과 고등기술연구원이 탄화된 슬래그를 이용하여 탈황석고를 만드는 연구를 진행 중입니다.

하지만 이렇게 이산화탄소를 메탄이나 에탄으로 바꿔서 사용하는 방법에 대해 문제점을 지적하는 사람들도 많습니다. 대기 중으로 빠져나가는 이산화탄소를 활용한다는 측면에서는 바람직하지만 메탄이나 에탄이 연소될 때도 역시 이산화탄소는 발생합니다. 또 그 과정에서 발생하는 이산화탄소를 다시 포집해야겠지요. 그런데 포집 및 가공 과정 자체도 에너지가 들어가고 당연히 이산화탄소가 발생합니다. 따라서 이산화탄소 발생량을 줄이겠다는 애초의 목표에는 한참 미치지 못하는 결과를 낳을 수도 있습니다.

폴리우레탄이나 에틸렌 카보네이트 같은 원료물질을 만드는 것도 마찬가지입니다. 이런 제품도 제조와 사용 중에 또 사용 후 폐기 과정에서 이산화탄소가 배출됩니다. 즉 이산화탄소 발생 시기를 늦출 뿐 아예 없애는 것이 아닙니다. 물론 이런 기술이 의미가 없는 것은 아닙니다. 어차피 사용해야 한다면 기존의 석유나 천연가스를 이용하는 것보다 배출된 이산화탄소를 재활용하는 편이 낫습니다. 하지만 이는 어쩔 수 없이 이산화탄소를 배출할 수밖에 없다는 전제에서 나오는 결론입니다. 열에너지가 필요할 때 이산화탄소를 포집해 만든 메탄이나 에탄보다는 재생에너지를 이용하는 것이 좀 더 적극적인 대안입니다. 물론 이산화탄소를 이용해 친환경 시멘트 등 건축자재로 재활용한다면 사정이 조금 다릅니다. 이런 건축자재는 오랜 기간 동안 상태를 유지하니 이산화탄소를 보관할 수 있는 꽤 좋은 방법입니다. 따라서 불가피하게 발생하는 이산화탄소는 포집 후 안전하게 저장하는 것이 오히려 기후위기 대응에는 더 좋은 대안일 수 있다는 것이 환경단체 등의 주장입니다.

이산화탄소는 어떻게 저장할까

그러면 이산화탄소를 저장하는 방법에는 무엇이 있을까요? 기체 상태의 이산화탄소는 부피가 아주 크니 아주 높은 압력을 주어 액체로 만듭니다. 물론 온도를 -44도 정도로 낮춰도 액화되기는 하지만 1~2년 저장할 것도 아니고 수백 년 동안 계속 낮은 온도를 유지하려면 비용이 너무 많이 듭니다. 그래서 높은 압력으로 액체 상태로 만들고 이후에도 압력을 통해 액체 상태를 유지하는 것이 가장 현실적인 방법입니다. 이 액체 이산화탄소를 저장하려면 따로 에너지를 공급하지 않아도 높은 압력 상태가 유지되는 장소이어야 합니다. 가장 쉽고 편한 방법은 지하 깊숙한 곳에 묻는 것입니다. 지하 800m보다 깊은 곳에서는 지층의 압력에 의해 이산화탄소가 액체 상태를 유지할 수 있기 때문입니다. 이를 지중 저장이라고 합니다.

물론 이산화탄소가 새어나오지 않을 만한 장소이어야 하는데 가장 좋은 곳은 석유나 천연가스가 매장되었던 곳입니다. 석유나 천연가스가 오랜 시간 동안 묻혀 있었다는 것은 다른 곳으로 빠져나가지 못했다는 뜻이니 이산화탄소를 집어넣어도 빠져나가지 않습니다. 석유나 천연가스를 다 퍼낸 곳에 액체 상태의 이산화탄소를 주입하고 단단히 봉하는 방법은 외국에서 이미 개발하여 사용 중입니다. 하지만 우리나라의 경우 석유나 천연가스가 아예 매장된 곳이 없으니 선택 가능하지 않습니다.

대안으로 연구되는 장소는 심부 대염수층입니다. 대수층이란 지층에서 물을 품고 있는 곳을 말합니다. 즉 지하수가 있는 곳이죠. 그중 대염수층이란 지하수에 소금이 녹아 있는 곳입니다. 심부 대염수층이란 지하 깊은 곳의 소금물이 있는 지층입니다. 지하수가 고여 있다는 것은 다른 곳으로 빠져나가지 못함을 의미합니다. 그러니 액체 상태의 이산화탄소도 빠져나갈 수 없습니다. 그리고 염수, 즉 소금물이니 음용수나 농사용으로 사용할 수도 없습니다. 깊은 곳이니 압력 때문에 이산화탄소가 기화되지도 않습니다. 그래서 이산화탄소 저장에 알맞다는 것이 전문가들의 주장입니다. 천연가스나 석유매장층과는 달리 전 세계에 수없이 분포해 있으며 우리나라에도 존재합니다.

또 하나 지하 아주 깊은 곳에 있어 채굴 채산성이 낮은 석탄층에 주입하는 것도 검토되고 있습니다. 석탄은 퇴적되는 과정에서 물이 나 기타 물질이 빠져나가면서 아주 작은 구멍이 많이 나 있습니다. 주입된 이산화탄소는 이 구멍에 흡착되어 안정적으로 보관 가능합니다. 그 외에도 반응성이 높은 암석층에 이산화탄소를 주입하면 화학 반응을 통해 광물이 되므로 이를 이용하려는 시도도 있습니다.

직접 포집

탄소포집의 또 다른 방법으로 공기 중의 이산화탄소를 직접 포집 하는 기술(Direct Air Capture, DAC)이 있습니다. 대표적으로 스위스의 스타트업 클라임웍스가 있습니다. 클라임웍스는 흡입기로 공기를 빨아들인 뒤 흡착제가 있는 필터로 이산화탄소만 모읍니다. 현재 클라임웍스가 아이슬란드에 건설 중인 공장에서는 이렇게 모은 이산화탄소를 탄산염광물로 바꾼 뒤 이를 지하에 묻을 예정입니다. 그 외에 캐나다의 카본엔지니어링과 미국의 글로벌서모스탯도 공장을 세워 운영 중입니다. 공기 중의 이산화탄소를 포집해서 묻으면 그만큼 이산화탄소 농도가 낮아지니 이 또한 의미가 아주 없지는 않지요. 그럼, 수익은 어떻게 생길까요? 이들 공장은 판매 가능한 제품을 만들지 않습니다. 이산화탄소를 포집해 묻는 공장이니 팔 것이 없습니다. 일부 이산화탄소를 재활용한다고 하더라도 비용보다 매출이 더 적습니다.

그럼, 이익 창출은 어디에서 나올까요? 이 회사의 비즈니스 모델은 두 가지입니다. 하나는 각국 정부 등에 이 공장과 같은 시스템을 판매하는 것입니다. 즉 아이슬란드의 공장이 하나의 모델이 되고, 이 플랜트를 수출한다는 것입니다. 또 다른 수익 창출원은 일종의 구독 모델입니다. 즉 이산화탄소를 제거한 증명을 판매하는 거죠. 탄소배출권 거래제나 신재생에너지 생산증명처럼 이산화탄소를 감축했다는 증명을 판매하는 것입니다. 이 증명을 구입한 회사나 국가는 그만큼 이산화탄소를 배출해도 된다는 권리를 가질 수 있습니다. 혹은 개인이 이산화탄소 감축에 실질적인 도움을 주었다는 증명서로 수익과 관계없이 구입할 수도 있습니다. 실제로 독일의 자동차회사 아우디와 미국의 음료회사 스트라이프 등이 계약을 체결했습니다.

그러나 이러한 탄소포집·이용·저장기술에 대한 비판 또한 만만치 않습니다. 실제 이 과정을 통해 줄일 수 있는 이산화탄소의 양이 인간이 배출하는 양에 비해 너무 적어서 큰 의미가 없다는 것이 첫 번째 문제제기입니다. 두 번째는 일종의 그린워싱(greenwashing)으로 사용된다는 것입니다. 이렇게 탄소를 포집했으니 그만큼 이산화탄소를 배출해도 되는 것 아니냐는 식으로 대응한다면 결국 이산화탄소 배출량이 줄어들지 않는다는 겁니다. 실제로 탄소포집 관련 기업을 운영하는 사람들도 집에 물이 넘치면 수도꼭지를 잠그는 게 우선이지 퍼내는 일에 몰두하면 안 된다는 비유를 들면서 가장 중요한 것은 배출량을 줄이는 것이고, 그다음으로 어쩔 수 없는 경우에만 포집을 고려해야 한다고 이야기합니다. 배출을 전제로 포집을 생각하면 안 된다는 것이죠.

핵융합발전 7

과학기술이나 기후위기에 관심 있는 이들은 핵융합에 대해 들어본 적이 있을 겁니다. 대다수 과학자들이 에너지 문제에 대한 게임 체인저가 될 것으로 꼽기도 하고, 또 다르게는 가능할지에 대해 회의적인 기술이라고 말하기도 합니다. 우리나라와 미국, 유럽, 일본 등의 나라에서 거대한 규모의 투자가 이루어지고 있는 분야이기도 하고요. 핵융합발전에 대해 살펴보도록 하죠. 핵융합의 가장 대표적인 사례는 태양입니다. 태양은 근 50억 년 동안 매초마다 엄청난 양의 빛에너지를 내뿜고 있습니다. 태양의 빛에너지는 아주 일부만이 지구에 도달하는데 그 빛에너지 중 아주 적은 양만으로도 지구에 사는 모든 생물이 생명을 유지하고 있습니다. 이론적으로 그중 아주 일부만 가지고 태양광발전을 해도 인간에게 필요한 모든 에너지를 감당할 수 있을 정도입니다. 앞으로도 계속 태양은 무지막지한 에너지를 내뿜을 겁니다. 이게 가능한 것이 바로 핵융합 때문입니다.

태양을 구성하는 원소의 75%는 수소이고 나머지 25%는 헬륨(helium)입니다. 둘 말고 나머지 원소는 아주 미량에 불과합니다. 또 태양은 아주 거대합니다. 지름이 지구의 109배에 달하고 부피는 100만 배가 넘습니다. 태양계 전체 질량의 99% 이상을 차지하고 있습니다. 이렇게 크다 보니 중력도 어마어마합니다. 태양을 구성하는 수소와 헬륨을 중심으로 중력이 끌어당기고 있습니다. 그래서 태양의 중심, 즉 핵은 기체 상태 혹은 플라스마(plasma) 상태이지만 지구 표면에 비해 2,600억 배나 더 압력이 큽니다. 세상에서 가장 가벼운 원소인 수소와 헬륨이 모여 있는 데도 밀도가 철보다 20배나 더 큽니다. 이렇듯 압력과 밀도가 높다 보니 수소와 헬륨이 서로 부딪치면서 온도도 높아져 약 1,500만 도에 이릅니다. 또 워낙 온도가 높아 수소와 헬륨의 전자들이 원자핵의 속박에서 떨어져 나와 있습니다. 이렇게 원자핵과 전자가 분리된 상태를 플라스마라고 합니다.

이런 조건에서 수소의 원자핵이 충돌하면서 헬륨의 원자핵이 되는 핵융합 반응이 일어납니다. 수소의 원자핵은 양성자 한 개뿐이고 헬륨의 원자핵은 양성자 두 개, 중성자 두 개로 이루어져 있습니다. 즉 몇 차례의 충돌에서 양성자 하나짜리 수소 네 개가 모여 양성자 두 개, 중성자 두 개의 헬륨이 됩니다. 이는 충돌 과정에서 양성자 두 개가 중성자로 바뀐다는 의미인데 이때 질량의 일부가 빛에너지로 전환됩니다. 이런 핵융합이 50억 년에 이르는 긴 시간 동안 매초 막대한 에너지를 내놓을 수 있게 하는 핵심적인 이유입니다.

20세기 초 과학자들이 이 사실을 알게 됩니다. 당연히 핵융합을 인위적으로 만들 수 있다면 막대한 에너지를 얻을 수 있겠다는 생각을 하지요. 그리고 성공합니다. 바로 수소폭탄이지요. 실전에서는 한번

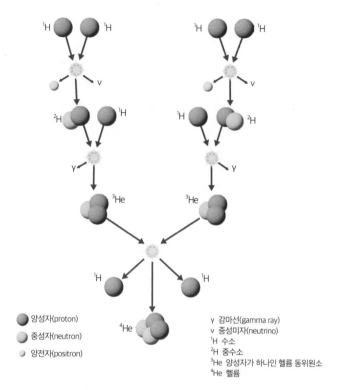

양성자(proton)
중성자(neutron)
양전자(positron)

γ 감마선(gamma ray)
ν 중성미자(neutrino)
¹H 수소
²H 중수소
³He 양성자가 하나인 헬륨 동위원소
⁴He 헬륨

그림 52 태양에서 일어나는 핵융합의 한 예

도 쓰인 적이 없지만 수소폭탄 실험은 성공적이었습니다. 태양처럼 수소가 핵융합을 하면서 만들어내는 막대한 에너지를 이용한 폭탄입니다. 핵분열을 이용한 원자폭탄이 개발되어 첫 실험에 성공한 1945년에서 얼마 지나지 않은 1952년 수소폭탄 실험에 성공합니다. 하지만 원자폭탄과 동일한 핵분열 원리를 이용하는 원자력발전소가 20세기 중반에 가동될 수 있었던 데에 비해 핵융합발전은 아직 갈 길이 멀어 보입니다.

그런데 원자력발전과 핵융합발전이 서로 비슷한 것 아니냐는 오해가 있습니다. 둘 다 핵에너지를 쓴다고 표현하기 때문입니다. 그래서 이 둘의 공통점과 차이점에 대해 살펴보도록 하겠습니다. 일단 공통점은 둘 다 질량이 줄어들면서 에너지가 만들어진다는 점입니다. 즉 아인슈타인(Albert Einstein, 1879~1955)의 특수상대성이론에서 가장 유명한 식인 $E = mc^2$의 원리를 이용한다는 것이죠.[20] 하지만 딱 여기까지만 같고 나머지는 다 다릅니다.

먼저 원자력발전은 핵융합발전과 반대로 우라늄의 원자핵이 분열하면서 만들어지는 에너지를 이용합니다. 따라서 연료로 우라늄을 사용합니다. 자연 상태의 우라늄으론 발전을 하기가 힘들어 농축한 우라늄 연료봉을 이용합니다. 이 연료봉의 효율이 낮아지면 원자로에서 빼내는데, 이를 폐연료봉이라고 합니다. 그러나 이 폐연료봉은 여전히 핵분열을 하고 있기 때문에 굉장히 유독한 방사선을 계속 내놓고, 핵분열 과정에서 발생하는 열 때문에 온도도 굉장히 높습니다. 그래서 지속적으로 식히면서 관리해야 합니다. 그런데 우라늄과 기타 폐연료봉의 방사능 물질은 반감기(半減期)가 엄청나게 깁니다. 최소한 1만 년 정도를 관리해야 합니다. 폐연료봉을 어떻게 오랜 시간 동안 관리할지가 원자력발전의 가장 큰 문제라고 할 수 있습니다.

이에 비해 핵융합발전은 중수소를 이용해서 헬륨을 만들고 이 과정에서 나오는 에너지를 이용하죠. 중수소나 헬륨은 방사능을 내지 않거나 내놔도 아주 적은 양이기 때문에 핵폐기물을 걱정할 필요가 없습니다. 물론 핵융합 과정에서도 삼중수소라는 방사성 물질이 나옵니다. 하지만 삼중수소는 반감기가 약 12.3년으로 아주 빠르게 붕괴하기 때문에 방사능 오염이 발생할 우려가 거의 없습니다. 또 이 삼중수소에 의한 중·저준위 핵폐기물이 일부 나오긴 하지만 그 양도

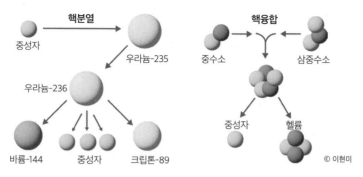

중성자 · 핵분열 · 우라늄-235 · 우라늄-236 · 바륨-144 · 중성자 · 크립톤-89

핵융합 · 중수소 · 삼중수소 · 중성자 · 헬륨 · © 이현미

그림 53 핵분열과 핵융합의 기본 개념(참조: https://www.jagranjosh.com)

적고 큰 문제가 되지 않습니다.

두 번째 원자력발전은 폭발의 위험성이 아주 크고, 폭발이 일어나면 뒷감당이 안 된다는 문제가 있습니다. 우라늄이 핵분열을 하는 과정에서 에너지와 함께 중성자도 나옵니다. 이 중성자는 주변 우라늄과 충돌하면서 다시 핵분열을 일으킵니다. 연쇄반응이 일어나는 것이죠. 일상적인 상태의 원자력발전소는 이 연쇄반응 속도를 적절히 제어하면서 발전을 합니다만 만약 사고가 생겨 연쇄반응을 제어하지 못하면 괴멸적인 파괴가 일어납니다. 빠른 연쇄반응 과정에서 에너지가 폭발적으로 발생하고 이에 따라 원자로 온도가 아주 높아지고, 연료봉이 녹아버립니다. 연료봉이 녹으면 핵분열이 더 빠르게 일어나면서 폭발합니다. 마치 원자폭탄이 터지는 상황과 비슷합니다. 일본 후쿠시마 원전사고나 러시아 체르노빌 원전사고 등이 바로 이렇게 일어난 것입니다. 사고의 후유증도 엄청 납니다. 체르노빌은 사건이 발생하고 37년이 지났는데 아직도 방사능이 남아 있어 사람이 살수 없습니다.

반면 핵융합발전은 반대입니다. 핵융합이 이루어지기 위해서는 고압과 고온의 조건에서 아주 미세한 조절이 필요합니다. 그런데 고장이 나면 고온과 고압을 유지할 수 없게 됩니다. 그러면 핵융합이 중단됩니다. 마치 계속 전기를 공급해야 움직이는 기계가 전기가 끊기면 멈춰 서는 것과 같습니다. 그리고 사고가 나도 고준위 핵폐기물 자체가 없으니 후유증도 없습니다. 물론 사고의 위험성이야 항상 있겠습니다만 그 사고가 원자력발전소처럼 치명적인 결과를 낳을 일은 없지요.

세 번째로 원자력발전의 연료인 우라늄의 경우 매장량에 한계가 있고 또 경제성 있는 광산은 일부 국가에 제한되어 있습니다. 더구나 채굴 과정과 농축 과정에서 다양한 환경오염 문제를 낳습니다. 그래서 우라늄 생산량은 카자흐스탄, 캐나다, 호주가 전 세계 생산량의 70%를 차지합니다. 또한 우라늄을 농축하는 회사는 미국과 영국, 프랑스, 러시아, 중국 정도에만 있습니다. 우라늄 농축 자체가 핵무기를 만드는 기반이 되므로 대부분의 나라에서는 우라늄 농축이 제한됩니다. 반면 핵융합발전의 연료는 중수소나 삼중수소입니다. 중수소는 원자핵에 양성자와 중성자가 하나씩 있는 수소 동위원소이고, 삼중수소는 양성자 하나와 중성자 둘이 있는 수소 동위원소입니다. 물은 원래 수소 둘과 산소 하나로 이루어진 분자죠. 물 중 낮은 비율이지만 수소 대신 중수소나 삼중수소가 결합한 경우가 있습니다. 그리고 바다는 원래 물이니 중수소나 삼중수소도 전 세계 바다에서 쉽게 얻을 수 있습니다. 이론적으로 인류가 사용하는 모든 에너지를 핵융합발전으로 얻는다고 하더라도 수백만 년 동안 써도 다 못 쓸 정도로 무궁무진합니다. 연료에 대한 걱정은 전혀 없는 거지요. 방사능도 별로 없고 연료도 무제한인 핵융합발전을 아직도 상용화하지 못하는 이유는 무엇일까요? 가장 큰 문제는 아주 높은 온도가 요구된다는 점입니다. 태양의 경우 압력이 지구 표면에 비해 2,600억 배로 아주 높습니다. 밀도도 아주 높고요. 이런 압력과 밀도 조건에서는 1,500만 도에서도 핵융합이 일어납니다. 그러나 지구에서 이 정도의 높은 압력과 밀도를 만들려면 엄청난 에너지를 들여야 합니다. 핵융합

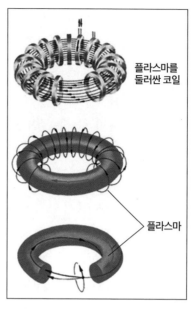

그림 54 토카막 내부의 플라스마를 자기장으로 제어하는 구조 (출처: Wikipedia)

으로 만드는 에너지보다 소요되는 에너지가 더 크니 경제성이 없습니다. 하지만 압력과 밀도를 높이는 대신 온도를 1억 도 정도로 올리면 지구에서도 핵융합이 일어납니다.

1억 도가 되면 중수소는 원자핵과 전자가 분리된 플라스마라는 가스 상태가 됩니다. 그런데 1억 도의 중수소 플라스마를 담을 물질이 지구 어디에도 없다는 게 문제입니다. 다 녹아버리죠. 1억 도의 온도를 견딜 물질이 없기 때문에 플라스마를 공중에 띄우고 다룰 수밖에 없습니다. 플라스마는 앞서 이야기한 것처럼 원자핵과 전자가 분리된 상태입니다. 원자핵의 양성자는 + 전기를 띠고 전자는 − 전기를 띱니다. 이렇게 전기를 띠는 물질은 자기장으로 방향을 제어할 수 있습니다. [그림 54]처럼 플라스마를 둘러싼 코일에 전류가 흐르면 주

변에 자기장이 형성됩니다. 그 안에 든 플라스마는 자기장의 영향으로 도넛 모양으로 회전합니다. 이렇게 도는 플라스마에 외부에서 계속 에너지를 공급하면 온도가 점점 올라가고 1억 도 이상이 되면 핵융합이 일어납니다.

여기서 기술적 난제는 1억 도까지 올린 온도를 안정적으로 유지하는 것입니다. 아주 어렵습니다. 이 분야에서 가장 앞서가는 곳이 우리나라의 한국핵융합에너지연구원(KFE)입니다. 실험용 핵융합로인 k스타(KSTAR)에서 2022년에 1억 도를 30초간 유지했는데 전 세계에서 가장 오랜 시간을 유지한 것입니다.[21] 한국핵융합에너지연구원은 2025년까지 300초를 버티는 것을 목표로 하고 있습니다. 5분이죠. 그런데 핵융합발전이 상업적으로 가치를 가지려면 이보다 훨씬 오래 유지해야 하니 아직 갈 길이 멀어 보입니다.

핵융합을 상용화하려면 또 하나 '융합에너지 이득계수' 문제를 해결해야 합니다. 간단히 말해서 핵융합로를 1억 도로 유지하는 데 필요한 에너지와 핵융합으로 얻어지는 에너지 사이의 비율입니다. 인풋보다 아웃풋이 많아야 의미가 있죠. 그런데 이 값이 아직 1이 되지 않습니다. 즉 들어가는 에너지가 만들어지는 에너지보다 더 많습니다. 현재 다른 발전 방식과 비교하면 들어가는 에너지보다 만들어지는 에너지가 22배 정도 더 많아야 경제성이 있습니다. 물론 1억 도를 유지하는 시간이 길어지면 길어질수록 이 이득계수가 높아지긴 하겠지만 이 또한 쉽게 해결하기 힘든 문제입니다.

그렇다면 이렇게 개발하기 힘든 핵융합발전을 전 세계가 나서서 연구하는 이유는 무엇일까요? 온실가스가 문제라면 태양광발전이나 풍력발전 같은 재생에너지를 이용하면 될 텐데 말이지요. 가장 중요한 이유는 전력사용량이 계속 증가하고 있다는 겁니다. 우리나라만 보면 21세기 들어 매년 전기사용량이 2~3% 정도씩 증가하고 있습니다. 2050년쯤이면 현재 전기사용량의 2.5배에서 3배 정도 증가할 겁니다. 전 세계적으로도 전기사용량은 꾸준히 증가하고 있습니다.

물론 저전력 기술 등을 통해 사용량을 줄이는 노력도 중요하지만 이런 증가량을 재생에너지만으로 감당하는 것은 단기적으로는 가능하겠지만 장기적으로는 쉽지 않습니다. 당장 태양광발전을 하려면 패널을 펼칠 공간이 필요하니 무한정 넓은 땅을 확보해야겠죠. 또 풍력발전을 한다 하더라도 한계가 있게 마련입니다. 육지에서 너무 멀면 생산한 전기를 가져올 송전망을 길게 만들어야 하는데 그 또한 비용이 많이 들고 기술적으로도 쉽지 않으니까요.

반복하지만 재생에너지는 간헐성 문제와 경직성 문제에서 한계가 있습니다. 물론 이를 해결하기 위해 수전해 시설을 갖추고 에너지 저장장치를 확보하고 스마트 그리드를 구축하는 등의 대안이 있기는 합니다. 하지만 핵융합발전이 가능해지면 이런 수고를 하지 않아도 됩니다. 핵융합발전 시설은 다른 발전 방식에 비해 안전하고 또 환경오염을 일으키지 않으니 전기를 대량으로 소비하는 지역마다 설치하고 안정적으로 전기를 공급할 수 있습니다. 설치 면적도 원자력발전소보다 작습니다. 기존 화석연료 발전과 재생에너지가 가지는 문제 모두를 해결할 유력한 대안이라 할 수 있습니다.

그러나 현재 핵융합발전은 아무리 빨라도 2050년 이전까지는 상용화가 어려우니 기후위기에 대한 대안이 될 수는 없습니다. 즉 핵융합발전을 기대하며 당장의 재생에너지 확대를 미룰 수는 없다는 것이죠. 현재 주요 국가들이 모여 프랑스에 국제 핵융합 실험로

(International Thermonuclear Experimental Reactor, ITER)를 건설하고 있습니다. 2025년이면 국제 핵융합 실험로가 가동할 것이고 2035년에는 본격적으로 운전이 시작됩니다. 목표대로 이루어지면 2050년대에는 전력을 공급하기 시작합니다. 우리나라의 경우 2035년에 '융합에너지 이득계수' 10을 달성하고 실증로를 건설할 계획입니다.[22] 이 계획이 순조롭게 이루어지면 2045년에 가동할 수 있습니다. 실증로가 제대로 가동되면 본격적인 핵융합발전이 시작됩니다. 계획대로 된다면 기후위기를 극복한 인류에게 선물이 주어지는 것이라 할 수 있습니다.

또 하나 우주에서의 태양광발전도 흥미로운 주제입니다. 햇빛은 지표면에 닿기 전 대기 중에서 약 30%가 흡수됩니다. 즉 나머지 70%만 지상에 도달하지요. 거기다 밤에는 아예 전기를 생산할 수 없고, 아침이나 저녁에는 대기층을 통과하는 길이가 길어지다 보니 흡수되는 비율도 높습니다. 그래서 발전 가능한 양이 한낮의 30~50% 수준입니다. 또 흐린 날이나 비 오는 날에도 효율이 떨어집니다. 그래서 태양광발전의 경우 이론적 발전량의 15% 정도의 전력만 생산할 수밖에 없습니다. 하지만 지구 대기권 밖에 태양광발전소를 설치하면 지상에서의 감소요인이 해결되겠죠. 대기에 의한 태양광 흡수도 없고, 하루 24시간 발전이 이루어지는 데다 날씨에 의한 감소요인이 없습니다. 그래서 같은 면적에서 대략 지상 태양광발전에 비해 10배 정도의 전력을 생산할 수 있습니다.[23]

이보다 중요한 점은 24시간 내내 안정적인 발전이 가능하다는 점입니다. 재생에너지의 가장 큰 단점으로 꼽히는 간헐성이 없다는 겁니다. 여기에 한곳으로만 전력을 보내는 것이 아니라 수시로 필요한 곳에 전력을 공급할 수 있습니다. 송배전망의 한계를 극복할 수 있죠. 예를 들어 수도권에 전력이 부족하면 수도권으로, 강원도나 영남 지역에 전력이 부족하면 그쪽으로 보내면 됩니다. 이를 확장하면 다른 나라로 전력을 공급하는 것 또한 아주 수월하죠. 물론 전 세계적 네트워크가 갖춰지면 가능하지만 그렇지 않더라도 우리나라 인근 국가로는 어디든 가능합니다.

　더구나 이를 연구하는 나라들은 우주 태양광발전의 군사적 사용에도 주목하고 있습니다. 미국의 경우 전 세계 곳곳에 병력을 파견하고 있는데 전투가 벌어지고 있는 지점의 병력에게 전기에너지를 안정적으로 공급할 수 있습니다. 현대전에서 전기는 필수요소입니다. 병력이 파견되면 석유와 발전기가 항상 함께 갑니다. 또 석유는 지속적으로 공급되어야 합니다. 이런 보급라인은 항상 적의 공격 목표가 됩니다. 보급라인이 길수록 위험성은 더 커집니다. 하지만 우주에서 전기를 공급할 수 있으면 군수체계에서는 결정적인 장점으로 작용합니다. 또 군용 차량을 전기차로 교체할 수 있습니다. 전기차는 내연자동차에 비해 소음이 적기 때문에 적에게 발각될 위험이 적습니다. 순간 가속력도 좋고요. 부품도 적으니 정비하기도 좋습니다.

　또한 우주 태양광은 공격용 무기로도 사용할 수 있습니다. 높은 전력을 한곳에 집중하면 다양한 전투효과를 낼 수 있습니다. 태양광발전으로 생산한 전력으로 고출력 마이크로파를 적국의 위성에 쏘면 위성을 무력화할 수 있습니다. 군사위성은 이미 현대전에서 필수적인 용도로 사용되고 있으니 타격이 크지요. 마이크로파 대신 레이저를 쏘면 우주 레이저 무기가 됩니다. 적국이 발사한 대륙간 미사일 등을 요격할 수도 있습니다.

우주항공 분야에도 도움을 줄 수 있습니다. 생산된 전력을 우주정 거장이나 달 기지에 공급할 수 있습니다. 우주 태양광발전이 현실화 될 때쯤이면 우주정거장과 달 기지가 세워질 것인데, 이에 대한 에너 지 공급이 가능하게 됩니다. 우주공간에서의 전력공급이 가능해지면 화성으로 오가는 우주왕복선도 현실화될 수 있습니다.

하지만 우주 태양광발전을 위해서는 세 가지 문제가 해결되어야 합니다. 첫 번째는 태양광 패널을 우주로 쏘아올리는 비용이 문제입 니다. 현재로서는 천문학적인 비용이 들어 가성비가 너무도 낮습니 다. 물론 발사 비용은 20세기에 비해 훨씬 저렴해졌습니다. 스페이 스X를 필두로 발사체의 재사용으로 우주로 물체를 쏘아올리는 비용 이 거의 10분의 1로 줄어들었기 때문입니다. 하지만 아직도 비쌉니 다. 현재 가장 싼 스페이스X의 팰콘9(Falcon 9)의 경우 1kg을 쏘아올 리는 데 약 1,500달러, 즉 180만 원 정도가 듭니다. 앞으로도 위성 발 사 비용은 계속 줄어들 것으로 보이는데 1kg당 300~600달러 정도까 지 줄어들면 지상 태양광 산업과 비교해도 경쟁력이 있을 것으로 예 상하고 있습니다. 또한 태양광 패널 무게를 줄이는 방법도 있습니다. 현재 다양한 연구가 진행되고 있지요. 대략 2030년쯤에는 발사 비용 문제가 해결될 수 있을 것으로 보고 있습니다.

물론 군사용의 경우 비용이 문제가 되지 않습니다. 그래서 현재도 미국과 일본, 중국 등은 우주 태양광발전에 대해 적극적으로 개발에 임하고 있습니다. 중국의 경우 2028년에 우주 태양광발전소 건설을 시작하겠다는 계획입니다. 2035년에는 10MW급 태양광발전을 시작하고 2050년까지는 2GW급으로 늘리고 상업적 이용이 가능한 수준으로 비용을 줄인다는 계획입니다. 미국의 경우 2025년에 원거리 군사기지에 전력을 공급하는 것을 목표로 우주태양광발전계획을 추진 중입니다. 영국은 25조 원을 투입해 2035년까지 태양광발전 시설을 궤도에 올릴 계획이죠.[24]

두 번째는 우주에는 태양에서 나온 방사선이 지구보다 훨씬 더 많다는 것입니다. 따라서 지상에서 쓰는 일반적 태양광 패널은 우주에서는 수명이 엄청 단축됩니다. 태양광 패널을 쏘아올리는 비용이 비싸다는 점을 생각하면 이는 경제성 측면에서 아주 커다란 약점이 됩니다. 더구나 유지보수 문제도 쉽지 않습니다. 방사선 때문에 우주비행사가 유지보수를 할 수 없으니 원격로봇으로 작업을 수행해야 합니다.

세 번째로 전력을 어떻게 전송할 것인가가 남아 있습니다. 현재로서는 대기권에서의 전력손실이 적은 마이크로파를 통한 무선 전송이 가장 유력한 후보입니다. 이론적으로 그리고 실험을 통해 마이크로파를 통한 무선 전송은 그 자체로는 어려움이 없습니다. 하지만 태양광 패널에서 생산한 전력을 마이크로파로 바꿔 전송하는 경우 현재 효율은 에너지 전환 효율이 50% 정도 나옵니다. 이 효율을 더 높이 끌어올리는 것 또한 '가성비'를 확보하는 데 주요 역할을 할 것입니다. 여기다 전력을 마이크로파로 전송하면 이를 받는 지상의 수신안테나가 필요한데 그 반경이 꽤나 큽니다. 1km 정도 지름을 가진 안테나가 필요할 것으로 보고 있습니다. 미국이나 중국처럼 땅이 넓은 곳에서는 별 문제가 없지만 우리나라 같이 국토 면적이 좁은 곳에서는 이 또한 문제가 됩니다.

하지만 이 정도의 기술적·경제적 난제는 어렵기는 해도 불가능한 도전 과제는 아닙니다. 대다수의 전문가는 향후 20년 사이에 우주 태양광발전이 현실화될 것으로 판단하고 있습니다. 우선 발사 비용은 지금도 계속 줄어들고 있고 2030년쯤에는 이전 비행기로 화물을 실어 나르는 비용과 별반 차이가 없어질 것으로 보는 희망적인 관측도 있습니다. 그리고 우주 태양광발전용 패널의 무게 감소도 빠르게 진행되고 있습니다. 물론 지상 태양광의 경우도 발전 비용이 지속적으로 감소하고 있지만 2040년경 발전단가는 비슷해질 것으로 보고 있습니다. 그리고 패널의 유지보수는 이미 우주정거장의 유지보수 등을 통해 관련 기술이 어느 정도 확보되었고, 로봇 산업 자체의 발달에 따라 나머지 부족한 부분을 채우는 것 또한 그리 어렵지 않아 보입니다.

마지막으로 무선 전송 문제는 이미 기본적인 기술은 갖추어졌고 이를 실증하는 차원의 문제일 것으로 보입니다.

9 수소경제

기후위기는 20세기 자본주의를 받치고 있던 화석연료의 퇴출을 요구합니다. 세계 전체로 보나 우리나라로 보나 화석연료를 가장 많이 사용하는 것은 발전 부문과 산업 부문입니다. 정도의 차이는 있지만 각기 30% 정도를 차지하고 있습니다. 그다음은 수송과 건물입니다. 수송 부문에서는 자동차가 가장 많은 비율을 차지하고 있고요. 자동차의 연료로는 휘발유와 디젤이 10% 내외를 차지합니다. 그다음은 선박의 벙커C유, 비행기의 등유입니다. 건물에서는 난방과 취사를 위해 석탄과 석유, 천연가스, 목재 등을 태웁니다. 우리나라의 경우 천연가스와 석유가 가장 큰 비중을 차지하고 있습니다. 이 부분 역시 10%를 넘습니다. 이렇게 네 부분이 전체 화석연료 사용량의 80~90%를 차지합니다. 그러니 화석연료의 퇴출도 이 네 부분에서 이루어져야 합니다.

발전 부문에서는 재생에너지가 가장 큰 비중을 차지합니다. 화석연료를 대체하고 태양광이나 풍력이 그 자리를 차지할 겁니다. 그다음은 산업 부문입니다. 여기서도 석탄이나 디젤, 중유를 태우는 대신 전력으로 모터를 돌리고 열을 내는 방식으로 바뀌게 될 겁니다. 그다음 자동차는 전기자동차로 바뀌겠지요. 건물의 난방과 취사도 가스보일러와 가스레인지 대신 전기보일러와 인덕션으로 바뀌게 됩니다.

그런데 이렇게 나열하고 보면 걱정이 앞섭니다. 아니 저 많은 화석연료를 모두 전기로 바꾸자면 대체 태양광 패널을 얼마나 설치해야 하고 풍력발전기를 얼마나 설치해야 되냐는 것입니다. 잘못하면 온 국토를 태양광 패널로 덮고 해안 전체에 풍력발전기를 빼곡하게 세워야 하는 게 아니냐는 우려입니다. 사실 저 수요 모두를 재생에너

그림 55 수소경제의 여러 요소(출처: Wikimedia Commons)

지로 바꾼다고 해도 그 정도까지는 되지 않습니다. 하지만 다른 이유로 대안을 찾아야 합니다. 먼저 앞서 이야기한 재생에너지의 간헐성과 경직성입니다. 태양광발전이나 풍력은 우리가 발전량을 조절할 수 없습니다. 날씨에 따라 그 부침이 크죠. 물론 방법이 없지는 않습니다. 태양광이나 풍력을 우리가 필요한 전력수요 대비 두세 배 정도로 설치하면 되니까요. 하지만 비용도 문제이지만 전력망 관리를 위해서도 좋은 방법이 아닙니다. 그래서 전체 발전원 중 일정 비율, 대략 10%에서 20% 정도가 태양광이나 풍력 말고 전체 발전량에 맞춰 쉽게 조절할 수 있는 방식으로 유지되어야 합니다. 물론 에너지 저장장치도 필요하겠지요.

또한 산업 부문에서 필요한 에너지 중 전력화되는 것도 있겠지만 그 대신 직접 열에너지를 생산할 수 있는 방식을 채택할 수도 있습니다. 물론 연료는 연소 과정에서 온실가스를 내놓지 않는 것이어야겠지요. 그리고 운송수단 중에도 전기 대신 다른 내연기관을 채택할 수도 있고, 전기로 가더라도 전기에너지 공급 방식을 기존 배터리와 다른 방식으로 가져갈 수 있습니다. 건물 난방과 취사도 마찬가지고요. 이렇게 전기 이외의 방식이 발전, 산업, 운송, 건물에 적용되면 그만큼 우리의 기후위기 대응도 유연해질 수 있습니다.

이 모든 곳에 바로 수소가 있습니다. 수소가 새삼 주목을 받고 있는 이유입니다. 먼저 산업 부문을 살펴보면 용광로나 석회석의 소성 등 열에너지가 필요한 부분에 전력 대신 수소를 태우는 방식을 채택할 수 있습니다. 수소는 탈 때 물만 나오기 때문에 아무런 문제가 없지요. 발전 부문에서도 마찬가지입니다. 수소를 태워 터빈을 돌리고 이로 지역난방과 발전을 동시에 이룰 수 있습니다. 기존 LNG 발전소와 거의 비슷한 방식입니다. 이 경우 전력이 필요할 때 빠르게 전력을 만들 수 있고, 전력수요가 낮아지면 끄면 그만입니다. 대형 트럭이나 고속버스, 선박, 비행기의 경우도 수소연료전지나 수소터빈이 기존 내연기관 대신 사용될 수 있습니다. 이 경우 기존의 배터리를 이용한 방식에 비해 효율적일 수도 있고요. 건물의 경우도 기존 도시가스 배관에 수소를 소량 섞어서 공급하는 것부터 시작해서 대형 건물을 중심으로 도시가스 대신 수소를 공급하는 것이 그리 어려운 일은 아닙니다.

이렇게 우리 생활을 유지하는 데 필요한 화석연료의 일부를 수소로 대체하면 재생에너지 확대도 어느 정도 부하가 줄어듭니다. 이런 점에서 각국 정부도 기업도 모두 수소산업에서 기후위기 대응에 대한 새로운 활로와 비즈니스의 또 다른 기회를 찾고 있습니다. 컨설팅 업체인 매킨지에 따르면, 2050년 수소가 전 세계 에너지 수요의 18%를 차지해 전체 시장 규모가 연 2조 5,000억 달러에 이를 것으로 전망하고 있을 정도입니다. 우리나라 정부도 수소산업 로드맵을 발표했고 포스코도 '2050 수소 로드맵'을 내놓았죠.

수소의 여러 색

그럼, 먼저 수소를 어떻게 만들 것인가를 살펴봅시다. 지구에는 자연 상태의 수소 분자는 거의 없습니다. 대부분 다른 물질과 결합한 상태입니다. 대표적인 것이 물이죠. 수소 원자 두 개와 산소 원자 한 개가 모여 물 분자(H_2O)를 이루고 있습니다. LNG의 주성분인 메탄(CH_4)도 탄소 한 개에 수소 네 개가 모여 만들어집니다. 이외에도 흔히 유기화합물은 모두 수소가 어떻게든 들어앉아 있습니다. 그리고 화석연료인 석유와 석탄 모두에 수소가 잔뜩 들어 있습니다. 독립적으로 존재하는 수소가 드문 것이지 수소 자체가 드문 건 아니라는 뜻이죠. 하지만 우리에게 필요한 것은 다른 원자와 결합한 수소가 아니라 수소 원자 둘이 결합한 수소 분자(H_2)입니다.

기존에 다른 물질과 잘 붙어 있던 수소를 떼어내 수소 분자로 만들려면 돈과 에너지가 필요합니다. 그 방식이 몇 가지 있는데 그에 따라 색깔 이름을 붙여 줍니다. 먼저 비용이 가장 적게 들어가는 것이 갈색수소(brown hydrogen)입니다. 석탄이나 갈탄을 고온과 고압에서 가스로 바꾼 뒤 수소를 추출합니다. 비용은 별로 들지 않지만 수소를 만드는 과정에서 이산화탄소가 가장 많이 발생합니다. 수소를 만드는 의미가 없습니다. 실제로 생산되는 양도 거의 없습니다.

그레이수소는 천연가스를 이용해 수소를 만듭니다. 갈색수소보다는 비싸지만 그래도 비교적 싼 편입니다. 천연가스는 주성분이 메탄(CH_4)이죠. 촉매를 이용해서 고온의 수증기와 반응하면 수소(H_2)와 이산화탄소(CO_2)가 나옵니다.[25] 이렇게 만들어진 수소를 개질수소라고 하는데 문제는 1kg의 수소를 만드는 데 이산화탄소가 10kg이나 나오는 것입니다. 갈색수소보다는 이산화탄소 발생량이 적지만 그래도 적지 않은 양의 이산화탄소가 발생합니다. 이 경우도 수소를 만드는 의미가 많이 퇴색합니다. 현재 우리나라에서 생산하는 수소는 대부분 그레이수소입니다.

블루수소는 기본적으로 만드는 과정은 그레이수소와 같습니다. 그러나 제조 과정에서 발생하는 이산화탄소를 모아 저장하기 때문에 대기 중으로 빠져나가는 양을 상당히 줄일 수 있습니다. 이때 모은 이산화탄소는 다른 용도로 이용하거나 지하 깊은 곳에 묻어 보관하

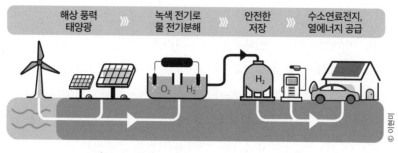

그림 56 그린수소 개념도(참조: https://quirkyforum.com)

게 됩니다. 흔히 말하는 이산화탄소 포집, 이용, 저장기술(CCUS) 과정을 거칩니다.

그린수소는 태양광이나 풍력 등 재생에너지로 만든 전기로 물을 전기분해(수전해)해서 만든 수소를 말합니다. 물을 전기분해하면 산소와 수소만 생기니까 생산 과정에서 이산화탄소가 나오지 않습니다. 전기도 재생에너지를 사용하면 이산화탄소 발생량이 아주 적습니다. 기후위기에 대한 대응이란 측면에서 가장 바람직합니다. 다만 비용이 아직 아주 비쌉니다. 천연가스를 분해하는 경우에 비하면 약 3배 정도 비싸죠.

물론 이외에 부생수소도 있습니다. 석유정제 과정, 석유화학 산업 공정, 제철 과정 등에서 자연스럽게 만들어지는 수소입니다. 가격도 가장 쌉니다. 하지만 석유정제 과정에서 나오는 수소는 정유공장에서 쓰는 양에도 모자라고, 제철 과정에서 나오는 수소도 대부분 제철 공장에서 다 쓰입니다. 다만 석유화학 산업에서 나오는 수소가 외부로 공급되는데 그 양이 그리 많지 않고 공급량을 늘린다고 해도 앞으로 필요로 하는 양에 비하면 그 비중이 크지 못합니다. 따라서 수소를 연료로 이용한다면 그린수소가 최선이고 그나마 블루수소 정도를 써야 합니다. 그래서 유럽연합에서는 2016년부터 '수소 원산지 보증제도'를 통해 어떻게 생산한 수소인지를 파악할 수 있도록 제도화했습니다. 그런데 여기서 한 가지 의문이 생깁니다. 태양광이나 풍력으로 전기를 만들어 쓰면 되지 왜 굳이 다시 물을 분해해서 수소를 써야 하느냐는 겁니다. 여기에는 두 가지 이유가 있습니다.

풍력이나 태양광발전은 우리가 원할 때 원하는 만큼 전기를 만들지 못합니다. 따라서 전기생산량이 많을 때 남아도는 전기를 저장했다가 모자랄 때 쓸 수 있어야 합니다. 남아도는 전기로 물을 전기분해하여 수소로 만들었다가 필요할 때 쓰는 겁니다. 물론 배터리에 저장하기도 합니다. 이것을 배터리 에너지 저장장치(BESS)라고 합니다. 하지만 BESS는 장기간 저장하기가 어렵습니다. 휴대폰 배터리도 오래 놔두면 쓰지 않아도 방전되는 것처럼 말이죠. 그래서 BESS는 단기간 저장장치로 유효하고, 수소는 장기간 저장장치로 좋습니다. 하지만 이보다 중요한 이유는 다른 나라에서 생산한 전기를 수소로 바꿔 수입할 수 있다는 점입니다. 사막기후나 건조지대, 그중에서도 적도와 가까운 지역은 우리나라에 비해 동일한 면적의 태양광에서 생산할 수 있는 전력이 몇 배나 됩니다. 2019년 기준으로 중동지역의 태양광발전에 드는 비용은 한국의 10분의 1도 되지 않습니다. 이런 곳에 태양광발전소를 대규모로 짓자는 것입니다. 혹은 풍력도 마찬가지죠. 전 세계 연안 중에는 우리나라 연안보다 바람의 질이 훨씬 좋은 곳이 너무나 많습니다. 이런 곳에 대규모 풍력발전소를 지을 수도 있습니다. 여기서 생산한 전기로 물을 분해하여 수소를 생산하고 마치 LNG 운반선 비슷한 수소운반선으로 수소를 들여오는 거지요. 앞으로 석유나 석탄을 수입하는 대신 수소를 수입하는 시대가 열리는 겁니다.

수전해 기술

물의 전기분해 실험은 중·고등학교 시절 많이 해봤을 것입니다. 그때 물은 전기를 잘 통하지 않으니 전해질을 조금 넣었습니다. 보통 수산화나트륨이나 수산화칼륨을 넣죠. 이런 식으로 물을 전기분해하는 것을 알칼라인 수전해 기술(Alkaline Electrolysis Cell, AEC)이라고 합니다. 아주 오래전부터 사용하던 방식이지요. 가장 안정적이기도 하고요. 하지만 이 방식은 장소가 넓어야 하고 특히 수소 생산량이 공급되는 전력 대비 낮습니다. 여기에 재생에너지는 날씨에 따라 생산되는 전력량이 들쑥날쑥한데 이에 대한 대응이 어려운 단점도 있습니다. 이를 극복한 방식으로 양성자 교환막(Proton Exchange Membrane, PEM) 수전해 기술이 있습니다. 중간에 전해질 수용액 대신 고분자 전해질을 넣는 방식입니다. 이를 통해 물에서 분리된 수소이온만 음극으로 보내서 수소 분자를 만드는 방식이지요. AEC에 비해 같은 전력으로 더 많은 수소를 생산할 수 있고 전력에 변동이 있어도 대응하기 쉬우며 설치장소도 작아 거의 모든 단점을 극복한 방식이라고 할 수 있습니다. 다만 촉매로 귀금속을 사용하고 과불화탄소계 양이온 교환막을 사용하기 때문에 설비 비용이 많이 드는 것이 단점입니다.

이 둘을 대체할 수 있는 기술로 음이온 교환막(Anion Exchange Membrane, AEM) 수전해 방식이 요사이 화제가 되고 있습니다. 여기서는 AEC처럼 알칼라인 수용액을 쓰지만 대신 중간에 철 소재의 분리막을 설치합니다. 귀금속 촉매를 쓰지 않고 분리판 소재도 가격이 저렴한 철을 사용하기 때문에 양성자 교환막 방식에 비해 굉장히 제조비가 저렴합니다. 다만 양성자 교환막에 비해 아직 성능이 낮고 내구성도 오래 유지되지 못하는 단점이 있었는데 요사이 이 부분에서 괄목할 만한 진전이 있어 주목을 받고 있습니다. 이외에도 양성자 세라믹 수전해 방식이나 고온고체 산화물 수전해 방식 등도 연구 중입니다.

전문가들은 2030년쯤이면 수전해 수소가 블루수소와 생산 비용 측면에서 경쟁력을 가질 것으로 예측하고 있습니다. 현재 수전해 수소 비용에서 가장 큰 비중을 차지하는 것이 재생에너지 발전단가인데 이 비용이 지속적으로 줄어들고 있기 때문입니다. 여기에 수전해 기술의 발달에 따른 추가 비용 하락을 고려하고 대형 수전해 시설의 규모의 경제를 추가적으로 따지면 충분히 경쟁력이 있다는 것이죠.

수소 저장 운반 기술

하지만 수소를 이용하려면 또 하나의 관문이 있습니다. 바로 저장 문제죠. 수소는 가연성 가스물질이라 대기 중에 노출되면 폭발 위험성이 있습니다. 더구나 지상에서 가장 가벼운 물질입니다. 즉 일반적인 상황에서 부피에 비해 에너지 밀도가 낮다는 뜻이죠. 따라서 수소를 고밀도로 저장하면서 동시에 안전성을 담보할 수 있어야 합니다. 초고압으로 기체 수소의 부피를 줄이는 방식이 현재 많이 이용되고 있습니다. 대기압의 350~700배의 압력으로 부피를 줄이는 것입니다. 하지만 이 경우 500기압으로 압축하더라도 같은 부피에 액화수소의 3분의 1 정도밖에 운반할 수 없습니다. 거기다 폭발 위험성도 있고, 장기적인 저장이 쉽지 않습니다. 현재로서는 여러 단점이 있어 다른 방식의 저장 방법이 필요합니다.

첫 번째로 생각할 수 있는 방법이 수소를 액화시켜서 저장하는 겁니다. 액체수소는 기체에 비해 부피가 800분의 1밖에 되지 않으니 안성맞춤이죠. 폭발 위험도 현저히 적고요. 하지만 수소가 액체가 되려면 영하 252.9도까지 온도를 내려야 합니다. 이렇게 온도를 낮추는 데는 너무 많은 에너지가 필요합니다. 거기다 이 상태를 유지하는 데도 에너지가 들 수밖에 없습니다. 즉 저장에 드는 비용이 높아집니다. 이 문제를 해결하는 것이 액체수소 방식의 관건이 될 것으로 보입니다.

두 번째로 수소를 톨루엔(toluene)이나 디벤질톨루엔(DBT) 등의 물질과 반응시켜 액체 상태로 만드는 방식이 있습니다. 액상유기운반체 방식이라고 합니다. 이 경우 압력을 높일 필요도 없고 온도를 낮출 필요도 없습니다. 기존 인프라를 이용할 수 있는 점도 장점입니다. 하지만 수소만 저장하는 게 아니라 톨루엔과 같은 다른 물질을 같이 저장하다 보니 단위 부피당 운반할 수 있는 수소량이 적다는 단점이 있습니다. 여기에 다시 수소를 뽑아내는 과정이 길다는 단점 역시 존재합니다.

세 번째로 현재 가장 주목받는 기술 중 하나가 암모니아로 변환해서 저장하는 방법입니다. 암모니아 합성은 화학비료나 화약을 만드는 과정에서 핵심적인 공정이라 이미 다양하게 인프라가 갖추어져 있고 단위 부피당 수송할 수 있는 수소량이 많습니다. 하지만 기존 암모니아 합성법인 하버-보쉬 공정(Haber-Bosch Process)은 고온과 고압을 요구하기 때문에 에너지 소모량이 많습니다. 또 암모니아를 다시 수소와 질소로 분해하는 기술 역시 추가적인 연구개발이 필요하지요. 이외에도 알칼리 금속에 수소를 저장한다든가, 수소로 메탄올을 만드는 등의 다양한 방법이 연구 중입니다.

이렇듯 다양한 방법이 동원되는 이유는 수소의 저장이 수소 이용의 핵심적 관건이기도 하지만 아직 어떤 기술 하나가 독보적인 위치를 점하지 못하기 때문입니다. 또 수소 저장이 다양한 경우에 서로 다른 조건을 요구하기 때문이기도 합니다. 예를 들어 수소연료전지 자동차에서 요구되는 수소저장장치와 수소운반선, 그리고 육상저장장치는 서로 다른 조건을 가질 수밖에 없습니다. 그리고 가장 큰 이유는 대량의 수소가 필요해진 시점이 얼마 되지 않았기 때문입니다. 생산과 운송 저장에 대한 연구가 그다지 이루어지지 않은 것이죠. 그러나 이 부분에 관해서 전문가들은 크게 비관적이지 않습니다. 지금의 연구개발 추세로 보면 몇 년 뒤에는 경제성과 안정성이 뛰어난 방법이 나올 것이라는 전망이 대부분입니다.

수소연료전지

연료전지는 연료만 공급되면 지속적으로 전기를 만들 수 있는 일종의 발전장치입니다. 그런데도 전지라는 말이 붙은 것은 기존 화학전지와 구조가 비슷하기 때문이기도 하고 애초에 자동차용으로 개발하면서 전기자동차의 전지와 비슷한 크기를 가졌기 때문이기도 합니다. 연료로는 수소 말고도 메탄올, 천연가스 등을 사용할 수 있지만 현재 대부분 수소를 이용한 연료전지만 사용되고 또 개발되고 있습니다. 그래서 이름도 수소연료전지입니다. 구조는 [그림 57]과 같습니다. 음극[26]으로 수소를, 양극으로 산소를 공급합니다. 수소 분자는

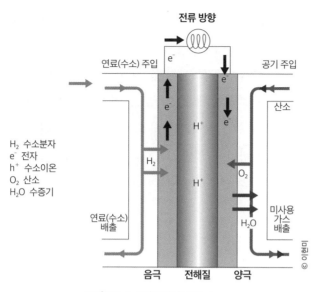

그림 57 수소연료전지 구조(참조: http://quirkyforum.com)

음극에서 수소 이온과 전자로 분리됩니다. 이 중 전자는 전선을 따라 양극으로 이동하면서 전류를 만들고 수소 이온은 전해질을 통해 양극으로 이동합니다. 양극에서는 수소 이온과 산소, 그리고 전자가 만나 물(수증기)을 만듭니다.

이렇게 전기를 만들면 전기에너지로 전환되는 효율이 40~50%로 아주 높습니다. 수소연료전지 전기자동차는 바로 이 전기로 모터를 돌리니, 넓게 보면 전기자동차의 한 종류입니다.

현재 대부분의 자동차회사는 10년 정도 뒤에는 전기자동차만 생산할 계획입니다. 그런데 그중 수소연료전지 전기자동차를 개발·생산하겠다는 회사는 생각보다 많지 않습니다. 우리나라 현대자동차를 포함해서 불과 3~4개 회사밖에 없죠. 이유가 무엇일까요?

먼저 수소연료전지는 일반 전기자동차의 배터리에 비해 부품이 많고 부피도 큽니다. 따라서 전기자동차에 비해 자동차 내부 공간이 좁습니다. 또 부품이 많다 보니 배터리에 비해 제작비가 비싸고 유지보수비도 많이 듭니다. 거기다 무겁기까지 합니다. 그리고 결정적으로 충전소가 문제입니다. 전기자동차의 경우도 소비자가 아직 구매를 꺼리는 이유 중 하나가 충전 인프라가 충분하지 않다는 점인데 수소연료전지는 그보다 더 심합니다. 일단 수소 자체가 폭발 위험성이 있다 보니 저장장치를 대단히 안전하게 제작해서 설치해야 합니다. 그러니 충전소 건설비가 굉장히 높아집니다. 하나당 18억 원에서 30억원 사이의 비용이 듭니다. 물론 기존 주유소에 설치하더라도 말이죠.

그런데 아직 수소연료전지 자동차가 그리 많이 보급되지 않았기 때문에 주유소가 막대한 비용을 투자할 리 없습니다. 반대로 자동차를 구매하려는 소비자도 충전소가 없는데 수소연료전지 자동차를 살 이유가 없지요. 거기다 수소연료전지 자동차를 우리나라에서만 팔아서는 채산성이 맞지 않습니다. 최소한 미국과 유럽 정도에서는 팔아야겠죠. 여기서도 마찬가지 문제가 훨씬 더 큰 규모로 작용합니다. 한반도의 수십 배나 되는 땅덩이 곳곳에 수소 충전소를 세워야 하니까요. 결국 초기에는 완성차 업체나 정부가 주요 요지에 충전소를 세울 수밖에 없는데, 전기 충전소 설치비의 수십 배가 넘으니 아직 답을 찾을 수 없는 거지요. 물론 수소자동차라고 장점이 없는 것은 아닙니다. 우선 충전시간이 아주 짧습니다. 전기자동차가 완전히 충전하는 데 2시간 정도 걸리는 데 비해 수소자동차는 기존 내연기관 자동차에 휘발유 주유하는 시간과 별 차이가 없습니다. 또 하나 전기자동차보다 주행거리가 더 깁니다. 전기자동차보다 최소한 100km 이상 더 달릴 수 있지요. 또 수소연료전지 자동차는 공기 중에서 산소를 얻는데 이 과정에서 필터가 공기를 정화하는 역할을 합니다. 달리는 공기청정기인 셈입니다.

이런 장단점을 비교해 봤을 때 수소전기자동차는 일정한 노선을 운행하는 트럭이나 버스에서는 유리합니다. 터미널이나 버스회사 등 특정 장소에만 충전소를 설치한다면 가장 큰 약점인 충전소 문제는 해결 가능하죠. 또 대형 차량이니 수소도 많이 실을 수 있어 한번 충전 시 주행거리 또한 확실히 늘어납니다. 수소연료전지의 단점인 부피나 무게도 별 문제가 되지 않습니다. 그래서 현대자동차도 첫 수소연료전지 자동차를 트럭으로 만들었고 첫 수출도 트럭이었습니다.

하지만 자유롭게 다니길 원하는 대부분의 승용차에서는 수소연료전지는 매력이 없습니다. 그러니 수요가 별로 없는 트럭이나 대형 버스용으로만 사용하려고 새로운 차를 개발할 필요를 못 느끼는 거지요. 하지만 앞으로 대형 트럭과 버스에서 경쟁력이 확보되면, 이를 중심으로 수소연료전지 자동차도 일정한 점유율을 차지할 가능성이 없는 것은 아닙니다.

수소의 또 다른 용도

기후위기가 닥치기 전 수소는 로켓의 액체연료로 쓰이거나 냉매 등에 주로 사용되었습니다. 20세기 초 잠깐 비행선의 충전제로도 사용되었지만 폭발 사고 이후 중단되었죠. 그 외에도 산업 현장에서는 다양하게 사용되었지만 우리가 일상에서 접하긴 쉽지 않았죠. 하지만 기후위기가 닥치면서 수소의 재발견이 이루어졌습니다. 산소와 만나 연소할 때 아주 높은 열에너지를 내놓고 부산물은 물밖에 만들지 않기 때문이지요.

기후위기 시대 수소가 대중적으로 알려진 것은 수소연료전지입니다만 쓰임새는 그 외의 영역에서 더 크다고 볼 수 있습니다. 대표적인 것이 수소터빈입니다. 터빈은 간단히 말해서 비행기 프로펠러의 반대 개념이라고 이해하면 됩니다. 프로펠러는 날개를 돌려 주변 공기(유체)의 흐름을 만들고 이를 통해 추진력을 얻습니다. 터빈은 반대로 공기나 액체의 흐름을 가지고 날개를 돌리는 기관입니다. 좀 더 전문적으로 말하면 유체의 직선운동을 회전력으로 바꾸는 기구 혹은 기관입니다. 가장 원시적인 것으로는 풍차나 수차가 있습니다. 풍차는 공기의 직선운동을 날개를 통해 회전운동으로 바꾸고, 수차는 물의 직선운동을 회전운동으로 바꾸는 거지요. 현재 터빈이 이용되는 대표적인 곳으로 발전소를 들 수 있습니다. 석탄발전소는 석탄을 연소해 열에너지를 얻습니다. 이 열에너지로 물을 끓여 수증기를 만들죠. 이 수증기가 증기터빈을 돌려 전기를 만듭니다. 원자력발전도 핵분열 시 발생하는 열에너지로 물을 수증기로 만들어 증기터빈을 돌려 전기를 만듭니다.

LNG 발전소의 경우 연소 과정에서 만들어진 가스 자체로 가스터빈을 한 번 돌리고, 열에너지로 물을 수증기로 만들어 다시 증기터빈을 돌립니다. LNG 발전을 '친환경적'이라고 이야기하는 이유가 여기 있습니다. 한 번의 연료 연소로 터빈을 두 번 돌리니 발전효율 자체가 석탄발전보다 높습니다. 여기에 터빈을 돌리고 난 증기의 높은 온도를 이용해 지역난방에 사용하면 전체적으로 에너지 효율이 75~90% 정도에 달합니다. 석탄 화력의 2배가 넘지요. 여기에 같은 양의 전력을 생산하는 데 드는 연료가 적기 때문에 이산화탄소 배출량 또한 석탄에 비해 훨씬 적습니다. 또 연료인 천연가스 자체가 연소 과정에서 나오는 오염물질도 석탄과 비교할 수 없을 정도로 적습니다. 따라서 석탄과 비교하면 '상대적'으로 친환경적입니다. 하지만 말 그대로 석탄과 비교했을 때이지 이산화탄소가 발생하지 않는 건 아니지요.

수소도 일종의 가연성 가스이니 LNG와 비슷하게 전기를 생산할 수 있습니다. 즉 수소를 연소해 터빈을 한 번 돌리고, 다시 그 연소가스의 높은 열로 물을 증기로 만들어 스팀터빈을 돌리고, 남은 증기를 이용해 지역난방에 쓸 수 있습니다. 하지만 여기서 한 가지 해결해야할 것이 있으니 바로 가스터빈 문제입니다. 기존의 가스터빈은 당연히 천연가스에 최적화된 형태로 제작·운영되고 있습니다. 그리고 가스터빈은 발전소 장비 중 가장 고가이면서 동시에 한번 설치하면 30년 정도는 운영할 수 있는 장비이기도 합니다. 따라서 현재 감가상각도 끝나지 않은 장비를 수소터빈으로 교체하는 건 발전소 입장에서는 상당한 손해를 감수해야 하죠.

더구나 지금은 수소가 충분히 공급되지도 않습니다. 우리나라 재생에너지는 전력 공급에도 한참 부족한데 굳이 수전해를 통해 수소를 만들 이유가 별로 없습니다. 다만 공급 과잉이 일시적으로 일어나는 시기에만 수전해를 할 필요가 있는데 이마저도 많은 양을 생산할 수는 없습니다. 결국 LNG 발전소에서 필요로 하는 수소는 해외에서 수입해야 하는 실정입니다. 그러나 다른 나라들도 이제 겨우 재생에너지 단지를 확대하고 이를 통한 수전해 시설을 구축하고 있는 상황에서 충분한 양의 수소가 공급되기까지는 꽤 오랜 시간이 필요합니다.

그래서 현재 LNG 발전소의 수소 전환은 투 트랙으로 진행되고 있습니다. 하나는 기존 천연가스에 수소를 일부 섞어―이를 천연가스-수소 혼소라고 합니다―발전하는 방식입니다. 대략 2025년쯤에는 수소를 30% 정도 섞는 혼소 발전이 주를 이루게 될 겁니다. 이 경우 기존 터빈을 교체하지 않고도 가능한 방식이지요. 물론 현재 수소가 천연가스보다 비싸지만 이산화탄소 발생량이 줄어들면 상쇄할 수 있으니까요. 그리고 2030~35년쯤이면 기존 터빈을 수소터빈으로 교체하고 100% 수소발전을 시작할 것으로 보입니다.[27] 물론 모든 LNG 발전소가 한꺼번에 바뀌지는 않고 순차적으로 이루어지겠지요. 현재 발전소용 대용량 가스터빈 시장은 지멘스와 GM, 미쓰비시 등 세 개 회사가 전 세계의 80% 정도를 과점하고 있고 여기에 우리나라 두산중공업이 도전하고 있는 상황입니다. 이들 회사는 모두 2027년에서 2030년까지는 수소터빈 상용화에 도달할 수 있을 것으로 보고 있습니다. 물론 수소터빈에 대한 실증작업이 순조롭게 이루어진다는 전제 아래에서 말이지요.

수소터빈으로의 전환은 사실 오염물질 감소라는 측면에서도 또 다른 장점이 있습니다. 터빈에서 문제가 되는 것 중 하나가 산화질소의 생성입니다. 천연가스이든 석탄이든 아니면 수소이든 연료를 태우려면 산소가 필요합니다. 하지만 공기 중의 산소만 따로 분리해서 공급하기 힘드니까 그냥 공기를 집어넣습니다. 공기에서 가장 많은 성분은 질소죠. 원래 질소 분자는 상당히 안정된 화합물이어서 웬만해서는 다른 물질과 반응하지 않습니다. 그러나 고온에서는 산소와 반응하고 그 결과로 산화질소류가 생성됩니다. 특히 일산화질소는 사람이 흡입하면 호흡기 질환을 일으키고 초미세먼지를 유발합니다. 그래서 우리나라를 비롯해 여러 나라에서 발전소 배기가스 중 산화질소 농도를 상당히 낮은 수준에서 규제하고 있습니다. 그런데 수소터빈의 경우 산화질소의 배출량이 천연가스보다 적다는 것이 또 하나의 장점입니다.

천연가스와 수소의 혼소는 도시가스 공급에서도 고려하고 있습니다. 독일이나 영국 등에서는 이미 진행되고 있고 우리나라의 경우도 2022년부터 실증이 시작되었습니다. 우리나라 정부는 2021년 11월 '제1차 수소경제 이행기본계획'을 통해 도시가스 수소혼입 추진을 공식화했습니다. 한국가스안전공사, 한국가스공사, 민간 도시가스사, 에너지기술평가원 등이 참여하는 '도시가스 수소혼입 실증추진단'도 발족했지요. 현재 목표는 2026년까지 도시가스에 수소 20%를 섞는다는 겁니다. 이렇게 되면 연간 700만 톤 이상의 이산화탄소 감축 효과가 있을 것으로 예상하고 있습니다. 일단 2022년에 시험 설비를 구축해서 도시가스 배관에 수소를 일부 섞을 경우에 대한 안전성을 검증하고 2024년부터는 제한된 구역에서 실제 수소를 혼입해서 실증합니다. 그리고 2026년 도시가스사업법을 개정해서 수소혼입을 제도화한다는 것입니다. 독일의 경우 이미 10%의 수소를 혼입해서 공급하고 있는데 비율을 더 높일 경우에도 안전성에 문제가 없음이 검증되었습니다.

장기적으로는 천연가스를 완전히 수소로 대체한다는 것이 목표입니다. 이를 위해서는 기존 배관을 수소배관으로 대체할 필요가 있습니다. 이 분야에서 가장 앞선 기술을 보유하고 개발 중인 곳은 독일의 프라이머스라인과 미국의 H2클리퍼입니다. 기존 도시가스 배관에 탄소 복합재를 삽입해 재활용하는 방식입니다. 이 경우 기존 배관을 재활용할 수 있으니 공급망 구축에 드는 비용을 획기적으로 줄일 수 있을 것으로 보입니다. 또 천연가스 배관에 수소를 혼입해서 이송한 뒤 필요한 곳에서 수소를 분리·정제하는 기술 또한 개발 중입니다. 기존 천연가스 배관으로 수소를 공급할 수 있게 되면 수소 운송에 드는 비용을 대폭 절감할 수 있지요.

여기서 잠깐, 수소를 이렇게 가정에서 사용해도 위험하지 않을까 생각할 수 있습니다. 워낙 폭발 위험을 부각했기 때문이지요. 하지만 수소는 가장 가벼운 기체입니다. 천연가스(도시가스)보다도 더 가볍습니다. 만약 누출된다고 하더라도 대부분 대기 중으로 흩어져 오히려 폭발 위험성이 감소합니다. 물론 밀폐된 곳에서 누출되면 폭발 위험이 있지만 이는 기존 도시가스도 마찬가지입니다. 즉 기존 도시가스에 비해 최소한 폭발 위험성이 더 크지는 않습니다. 또 사람이 흡입할 때의 문제도 도시가스에 비해 적습니다.

5장 되돌아보기

태양광발전 페로브스카이트 태양전지의 상용화가 태양광발전의 새로운 모멘텀을 만들 것이다. 페로브스카이트와 실리콘으로 이루어진 탠덤전지가 상용화되면 태양광발전의 전력 원가는 원자력보다 낮아진다.

풍력발전 해상부유식 풍력발전이 대세가 된다. 육상풍력은 사막 등 조건이 걸맞은 지역에 한정해 경제성을 가진다. 해상부유식 풍력발전단지 옆에 건설되는 수전해 시설에서 생산한 수소가 에너지 불안정성을 해결하는 주요한 수단이 될 것이다.

에너지 저장장치와 스마트 그리드 재생에너지의 간헐성과 경직성 해결을 위해선 에너지 저장장치가 필수적이다. 단기 에너지 저장시설로서는 배터리 에너지 저장장치가, 장기 에너지 저장시설로서는 수소저장장치가 가장 유력하다. 재생에너지 비율이 높아지면 높아질수록 에너지 저장장치 수요도 크게 늘어날 것이다.
재생에너지 위주의 에너지 믹스 상황에서 에너지 저장장치와 소규모 발전시설을 중심으로 한 분산전원이 중앙집중식 전원을 보완 혹은 대체하게 된다. 분산전원을 통합하는 효율적인 전력 공급망을 갖추기 위해서는 기존의 송배전망에 비해 좀 더 고도화된 정보통신 기술이 필요하다. 우리나라를 비롯한 세계 각국의 스마트 그리드 구축 작업은 새로운 시장을 열 것이다.

원자력발전 원자력발전은 이미 경제적·사회적·환경적 한계에 도달해 있다. 우리나라를 포함한 선진국에서 기존에 계획한 원전 외의 새로운 원전은 지어지기 힘들 것이다. 소형모듈원전은 경제 외적인 다양한 이유로 개발되고, 소규모 건설이 이루어질 것이나 역시 전체 에너지 경제에서 의미 있는 역할을 하지는 못할 것으로 보인다.

산업 부문 탈탄소 전략 산업 부문 탈탄소 전략은 화석연료의 대체와 공정에서 발생하는 온실가스의 포집 두 가지 방향으로 이루어진다. 화석연료를 대체할 두 가지 수단은 전력과 수소다. 이들의 믹스가 어떻게 이루어질지는 각 산업 분야별로 다를 것이다. 또한 전력과 수소의 도입 속도는 정부의 환경정책과 함께 탄소국경세 등의 국제적 움직임에 크게 좌우될 것으로 보인다.

핵융합발전   미래 에너지 중 가장 기술 난이도가 높다. 하지만 상용화가 가능해지면 게임 체인저가 될 것이다. 다만 의미 있는 상용화 시점은 최소한 2040년은 되어야 할 것으로 보인다. 따라서 핵융합발전이 기후위기의 대안이 되기는 힘들 것이나 2050년 이후 가장 중요한 에너지원으로 등장할 수 있다.

우주 태양광발전   아주 먼 미래의 이야기처럼 들리지만 10년 뒤 우주 태양광은 지상 태양광의 직접적 경쟁 상대가 될 수도 있다. 특히나 재생에너지의 치명적 약점인 간헐성과 경직성을 보완할 수 있기 때문에 경제성에서도 떨어지지 않을 것이다. 우주 태양광은 특히 국토 면적이 좁고 재생에너지 자원이 부족한 국가의 경우 유력한 대안 중 하나가 된다.

수소경제   에너지의 미래는 수소다. 특히 해외 재생에너지 수전해 수소에 주목할 필요가 있다. 해외 수소 수입은 우리나라 에너지의 20% 이상을 차지하게 될 것이다. 석유, 석탄, 천연가스 수입 물량이 줄어들면서 수소 수입이 늘어날 것이다. 이에 따라 수소 운송, 수소 저장, 수소 터빈 등 수소를 중심으로 한 생태계가 형성된다.

먼저 고백을 하자면 최신 과학기술의 트렌드를 파악해 보겠다는 이 책의 취지는 아주 어려운 과제였습니다. 갈수록 다양해지는 과학 기술계의 모든 흐름을 책이라는 고유한 물성에서 샅샅이 훑어내기란 불가능에 가깝습니다. 따라서 선택과 집중이 필수적인 전제가 됩니다. 현재 전 지구적으로 가장 중요한 흐름을 뽑아내는 데 집중했습니다.

첫 번째 자율주행, 전기자동차, 수소자동차 등 이미 혹은 가까운 미래에 대세를 이루게 될 영역이 모빌리티입니다. 사람과 화물의 이동과 관련된 다양한 시도가 치열한 경쟁을 벌이고 있습니다. 또한 우리가 가장 빠르게 그 변화를 체감하는 영역이기도 합니다. 이제 어느 주차장을 가더라도 쉽게 전기차 충전소를 찾아볼 수 있고, 곳곳에 자율주행 테스트베드가 있습니다. 개인 모빌리티가 주변에서 흔해졌고, 몇 년 후에는 비행택시가 선보입니다.

그다음은 역시 정보통신 영역입니다. 반도체, 인공지능, 블록체인, 차세대 컴퓨팅 환경, IoT 등 그 하나하나가 사회와 산업에 끼치는 영향이 막대한 주제들이 모인 곳이 정보통신 영역입니다. 하드웨어적 변화가 소프트웨어 변화를 이끌고, 다시 소프트웨어적 변화가 하드웨어의 진보를 자극하고 있습니다. 조 단위 투자가 이어집니다.

생명공학도 우주산업도 마찬가지로 눈부신 발전이 이어지고 있으며 그 가운데 치열한 경쟁이 있습니다. 특히 유전공학의 발달, 정보통신공학과 생명공학의 융합은 앞으로 우리에게 전혀 다른 세상을 사는 경험을 제공할 것이라고 믿어 의심치 않습니다. 하지만 그럼에도 다루지 못한 영역이 많습니다. 뇌과학과 뇌공학, 인공장기와 인공수족, 나노공학과 각종 소재공학, 스마트 팩토리, 스마트시티, 스마트빌딩, 액티브 하우스와 패시브 하우스, 레이저 공학, 각종 첨단 화학 등 중요하고 치열한 분야에 대한 미련이 이 글을 마치는 지금까지도 여전합니다. 그럼에도 우리 삶의 실질적인 변화와 조금이라도 더 깊은 관련이 있는 주제를 선택하려는 고심이 현재의 결과라고 생각해 주시면 감사하겠습니다.

현재 모든 영역에서 초미의 과제는 기후위기의 극복입니다. 산업, 발전, 운송, 건축, 교육 등 모든 분야의 이슈를 블랙홀처럼 빨아들이고 있습니다. 자연히 과학기술에서도 가장 중요하게 살펴야 할 것은 기후위기에 대한 과학기술적 대응이라 판단했습니다.

선택과 집중 다음으로 집필 과정에서 고민한 것은 엄청나게 빠른 기술의 발전 속도입니다. 글을 쓰는 와중에도 기존의 기술적 수준을 뛰어넘는 새로운 성취가 계속 나타났습니다. 불과 1년 전 자료임에도 글을 쓰는 사이 과거의 일이 되어버리는 경우가 왕왕 발생했습니다. 그래서 이미 써놓은 원고를 다시 수정하는 과정을 여러 번 거칠 수밖에 없었습니다. 아마 이 책이 출판되어 여러분의 손에 닿는 사이에도 변화가 있을 겁니다. 독자들도 그런 점을 염두에 두셨으면 합니다. 또 하나는 항상 새로운 기술은 장밋빛 환상을 심어준다는 점도 염두에 두었습니다. 메타버스나 블록체인, 우주산업 등 관심이 집중되는 지점은 더 심하지요. 그래서 전문가들의 비판도 되도록 균형 있게 다루려 노력했습니다. 하지만 양쪽 주장에 대한 저 나름의 판단이 섞이지 않을 수는 없습니다. 절대적인 객관이란 존재하지 않는 법이니까요.

책이 나오기까지 짧은 시간 동안 엄청난 일을 해낸 출판사와 편집자에게 감사함을 전합니다. 그리고 이 책을 읽어주신 모든 독자에게도 감사의 인사를 전합니다.

1장 모빌리티

1 금속화재란 알루미늄·티타늄·리튬 등 가연성 금속에서 발생하는 화재로, 물과 반응하면 오히려 불이 나기도 한다. 특히 리튬의 경우 불이 붙은 상태에서 물과 닿으면 폭발 위험성이 크다.

2 문창석, 「2000만 원대 전기차 시대 온다…테슬라, 배터리 '나비효과' 가져올까」, 『뉴스1』, 2020년 9월 23일자, https://www.news1.kr/articles/?4067732(검색일: 2022년 12월 21일).

3 김형규, 「LG엔솔, 中이 앞서던 '셀투팩'도 따라잡는다…개발 완료 '눈앞'[모빌리티 신드롬]」, 『한국경제』, 2022년 9월 20일자, https://www.hankyung.com/economy/article/202209203036i(검색일: 2022년 12월 12일).

4 Joanna Roberts, "Success of truck platooning challenge clears way for real-life convoys-Steve Phillips, CEDR", *Horizon*, 2016년 4월 11일자, https://ec.europa.eu/research-and-innovation/en/horizon-magazine/success-truck-platooning-challenge-clears-way-real-life-convoys-steve-phillips-cedr(검색일: 2022년 12월 13일).

5 김문선, 「물류 분야 자율주행기술 '군집주행' 플랫폼 나온다」, 『Platum』, 2020년 11월 27일자, https://platum.kr/archives/153426(검색일: 2022년 12월 21일).

6 곽노필, 「자율주행차 돌파구, 결국 전용차로에서 찾는다」, 『한겨레신문』, 2022년 3월 30일자, https://www.hani.co.kr/arti/science/future/1036771.

html(검색일: 2022년 12월 21일).

7 정연호, 「[모빌리티 인사이트] 자율주행차가 다니는 길은 더 똑똑하다」, 『iTdonga』, 2022년 12월 16일자, http://it.donga.com/103190(검색일: 2023년 1월 15일).

8 길민권, 「LG유플러스-한양대-컨트롤웍스, 세계 최초 5G 자율주차 공개 시연」, 『데일리 시큐』, 2020년 12월 16일자, https://www.dailysecu.com/news/articleView.html?idxno=118543(검색일: 2022년 12월 21일).

9 이승호, 「[팩플] 도심 하늘길 경쟁 K-UAM, 실증사업에 대기업들 출사표」, 『중앙일보』, 2022년 5월 31일자, https://www.joongang.co.kr/article/25075695#home(검색일: 2022년 12월 21일).

10 S&T GPS, 「[이슈분석 203호] UAM 산업 동향과 시사점」, 『IITP』, 2021년 11월 26일자, https://now.k2base.re.kr/portal/issue/ovseaIssued/view.do?poliIsueId=ISUE_000000000000997&menuNo=200&pageIndex=2(검색일: 2022년 12월 13일).

11 도다솔, 「내년부터 IMO 환경규제 강화되는데…해운업계, 탄소감축 '골머리'」, 『뉴데일리 경제』, 2022년 10월 26일자, https://biz.newdaily.co.kr/site/data/html/2022/10/26/2022102600180.html(검색일: 2022년 12월 21일).

12 이 책 5장 '수소연료전지' 항목을 참조하기 바란다.

13 암모니아의 연소 반응식은 다음과 같다. $4NH_3 + 3O_2 \rightarrow 6H_2O + 2N_2$.

14 암모니아 합성 반응식은 다음과 같다. $N_2 + 3H_2 \rightarrow 2NH_3$.

15 남예진, 「나사, 초음속 여객기 개발 박차…탄소중립 저해 우려」, 뉴스펭귄 2023년 1월 6일자, https://www.newspenguin.com/news/articleView.html?idxno=13282(검색일: 2023년 3월 15일).

16 고재원, 「서울~부산 20분 주파?…음속으로 달리는 '꿈의 친환경 열차' 하이퍼루프」, 『동아일보』, 2022년 5월 23일자, https://www.donga.com/news/Economy/article/all/20220522/113557458/1(검색일: 2022년 12월 21일).

2장 우주와 로봇 그리고 소재

1 이혜영, 「[초점] 우주발사 비용, 스페이스X 이후 얼마나 떨어졌나?」, 『글로벌 이코노믹』, 2022년 2월 6일자, https://news.g-enews.com/article/Global-Biz

/2022/02/2022020615255890289a1f309431_1?md=20220206153351_U(검색일: 2022년 12월 21일).

2 박시수, 「[우주산업 리포트] 아시아 인공위성 비즈니스 위크 2022」, 『엣지 리포트』, 2022년 6월 10일자, https://contents.premium.naver.com/dongascience /edge/contents/220610160929075pr(검색일: 2022년 12월 21일).

3 나사 아르테미스 프로젝트 웹사이트, https://www.nasa.gov/specials/ artemis/(검색일: 2022년 12월 13일).

4 김경한, 「[TECH 웨이브] 로봇 산업의 시장 동향과 전망…"산업용 로봇, 코로나 '위기 이후의 호황' 이어질 것"」, 『TechWorld』, 2021년 12월 27일자, https://www.epnc.co.kr/news/articleView.html?idxno=218241(검색일: 2022년 12월 13일).

5 산업용 로봇의 정의는 자동제어가 되고, 재프로그램이 가능하며, 다목적인 3 축 이상의 축을 가진 자동조정장치로 산업 자동화 분야에 이용되는 로봇이다.

6 곽노필, 「코로나가 서비스 로봇 시장 봇물 터뜨렸나」, 『한겨레신문』, 2021년 11월 9일자, https://www.hani.co.kr/arti/science/technology/1018497.html(검색일: 2022년 12월 21일).

7 로봇은 크게 세 부분으로 나눈다. 먼저 주변 상황을 확인하는 센서가 있다. 카메라 등의 시각센서, 촉각센서, 중력센서 등 다양한 센서가 있다. 그리고 센서 가 받아들인 정보와 주어진 명령을 통합해 판단하는 프로세스, 마지막으로 프로 세서의 명령을 받아 실제 움직이는 부분인 액츄에이터가 있다.

8 곽노필, 「로켓·총 젊어진 섬뜩한 로봇개, 인간 전쟁에 뛰어든다」, 『한겨레 신문』, 2022년 8월 19일자, https://www.hani.co.kr/arti/science/technology/ 1055375.html(검색일: 2022년 12월 21일).

9 중합은 간단한 분자 여러 개가 서로 결합하여 고분자 물질을 만드는 화학반 응이다. 우리가 쓰는 플라스틱은 대부분 중합반응으로 만들어진다.

10 이재용, 「LS전선, 차세대 초전도 케이블 개발」, 『일렉트릭 파워 저널』, 2021 년 10월 13일자, http://www.epj.co.kr/news/articleView.html?idxno=28929(검색일: 2022년 12월 21일).

11 이를 입증한 논문이 2022년 9월 철회되었다. 데이터 조작 혐의가 있다는 것 이 게재된 학술지의 의견이다. 다만 논문을 쓴 랑가 다이어스 교수는 이에 반발 하고 원래 데이터를 그대로 실은 논문을 새로 제출하겠다고 발표했다.

3장 정보통신

1 강수진, 「반도체 규제 강화·경기침체發 위기에…'파운드리' 경쟁 본격화」, 『전기신문』, 2022년 10월 15일자, https://www.electimes.com/news/articleView. html?idxno=309874(검색일: 2022년 12월 21일).

2 조근호, 「삼성전자, 올 2분기도 메모리 시장 점유율 1위」, 『노컷뉴스』, 2022년 10월 16일자, https://www.nocutnews.co.kr/news/5833298(검색일: 2022년 12월 21일).

3 3나노미터 반도체라고 회로 선폭이 3나노미터인 것은 아니다. 기존 5나노미터 반도체와 선폭은 비슷하지만 성능이 그만큼 향상되었다는 뜻이다.

4 1피코줄은 1조분의 1줄을 뜻한다.

5 장준연, [미래 반도체 기술] 초저전력 차세대 자기 메모리 기술의 현주소, 2020년 12월 4일자, https://news.skhynix.co.kr/post/ultra-low-power-next-generation(검색일: 2022년 12월 21일).

6 장준연, [미래 반도체 기술] 초저전력 차세대 자기 메모리 기술의 현주소, 2020년 12월 4일자, https://news.skhynix.co.kr/post/ultra-low-power-next-generation(검색일: 2022년 12월 21일).

7 배유미, 「SK하이닉스와 삼성전자가 PIM 기술을 주목한 이유」, 『Byline Network』, 2022년 2월 21일자, https://byline.network/2022/02/21-174/(검색일: 2022년 12월 21일).

8 윤신영, 「논란의 구글 양자컴퓨터 칩 드디어 공개…양자우월성 달성했다」, 『동아사이언스』, 2019년 10월 23일자, https://www.dongascience.com/news. php?idx=31949(검색일: 2022년 12월 21일).

9 이효은, 「[IITP 리뷰 1] GPT-3, 초거대 AI 개발 경쟁에 불을 붙이다」, 『전자신문』, 2021년 12월 26일자, https://www.etnews.com/20211224000116(검색일: 2022년 12월 21일).

10 Jan Leike, Ryan Lowe, "Training language models to follow instructions with human feedback", 2022년 1월 27일자, https://openai.com/blog/instruction-following/(검색일: 2022년 12월 12일).

11 1페타플롭은 1초에 1,000조 번의 연산을 말한다.

12 이한선, 「구글 AI가 '살아 있지 않은' 이유」, 『Ai타임스』, 2022년 6월 20일자,

http://www.aitimes.com/news/articleView.html?idxno=145277(검색일: 2022년 12월 21일).

13 이 부분은 나의 『엑스맨은 어떻게 돌연변이가 되었을까』, 애플북스, 2019, 170~188쪽을 참조했다.

14 천관율, 「자동번역이 똘똘해졌죠? 이 사람 덕분입니다」, 『시사인』, 2018년 8월 20일자, http://m.sisain.co.kr/?mod=news&act=articleView&idxno=32570(검색일: 2022년 12월 12일).

15 Sam Levin, "New AI can guess whether you're gay or straight from a photograph", *Guardian*, 2017년 9월 8일자, https://www.theguardian.com/technology/2017/sep/07/new-artificial-intelligence-can-tell-whether-youre-gay-or-straight-from-a-photograph(검색일: 2022년 12월 12일).

16 한국에서도 같은 이름으로 번역·출판되었다(『리틀 브라더』, 최세진 옮김, 아작출판, 2015).

17 「'AI 안경' 쓴 경찰, '당신 범인이지'…촘촘해지는 중국 감시사회」, 『한겨레신문』, 2018년 2월 8일자, http://www.hani.co.kr/arti/international/china/831434.html(검색일: 2022년 12월 12일).

18 최인식, 「산업 디지털화 기반…데이터센터 현재와 미래」, 『kharn』, 2022년 6월 12일자, http://www.kharn.kr/news/article.html?no=19486(검색일: 2022년 12월 21일).

19 이 부분은 나의 『공학은 언제나 여기 있어』, 우리학교, 2022, 164~169쪽을 참조했다.

20 채수웅, 「2028년 겨냥…"6G도 세계 최초 달성"」, 『디지털 데일리』, 2020년 8월 6일자, https://www.ddaily.co.kr/m/m_article/?no=199679(검색일: 2022년 12월 21일).

21 박휴선, 「세계 최초의 NFT는?」, 『뉴스엔』, 2022년 4월 25일자, https://m.newsen.com/news_view.php?uid=202204251453437720#_enliple(검색일: 2022년 12월 21일).

22 KBS, 「싱가포르, 3D 가상현실로 스마트 국가 건설」, 2019년 4월 6일자, https://news.kbs.co.kr/news/view.do?ncd=4174908(검색일: 2022년 12월 12일).

1 이 부분은 나의『과학을 달리는 10대: 생명과학』, 우리학교, 2022, 20~39쪽을 참조했다.

2 RNA는 DNA와 유사한 분자로, 세 가지 다른 점이 있다. 하나는 중간의 당으로 디옥시리보오스 대신 리보오스를 쓴다. 또 하나 차이는 염기 중 티민 대신우라실을 쓴다는 점이며, DNA는 항상 쌍으로 이중 나선구조를 가지지만 RNA는 한 줄기로만 이루어진다는 점도 다르다. RNA는 3종이 있는데 하나는 DNA로부터 유전정보를 전사한 mRNA이며 그 외 리보솜을 이루고 있는 rRNA가 있고, 아미노산을 가져오는 tRNA가 있다.

3 DNA 염기서열을 분석하는 것을 DNA 시퀀싱이라고 한다.

4 망막 가운데 시세포가 밀집한 부분을 말한다.

5 봉나은, 「바이오마린, '발록스' 승인절차 가속…첫 혈우병 유전자 치료제 기대」, 『BioSpectator』, 2019년 8월 5일자, http://biospectator.com/view/news_view.php?varAtcId=8188(검색일: 2022년 12월 21일).

6 송기원, 『송기원의 포스트 게놈 시대』, 사이언스북스, 2018, 25쪽.

7 송기원, 같은 책, 9쪽.

8 이 부분은 나의『과학이라는 헛소리 2』, MID, 2019, 64~80쪽을 참조했다.

9 이 부분은 나의『과학을 달리는 십대: 생명과학』, 우리학교, 2022, 56~82쪽을 참조했다.

10 요사이 아밀로이드 베타가 치매의 원인 물질이 아닐 수도 있다는 연구 결과가 나와서 검증이 필요한 부분이다.

11 뉴클레오티드는 디옥시리보오스나 리보오스와 염기 그리고 인산 하나가 결합한 핵산의 기본 단위를 일컫는다. DNA나 RNA의 기본이 되고, ATP 등의 기본 구성체이기도 하다.

12 아데닌이란 염기를 가진 DNA는 티민이란 염기를 가진 DNA와만 결합하고, 시토신이란 염기를 가진 DNA는 구아닌이란 염기를 가진 DNA와만 결합한다. 이를 상보성이라고 한다.

13 미세 유체가 특별한 모습을 가지는 것에는 몇 가지 이유가 있다. 그중의 하나는 액체에 가해지는 힘의 모습이 달라지기 때문이다. 물방울을 예로 들면 약간 큰 경우 높이보다 가로 쪽이 더 길다. 중력이 물방울을 아래로 잡아당기기 때

문이다. 하지만 물방울의 크기가 작으면 작을수록 원형에 가깝다. 물방울을 공 모양으로 만드는 것은 물의 표면장력이다. 그런데 크기가 작은 물방울은 질량이 작다 보니 중력의 크기가 줄어드는데 표면장력은 그대로다. 그래서 작은 물방울은 표면장력의 크기가 중력에 비해 상대적으로 커져 구형에 가까워진다. 마이크로미터나 나노미터 정도로 작아지면 거의 구형의 물방울을 볼 수 있다. 이렇게 되면 바닥과 닿는 면적이 줄어들어 액체의 움직임이 다르게 나타난다.

또 물체 표면의 액체 움직임은 물체와의 결합력과 중력에 따라 다른 모습을 보인다. 유리판 위의 물방울과 플라스틱 표면 위의 움직임이 다르다. 설거지를 마치고 식기를 세워놓으면 유리 식기와 플라스틱 식기의 물이 아래로 내려가는 정도가 서로 다르다. 그런데 이 차이가 아주 작을 때 우리는 일상적으로 보는 것과 또 달라진다.

14 압전은 압력을 전기신호로 바꾸는 것을 말한다.

5장 기후위기와 재생에너지

1 정션박스는 전기배선의 설치와 유지관리 등을 쉽게 하기 위해, 배선장치를 박스 내부에 넣어 보호하는 장치다.

2 최우리, 「합천서 국내 최대 '수상 태양광발전' 시작…주민 다 쓰고도 남는 양」, 『한겨레신문』, 2021년 11월 24일자, https://www.hani.co.kr/arti/society/environment/1020645.html(검색일: 2022년 12월 21일).

3 보통 배터리를 생략하고 에너지 저장장치(ESS)라고 줄여서 부르는 경우가 많다.

4 우리나라의 법에 명시된 정의로는 전력수요의 지역 인근에 설치해 송전선로의 건설을 최소화할 수 있는 40MW 이하의 모든 발전설비와 500MW 이하의 집단 에너지, 구역전기, 자가용 발전설비를 말한다(전기사업법 제2조 제21호, 전기사업법 시행규칙 제3조).

5 전선을 통해 전력이 전달되는 과정에서도 저항에 의해 전력의 일부가 사라지는데 그 양은 길이에 비례한다.

6 최대 전력수요에 비해서 발전설비 용량의 여유가 얼마나 있는지를 말한다.

7 이재호, 「송전망 확보 없이 재생에너지만 늘리면 대규모 정전 우려」, 『내일신문』, 2022년 6월 13일자, https://m.naeil.com/m_news_view.php?id_art=

426014(검색일: 2022년 12월 21일).

8 지하연구시설(URL)로, 실제 처분 조건과 유사한 지하환경에서 처분시스템 성능이 안전하게 구현되는지 실증하는 시험시설이다.

9 한국수력원자력의 '2020년 이후 한국 발전 분야의 실현 가능성 연구'에 따르면, 한국 원전 건설 비용은 1,959달러/kW이며, 국제에너지기구(IEA) 2020년 발전원가전망보고서에 따르면, 2,157달러/kW이다. 그러나 노동석 미래에너지 정책연구소 선임연구위원은 신고리 3, 4호기는 3,000달러/kW 정도라고 한다.

10 김정수, 「SMR 개발 전문가도 "SMR 경제성 대형 원전 뛰어넘긴 어려워"」, 『한겨레신문』, 2022년 1월 3일자, https://www.hani.co.kr/arti/society/environment/1025701.html(검색일: 2022년 12월 21일).

11 김정수, 「SMR 개발 전문가도 "SMR 경제성 대형 원전 뛰어넘긴 어려워"」, 『한겨레신문』, 2022년 1월 3일자, https://www.hani.co.kr/arti/society/environment/1025701.html(검색일: 2022년 12월 21일).

12 김민수, 「SMR, 일반 원전보다 더 많은 방사성 폐기물 배출된다」, 『동아사이언스』, 2022년 5월 31일자, https://www.dongascience.com/news.php?idx=54653(검색일: 2022년 12월 21일).

13 화학 반응식은 다음과 같다. $Fe_2O_3 + 3CO \rightarrow 2Fe + 3CO_2$.

14 이 과정의 화학 반응식은 다음과 같다. $Fe_2O_3 + 3H_2 \rightarrow 2Fe + 3H_2O$.

15 김승도, 「[기고] 시멘트 업계의 폐기물 처리, 문제는 없는가」, 『아이뉴스24』, 2022년 5월 17일자, https://www.inews24.com/view/1481137(검색일: 2022년 12월 21일).

16 식물성 플랑크톤이나 미역, 김 등 물에 사는 광합성 생물을 조류라고 한다.

17 리튬이온 배터리의 전해질 용액 등으로 사용되는 물질이다.

18 합성섬유의 하나인 스판덱스를 만드는 원료로, 매트리스나 폼 스폰지 등의 공기방울을 포함한 물질로도 사용되며 페인트 원료로도 쓰인다.

19 알킬렌 카보네이트와 폴리프로필렌 카보네이트는 폴리카보네이트의 일종으로 광학재료나 건축자재의 원료로 사용된다.

20 E는 에너지, m은 질량, c는 빛의 속도다. 즉 질량이 사라질 때 에너지는 질량에 빛의 속도 제곱을 곱한 만큼 생겨난다. 그래서 질량이 아주 조금만 줄어들어도 어마어마한 에너지가 만들어진다.

21 조영호, KBS 「한국의 인공태양 KSTAR, 1억 도 30초 운전 성공」, 2021년 11

월 22일자, https://news.kbs.co.kr/news/view.do?ncd=5330663(검색일: 2022년 12월 21일).

22 박종균,『핵융합 발전로공학 연구체계수립』, 한국원자로연구소, 2005.

23 윤용식·최남미·이호형·최정수,「우주 태양광발전 기술 동향」,『항공우주산업기술동향』, 7(2), 2009.

24 서희원,「우주태양광발전소, 현실화 언제?…中 2028년 건설 계획」,『전자신문』, 2022년 6월 11일자, https://www.etnews.com/20220610000169(검색일: 2022년 12월 21일).

25 화학식은 다음과 같다. $CH_4 + 2H_2O \rightarrow CO_2 + 4H_2$.

26 일반적으로 전기를 소모하는 제품에서는 전류가 나오는 쪽이 양극이고 들어가는 쪽이 음극이다. 그러나 전기를 생산하는 부품 내부에서는 전류가 나오는 쪽이 음극이고 들어가는 쪽이 양극이다.

27 이종민,「수소·암모니아 가스터빈 발전의 기술 동향 및 전망」,『에너지 포커스』, 2022년 봄호, https://www.keei.re.kr/keei/download/focus/ef2203/ef2203_50.pdf(검색일: 2023년 1월 23일).

참고자료

PDF자료

과학기술정보통신부, 2020년 우주산업실태조사, 2020. 12

과학기술정보통신부, 대한민국 과학기술 미래전략 2045, 2020

관계부처 합동, 도시의 하늘을 여는 한국형 도심항공교통(K-UAM) 로드맵, 2020. 5

관계부처 합동, 수소경제 활성화 로드맵, 2019

권효재, 부유식 해상 모듈러 원전(SMR), 대한조선학회지, 59(4), 2022

김용운·유상근·이현정·한순홍, 디지털 트윈의 꿈, ETRI, 2020

김유상, 자기메모리(MRAM) 기술동향, 한국과학기술정보원, 2013

산업통상자원부, 새정부 에너지정책 방향, 2022. 7. 5

손석호, 향후 10년 미래 변화를 이끌 혁신기술 동향 분석, KISTEP 정책브리프, 11호, 2021

영국 국제무역부, The Hydrogen Economy South Korea, 2021

유럽투자은행, Biotechnology: An Overview, 2002. 6

윤용식·최남미·이호형·최정수, Technological Trends in Space Solar Power, 한국항공우주연구원, 2009

이춘희, 원전정책의 국내외 동향에 대한 관견, 법정책 이슈브리핑, 2022(2), 법무법인 지평, 2022. 6

전경련, SMR 주요국 현황과 한국의 과제, 글로벌 인사이트, 48호, 전경련, 2021. 6

정귀일, 우주산업 가치사슬 변화에 따른 주요 트렌드와 시사점, 포커스, 29호, 한

국무역협회, 2021

특허청 융복합기술심사국 지능형 로봇심사과, 로봇IP 협동로봇 특집편, 2021

한국원자력학회, 소형 혁신원자로 기술조사보고서, 원자로시스템기술연구부회, 2020. 5

한국전력공사, 2021년 한국전력통계, 제91호, 2022. 5

KEMRI, 전력경제 REVIEW 제3호, 한전경영연구원, 2020

KISTEP, 기술동향 브리프, 제조용 협동로봇, 2020

A Roadmap for US Robotics from Internet to Robotics, Organized by University of California San Diego 외 미국 대학, 2020

Alan T. Bull, Geoffrey Holt, Malcolm D. Lilly, Biotechnology: International Trends and Perspectives, 1982

Charlie Simpson, Edwin Kemp, Edward Ataii, Yuan Zhang KPMG, Mobility 2030: Transforming the Mobility Landscape, 2019

D. F. Reding, J. Eaton, Science & Technology Trends 2020-2040, NATO Science & Technology Organization, 2020

Ulf Bossel, Baldur Eliasson, Energy and the Hydrogen Economy

Aaron Parrott, Lane Warshaw, Industry 4.0 and the digital twin, Deloitte Insights, 2017

IRENA, Hydrogen: a Renewable Energy Perspective, 2019

Tech Trends 2022, Deloitte Insights

The Future of Mobility Deloitte

출간자료

과학동아 편집부, 『퓨처 모빌리티』, 동아사이언스, 2021

국립과천과학관, 『과학은 지금』, 시공사, 2021

권순용, 『반도체, 넥스트 시나리오』, 위즈덤하우스, 2021

그레천 바크, 『그리드』, 김선교·전현우·최준영 옮김, 동아시아, 2021

김명락, 『이것이 인공지능이다』, 슬로디미디어, 2022

김상균, 『메타버스』, 플랜비디자인, 2020

김석준, 『양자컴퓨터의 이해』, 커뮤니케이션북스, 2021

김해창, 『원자력발전의 사회적 비용』, 미세움, 2018

김홍표, 『김홍표의 크리스퍼 혁명』, 동아시아, 2017

다니엘 드레셔, 『블록체인 무엇인가』, 이병욱 옮김, 이지스퍼블리싱, 2018

로버트 주브린, 『우주산업혁명』, 김지원 옮김, 예문아카이브, 2021

박재용, 『공학은 언제나 여기 있어』, 우리학교, 2022

박재용, 『과학을 달리는 10대: 생명공학』, 우리학교, 2022

박재용, 『과학이라는 헛소리2』, MID, 2019

박재용, 『엑스맨은 어떻게 돌연변이가 되었을까』, 애플북스, 2019

박재용·정기영, 『과학토론 완전정복』, MID, 2021

브루스 어셔, 『진격의 재생에너지』, 홍준희 옮김, 아모르문디, 2022

사이언티픽 아메리칸 편집부, 『식량의 미래』, 김진용 옮김, 한림출판사, 2017

서성현, 『모빌리티의 미래』, 반니, 2021

송기원, 『송기원의 포스트 게놈 시대』, 사이언스북스, 2018

스켑틱협회 편집부, 『인공지능과 인류의 미래』, 바다출판사, 2015

오주성·정영수, 『미래 생명산업과 식량』, 동아대학교출판부, 2020

우탁·전석희·강형엽, 『메타버스의 미래, 초실감 기술』, 경희대학교출판문화원, 2022

윌리엄 티먼, 마이클 팰라디노, 『최신 생명공학의 이해』, 이진성·강대경·김근성 옮김, 바이오사이언스, 2020

윤천석·윤하윤·윤정윤, 『신재생에너지』, 인피니티북스, 2019

이민환·윤용진·이원영, 『수소경제』, 맥스미디어, 2022

이성규, 『질병 정복의 꿈, 바이오 사이언스』, MID, 2019

이순칠, 『퀀텀의 세계』, 해나무, 2021

전방욱, 『크리스퍼 베이비』, 이상북스, 2019

정지훈·김병준, 『미래자동차 모빌리티 혁명』, 메디치미디어, 2017

제니퍼 다우드나, 새뮤얼 스턴버그, 『크리스퍼가 온다』, 김보은 옮김, 프시케의 숲, 2018

제러미 리프킨, 『수소 혁명』, 민음사, 2003

차두원·이슬아, 『포스트모빌리티』, 위즈덤하우스, 2022

최동배, 『스마트그리드』, 인포더북스, 2016

최리노, 『최리노의 한 권으로 끝내는 반도체 이야기』, 양문, 2022

커닉팅랩, 『블록체인 트렌드 2022-2023』, 비즈니스북스, 2021

404

허희영, 『항공우주산업』, 북넷, 2021
후루사와 아키라, 『빛의 양자컴퓨터』, 채은미 옮김, 동아시아, 2021
후루타치 고스케, 『에너지가 바꾼 세상』, 마미영 옮김, 에이지21, 2022

우리의 미래를 결정할 과학 4.0
인공지능(AI)에서 아르테미스 프로젝트까지

ⓒ 박재용 2023

1판 1쇄   2023년 4월 25일
1판 2쇄   2023년 10월 10일

지은이   박재용
펴낸이   고진
편집   이남숙 김정은
디자인   이강효
일러스트 이현미
마케팅   이보민 양혜림

펴낸곳   (주)북루덴스
출판등록 2021년 3월 19일 제2021-000084호
주소   04043 서울시 마포구 양화로 12길 16-9(서교동 북앤빌딩)
전자우편 bookludens@naver.com
전화번호 02-3144-2706
팩스   02-3144-3121

ISBN 979-11-981256-1-3   93400